王琪 编著

北京妇产医院及妇幼保健院围产医学科主任医师、副教授
北京市医疗事故鉴定委员会专家库成员
中华医学会北京分会司法鉴定所兼职司法鉴定人

280天
同步胎教
专家方案

让每位女性的孕产育历程都不留遗憾！

 中国轻工业出版社

目录
Contents

○图片协力：南京远景婴幼图库摄影 www.njbaby.cn
○摄影师：陈广义
○插图绘制：睿达点石

第五章 动感中呵护的
第 5 个月

第六章 亲情互动中的
第 6 个月

第八章 感觉与思考充分交流的 第8个月

第九章 面临最后"冲刺"的 第9个月

第一章

生命悄然而至的第 1 个月

当女性的卵子与男性的精子结合成肉眼看不见的受精卵时，一个新生命从此悄然而至了。卵受精后7～12天便可"着床"，逐渐成长。这个时期的胎儿，眼睛、鼻子、耳朵尚未形成，但嘴和下巴的雏形已经能辨认了。

在第1个月血液循环系统器官原型已经出现，脑、脊髓神经系统器官原型也已形成；肝脏在这个时期亦开始显著发育；这时母亲的血液已在小生命的血管中缓缓地流动，心脏在第2周末成形并在第3周起开始了搏动；与母体相连的胎盘、脐带也是从这个时期开始发育了。不要以为胎教在此时是派不上用场的，其实，从第一个月开始，胎教就应该进入孕妈妈的孕期生活。那么，让我们从认识胎教开始入手吧……

第 1 周

综述 ▶

经过很长一段时间的精心准备，相信你们夫妻二人的心理和生理都已足够经受这次"造人历程"了。现在，你已经开始准备要一个可爱的宝宝了，以妊娠期40周来计算，准备产生新卵子的一周被视为第1周。这一周具有特别的意义。在准备经历怀孕的第一周内，健康的生活方式是首先要注意的，比如远离烟酒、不在有辐射或对人体有害的环境中作业等等——当然，如果这时你对那些对怀孕会产生危害的行为、环境和禁忌药品都还不了解，甚至孕前健康检查都没有做，那建议你们还是再准备调整一段时间。

 **母体状况**

这周是上次月经刚过的第一周，你如果准备怀孕，最大的可能就是下次月经的前14天左右。孕期妇女生理心理上会有很多变化，生活上要有相应的调适，因为宝宝的发育与你息息相关。

为了你的健康和宝宝的成长，你需要学习很多知识，并开始做些准备工作，比如：可以自己测算一下排卵周期，即月经周期。主要方法是基础体温法，即每天早晨醒来后身体不做任何运动，用体温表测出体温，坚持做一个月后，就可以制成一个基础体温表曲线图。一般排卵期的体温会升高$0.3℃～0.5℃$，根据基础体温图，在排卵期你就可以做好迎接新生命的准备了。

受精过程

此时胎宝宝还没有正式成形，所以我们要先熟悉一下受精过程。受精是指精子和卵子（卵细胞）相互融合、形成受精卵的复杂过程。人类卵细胞与精子结合的部位是在输卵管壶腹部。通过性交而射精使精子射入阴道后，精子沿女性生殖道向上移送到输卵管。精子一旦进入女性生殖道即经历成熟变化并存活2天左右。而成群的精子在运行过程中经过子宫、输卵管肌肉的收缩运

↑孕妈妈早晨起来量基础体温

动，大批精子失去活力而衰亡，最后只有约20～200个精子到达卵细胞的周围，最终只能有一个精子与一个卵子结合，形成受精卵。受精卵就是胎宝宝的最初雏形。

胎教要点

天下的父母都想生一个健康聪明的宝宝，因此，父母在怀孕前双方都要有一个周全的考虑和计划，包括：了解孕前准备、优生优育的相关医学知识；孕前健康检查；避免过度劳累、不良心情；避免X射线、辐射；要戒烟戒酒；注意药物影响怀孕等。当然，如果这些事情你们在几个月前已经做好了，那么现在，你们要做的就是，一边熟悉胎教的理论（因为现在还没有"用武之地"），一边幸福地等待宝宝的到来了。

专家提示

除了健康的生活方式，保持健康的心态也十分重要。比如经常和爱人聊些轻松愉快的话题、回忆你们的儿时趣事、计划有了小宝贝以后的生活、找到两人都能接受的教育孩子的方式方法。可以多留心周围新生了小宝宝的父母，从他们身上总结出你们以后可以用到的方法和经验。而且你们会感到这即将逝去的、宝贵的二人世界是多么值得珍惜。

小贴士 TIPS　选择合适的季节怀孕

　　选择在合适的季节里怀孕，同样是优生学不可忽视的问题。因此，要从营养、气候条件、疾病发生这三个方面考虑，从而选择最佳季节怀孕。三、四月份怀孕，孕期经过春夏秋三季，都能提供良好的日照条件以及温和的气候，不仅有利于孕妈妈及胎儿的健康，还能避开病毒感染的高发季节，又能使产妇躲过酷暑时生产。所以三、四月份可以说是怀孕的好季节。

　　从优生学角度来讲，还有一种说法，认为受孕的最佳时期是每年的七、八月份。在怀孕后最初3个月是胎儿的大脑组织开始形成和分化的时期，这时，对母体子宫内各种因素极为敏感。但此时期受孕，宫内的胎儿较少受到病毒性感染，且正逢蔬菜瓜果的收获季节，孕妈妈便于摄入丰富的营养素，这对胎儿的大脑发育是极为有利的。

↑怀孕的季节选择在瓜果蔬菜多的时候

第 **1** 天胎教方案　●●●●●●●●●

认识胎教

　　所谓胎教，是为了促进胎儿身心健康地发育成长，并确保孕产妇安全所采取的各项保健措施。同时利用一定的方法和手段，通过母体给予胎儿有利胎儿大脑和神经系统功能、尽早成熟的有益活动，进而为出生后的继续教育奠定良好基础。

　　胎教一词源于我国古代。古人认为，胎儿在母体中能够受到孕妈妈情绪、言行的感化，所以孕妈妈必须谨守礼仪，给胎儿以良好的影响。

　　胎儿具有惊人的能力，为开发这一能力而施行胎儿教育，近年越来越引起人们的关注。美国著名的医学专家托马斯的研究结果表明，胎儿在6个月时，大脑细胞的数目已接近成人，各种感觉器官趋于完善，对母体内外的刺激能做出一定的反应。这就给胎教的实施提供了有力的科学依据。

第 **2** 天胎教方案

胎教的形式

广义胎教指为了促进胎儿生理上和心理上的健康发育成长，同时确保孕产妇能够顺利地度过孕产期所采取的精神、饮食、环境、劳逸等各方面的保健措施。因为没有健康的母亲，也不会出生强壮的胎儿。有人也把广义的胎教称为"间接胎教"。

狭义胎教是根据胎儿各感觉器官发育成长的实际情况，有针对性地、积极主动地给予适当合理的信息刺激，使胎儿建立起条件反射，进而促进其大脑功能、躯体运动功能、感觉功能及神经系统机能的成熟。换言之，狭义胎教就是在胎儿发育成长的各时期里，科学地提供视觉、听觉、触觉等方面的刺激，如光照、音乐、对话、拍打、抚摸等，使胎儿大脑神经细胞不断增殖，神经系统和各个器官的功能得到合理的开发和训练，以最大限度地发掘胎儿的智力潜能，达到提高人类素质的目的。从这个意义上讲，狭义胎教也可称之为"直接胎教"。所以胎教是临床优生学与环境优生学相结合的实际具体措施。

第 **3** 天胎教方案

胎教的内容

一般说来，胎教的内容包括三部分：听音乐、练"体操"和胎儿对话。

胎儿对音乐十分敏感。轻松愉快的乐曲，可以使胎儿烦躁的心情稳定，心率正常；相反，摇滚乐和噪音使胎儿焦虑不安，心跳加快。具体做法是将录音机的耳机放在孕妈妈的腹部，每天播放音乐数次，每次15～30分钟。但也有专家认为这样会损害胎儿听力。

帮助胎儿锻炼身体，练"体操"的具体做法是由准妈妈和准爸爸用手轻轻触摸胎儿。轻摸、轻触胎儿，都是对胎儿的爱抚，每次可以触摸20分钟左右，最好在晚上睡前进行。

触摸胎儿可以与胎儿对话同时进行。一边摸胎儿，一面轻声和胎儿"交谈"，使胎儿熟悉自己和外界的事物。胎儿在母亲体内对声音的音调、音频十分敏感，利用胎教与胎儿对话，正是沟通父母与胎儿之间感情的有利桥梁。

第 **4** 天胎教方案

胎教的时间安排

胎儿在母体内不是终日昏睡的，而是有知觉的。胎儿可以因为母亲身体的变化，情绪的改变而发生相应的反应，也可以接受外界的刺激，如声、光、触摸等，储存记忆一直到出生。这些就为胎教提供了科学依据和实施条件。那么如何合理安排胎教呢？

准父母一般应该根据早、中、晚期胎儿发育的不同生理特点，循序渐进地进行胎教。在孕早期应准备好胎教仪器、胎教音乐磁带、胎教日记本等。从第 4 个月起可进行胎教，胎教时间可安排在早上起床后，午睡后或下班后，晚上临睡前。抚摸运动、对话胎教、音乐胎教可交替进行。

刚开始胎教时，每次时间以 3～5 分钟为宜，随着月份的增加，可延至 5～15 分钟，胎教内容也有所增加，但每天进行胎教的时间相对固定，内容应相对固定，循序增加。

第 5 天胎教方案
胎教的方法

孕妈妈要注意了，对宝宝进行胎教要掌握科学的方法，才能达到胎教的效果。对胎儿进行胎教的方法很多，通常采用如下方法：

■给胎儿听轻松、柔和、悦耳的音乐，注意音量不可过大，节奏不可过快；

■与胎儿对话，教些简单的语言，可以描述一些声音、光和美的语言，或做简单的算术题；

■轻轻拍打、抚摸胎儿。促进知觉的发育，使其对触摸产生反应；

■轻轻呼唤他的名字。如果在怀孕 6 个月就起好名字，经常呼唤，孩子出生后对名字的反应会早一些出现。

第 6 天胎教方案
胎教的作用

我们平时所说的胎教就是要通过给胎儿适当的刺激来达到这一目的。所以，一般来说，接受过胎教的婴儿比未接受过的婴儿反应更灵活，发育也更迅速一些。但如果说胎教能使孩子成为"神童"却有些言过其实。因为"神童"（即智力超常儿童）是良好的先天遗传和后天教育综合影响的结果，而胎教虽然能在一定程度上促进胎儿大脑发育，但单凭胎教却不能塑造"神童"。

一般的胎教方法也较简单，容易掌握，如给胎儿听音乐、抚摸按摩、利用胎教器与胎儿"交流"等。所以，并没有能使孩子成为超常儿童的神奇胎教方法。但通过各种适当的、合理的信息刺激，一定会促进胎儿的各种感觉功能的发育成熟，为出生后的早期教育打下一个良好基础。未来的爸爸妈妈们要重视对胎儿的胎教，但也一定要正确认识胎教的作用。

小贴士 TIPS　选择最佳受孕年龄

专家提醒，怀孕不要错过最佳生育年龄。女性的生育年龄以23～35岁之间最为适宜。这期间，女性全身发育已完全成熟，卵子质量高，这时怀胎生育，妊娠并发症少，分娩危险小，胎儿生长发育好，早产、畸形儿和痴呆儿的发生率最低。在此期间，夫妻双方生活经验丰富，精力充沛，有利于抚育好婴儿。

如果过早地怀孕生育，胎儿会同仍在发育中的母亲争夺营养，对母亲健康和胎儿发育都不利；如果女性过早或超过35岁以后才第一次怀孕生育，难产发生率会增高，新生儿容易发生窒息，损伤和死亡。随着女性年龄增大，卵子逐渐老化，容易发生畸变，先天性畸形和痴呆儿的发生率随之增高。

都怪我40岁才怀孕

女性应该选择合适的受孕年龄受孕→

第 7 天胎教方案
营养调理

孕妈妈对自身的营养调理在怀孕初期是不可缺少的一个环节，对胎儿的影响也是十分直接的，因此一开始怀孕的孕妈妈就要密切关注这些常识。在唐代药王孙思邈的《千金要方》一书中，记载有"逐月养胎方"："妊娠一月，名始胚。饮食精熟酸美，受御宜食大麦，无食腥辛，是谓才正。"胎儿在母体中的头两个月被叫做"胚胎"，此时，是胎儿各器官系统分化成形的重要时期。而此间又往往是孕妈妈"害喜"的时候，因此要在饮食方面注意调理，合理搭配营养，少吃油腻辛辣的食品，而要常吃清淡爽口或略带酸味的食物。总之，这时期的孕妈妈，想吃什么就要尽量满足自己所求，不能因孕吐就不吃东西，一定要保证体内的营养需要。

第 2 周

综述 ▶

进入第2周后期，根据每天自己的基础体温，你会发现自己已经进入排卵期，那么恭喜你了，你有当妈妈的机会啦。现在你就应该做好准备了。

此周，有了孕育计划的未来爸爸妈妈们多多少少有些紧张了，离受孕的日子越来越近，未来爸爸妈妈们更应该多加注意，即使不舒服，也不要轻易用药，最好请医生来帮忙，当然，在诊断前，要告诉医生你们的怀孕计划。如果一切正常，那就静静等待宝宝到来的那一天来临吧。

母体状况

此周未来妈妈的身体当然没有变化，因为宝宝还没有正式来到呢。但此时的待孕妈妈更得注意饮食的调节。为了使妈妈宝宝都健康，应注意科学配餐，不仅追求色、香、味、形，而且更重视营养平衡。

怎样吃才能做到营养平衡呢？这就要保证充足的热能和优质蛋白质的供给，还要摄入充足的无机盐、微量元素和适量的维生素，如钙、铁、锌、铜、碘及维生素A、维生素D和叶酸等，这样才能使受精卵强壮，为受孕和优生创造必要条件。

最佳怀孕期

进入第2周后期，根据基础体温你会发现你已经进入排卵期，现在你就应该做好准备了。基础体温法是根据月经周期确定的，月经是指有规律的、周期性的子宫出血。与卵巢内周期性卵泡成熟、排卵和黄体形成有关。

大约在月经周期的第5~13天卵泡成熟，这时子宫内膜增生，排卵后大约在月经周期的第14~23天时是黄体成熟阶段，这时子宫内膜继续增厚，如果没有受精，子宫内膜即脱落，成为月经。正常的月经持续2~7天，第2~3天时出血量最多，大约为20~60毫升。月经后第13~20天时是你的最佳怀孕期，你可以与丈夫共同调整身体健康状态，在最佳时间完成你们的使命。

胎教要点

在这一周里，向待孕妈妈介绍一下世界各地对胎教的研究情况，以及胎教方面的理论与概念。当然，除了这些，待孕妈妈还应该继续保持健康的生活方式，同时注意营养的摄入。如果待孕妈妈以前的生活不规律，从这个时候起一定要纠正——不要熬夜，每天定时休息，保持充足睡眠，不宜过于劳累，避免剧烈运动。

还有，均衡充足的营养一定要保证。罐头食物，油炸、油腻食物、冷饮之类的要少吃；多吃蔬菜、瘦肉和豆制品。其次，充足的休息是很重要的。同时，以上事项，待孕妈妈也要提醒未来爸爸注意。

专家提示

现在一定要避免患热性疾病、病毒感染，避免接触放射线及化学药物。要注意饮食上对各种营养的摄取。在精神上也要充分放松，保持良好的心态来迎接小生命的到来。

每天早晨临起床前测量一下基础体温，并做记录，可以全面了解自己的排卵情况及生殖内分泌功能，能够更加准确地掌握受孕期。

应该准备好自己身体的内环境与生活的外环境。可以自己测算排卵周期，即月经周期。主要方法是一般来说排卵期的体温会升高0.3℃～0.5℃，根据基础体温表，在排卵期你就可以做好迎接新生命的准备了。

↑待孕妈妈要保持心情舒畅

第 **8** 天胎教方案

胎教在日本

在外国，重视胎教并于民间广为流传的首推日本。从江户时代开始，胎教学说便和人们的经验结合在一起，以各种方式传了下来。直到西方医学进入日本之前，"胎教"曾一度被误解成"迷信"。但近20年来，随着经济和科技的蓬勃发展，借助于现代先进的技术与设备，一些医学专家及教育学专家，从胎儿医学、教育心理学和超前教育学等几方面，重新弄清楚胎教的科学根据和施教方法，因而成为世界上在学术领域中提倡胎教最为普遍的国家。日本的医学专家，以胎心镜直接触碰胎儿的手脚等的刺激方法，观察和记录胎儿的听觉、视觉与触觉反应，证明了5个月以后的正常胎儿，可以听到外面传入子宫内的声音，并可见到外面透入子宫内的光线，以及经羊膜镜直接进入子宫内的光照，会引起胎儿闭眼的动作。日本一名已故医学教授，当他证实了母体外的声音确实能传到胎儿的耳朵后，便将子宫内胎儿所听到的声音、母亲的心音和血液流动声，用录音机录下来，播放给刚出生的婴儿听，让他因感到安心而停止哭泣。后来，他又制作了装有能发出这种声音装置的小布羊，把小布羊放在正哭泣中的婴儿旁进行实验，婴儿果然立即停止哭泣而安然入睡。如果是出生一周左右的婴儿，则效果更加明显。这种现象反映出婴儿在母体内便已开始"声音的学习"，记住了在母体内熟悉的声音。

小贴士 TIPS　日本的胎教中心

　　1975年，在日本大阪建立了一个胎教中心，开展"密切母子纽带"的胎教实验。胎教中心的专家们对2500位孕妇进行了胎教训练。他们让孕妇一边轻轻抚摸自己的肚子，一边与胎宝宝说话，一边还做着较精细的手工活儿，以刺激胎宝宝控制情绪的右脑发育。一位来这里参加胎教学习的母亲说，孕期做抚摩及其他各种胎教，也是一种注重胎儿的人格培养的方法。因为，每天都与胎宝宝交流，有可能会使父母在今后育儿时比较容易，她所生的3个孩子都是这样。

　　专家们强调指出，胎儿绝不是无知无觉的，他们是有血、有肉、有感觉的小生命，具有很强的学习能力。因此，母亲在孕期每天一定要抽出些时间，给胎宝宝做一做抚摩胎教，并以轻松愉快的心情与胎宝宝交谈交谈，哪怕每次只是5分钟，都会给胎宝宝良好的刺激。

第9天胎教方案

胎教在英国

　　据报载，英国李斯特大学心理学院的音乐研究小组对11名孕妇进行研究，要求她们自选一首音乐，在临盆前3个月经常播放，古典音乐、流行曲或摇滚乐均可。在婴儿出生后的一年内，这些母亲不可给婴儿听任何音乐，待11名婴儿满周岁后进行测试，重播那首他们曾在母腹内听过的音乐，以及另外一些他们从未听过的同类音乐。结果显示，11名婴儿都被那首他们在母腹内曾听过的音乐吸引，望向音乐来源的时间明显较长。另一组作为对照的11名普通婴儿则对任何一首音乐均无明显偏好。

另外，科学家也发现，婴儿易为节奏明快的乐曲所吸引。科学家一直以为婴儿记忆力只能维持1～2个月，但带领这项研究的拉蒙特指出："我们知道到怀孕20周后，胎儿听觉已完全发育。如今我们发现婴儿能记忆，并且喜爱一年前曾在母腹中听过的音乐。"

小贴士 TIPS 怀孕九忌

●忌近期内情绪波动或精神受到创伤后（大喜，洞房花烛夜；大悲，丧亲人；意外的工伤事故等）受孕。

●忌烟酒过度，吸烟和饮酒后不宜马上受孕。

●忌生殖器官手术后（诊断性刮宫术，人工流产术，放、取宫内节育器手术等）恢复时间不足6个月受孕。

●忌产后恢复时间不足6个月受孕，以免影响体质的恢复。

●忌脱离有毒物品（例如：农药、铅、汞、镉、麻醉剂等）后随即受孕。

●忌照射X线、放射线治疗、病毒性感染或者慢性疾病用药，停用时间不足3个月受孕。

●忌口服或埋植避孕药停药时间不足3个月受孕。据报道，避孕药物对体细胞的染色体有一定影响，因为可增加体细胞姊妹染色单体的交换频率。

●忌长途出差、疲劳而归不足两周即受孕。

●忌奇寒异热、暴雨雷鸣时受孕。因为雷电可以产生极强的射线，致使生殖细胞的染色体发生畸变。

↑怀孕要拒绝烟酒

第**10**天胎教方案
胎教在法国

法国的巴黎健康卫生科学院，在80年代也做了胎教方面的实验。1985年应法国政府邀请，中国医学代表团到法国参观访问。在访问期间，代表团成员之一的北京医科大学胚胎学教授、试管婴儿专家刘斌，应巴黎健康卫生科学院生殖专家邀请，参观了一项胎教试验——1名28岁的孕妇，从妊娠8个月开始，每隔1天到科学院做1次音乐胎教，方法是将耳筒置于孕腹壁上，孕妇本人的耳朵则用耳塞堵住，使她听不见耳机传出的声音，然后闭上眼睛，处于一种安静平卧的状态，每天都放同一种音乐，就这样一直持续到分娩。

在孩子出生的第三天，他们为了测试孩子对出生前所听的音乐有无记忆，而将孩子绑在试验的椅子上，下颌用托架托住，让他既能吸奶，双手也能自由活动；当他听见在子宫内听惯的音乐时，就会出现有节奏的吮奶动作，双手亦随着音乐做出有节奏的摆动，当音乐停止或改放其他乐曲时，婴儿就不再吃奶，双手也不再摆动或虽有摆动但不规则了。这个试验说明，胎儿在出生前便可接受教育，因为孩子在胎儿期有记忆，出生以后有回忆。

第**11**天胎教方案
胎教在美国

1979年，美国加利福尼亚州有一位产科医生创办了一所胎儿大学。在这里，产科专家们给孕期满5个月的孕妇所怀的胎宝宝"上课"，课程包括语言、音乐、体育等。每次"上课"时，先让孕妇用手轻轻拍拍肚皮，通知一下胎宝宝就要"上课"了。这时，胎宝宝会回应似地又蹬又踢几下妈妈的肚皮。如此进行几次后，妈妈对胎宝宝讲话，还让他们听音乐。

待胎宝宝满6个月龄后，孕妈妈开始用喇叭把简单的谈话声、笑声和歌声传入子宫里，还用钢琴弹出一些音符给胎宝宝听，让他们认识一些音调。更有趣的是，这些胎宝宝出生后学校还给他们发文凭，授予学位，并给戴上方帽子。这所胎儿大学自成立以来，已经先后培养了上千名学生。经过这种胎教训练的孩子出生后，在学习上理解能力强，智力和体格发育都较好。

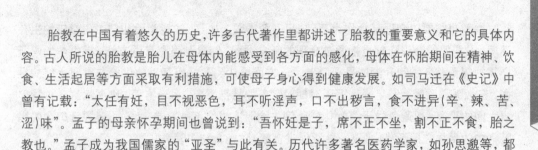

第 **12** 天胎教方案

中国古代胎教

胎教在中国有着悠久的历史,许多古代著作里都讲述了胎教的重要意义和它的具体内容。古人所说的胎教是胎儿在母体内能感受到各方面的感化,母体在怀胎期间在精神、饮食、生活起居等方面采取有利措施,可使母子身心得到健康发展。如司马迁在《史记》中曾有记载:"太任有妊,目不视恶色,耳不听淫声,口不出秽言,食不进异(辛、辣、苦、涩)味"。孟子的母亲怀孕期间也曾说到:"吾怀妊是子,席不正不坐,割不正不食,胎之教也。"孟子成为我国儒家的"亚圣"与此有关。历代许多著名医药学家,如孙思邈等,都对胎教进行了专门的研究,归纳起来有10个方面:

(1) 调情志。孕妇宜泊情悦性,静心宁欲,心胸开阔,遇事乐观。

(2) 慎寒温。孕妇应避免风寒侵袭、感染疾病。

(3) 节饮食。孕妇宜进营养丰富而易于消化的饮食,切忌辛辣生冷食品。

(4) 慎起居、调劳逸。孕妇宜起居有序、劳逸适度。

(5) 远房事。孕期节制性生活,以免伤胎。

(6) 美环境,悦子身。《钱氏儿科学》说:"欲子女之清秀,居山明水秀之乡。欲子女之聪明俊者,常资文学艺术。"

(7) 戒酒浆。古人指出酒能伤胎。

(8) 避毒药。孕期应减少不必要的服药。

(9) 慎针剂。慎针灸穴位避免引起流产。

(10) 安待产。临产时应安详、镇静、莫慌恐,以减少难产机会发生。

小贴士 TIPS　古代胎教禁忌

几千年前,我国就已经有胎教的存在,这实在非常耐人寻味。现在我们来看看自古流传下来的胎教。例如:在妊娠中看见火灾,会出生有红色胎痣的婴儿;拿取高处的物品,脐带会缠住胎儿脖子等。虽然这些说法并无任何根据,可是孕妈妈还是应避免在妊娠期间,遭受过大的惊吓或危险。孕妈妈一旦受到惊吓,会造成副肾机能亢进,产生的激素对胎儿会有不良影响。尽量避免让孕妈妈看到灾难场面,也是一种体贴。孕妈妈受到惊吓,脑下垂体会分泌使子宫产生收缩的激素;这种刺激,容易导致流产或早产,对孕妈妈和胎儿都很危险。

第13天胎教方案

胎教与营养

　　胎教也需要以合理膳食作为基础，只有营养跟上去了，才能为胎儿创造更健康的生存环境。孕妈妈的合理膳食是指通过合理的膳食调配、膳食制度和烹调方法，提供孕妈妈所必需的能量和各种营养素的平衡膳食。一方面要达到孕妈妈营养的供给与需要之间的平衡，在数量和质量上满足妊娠不同时期对营养的特殊需要。另一方面，则要达到各种营养素之间的平衡，以避免由于膳食构成比例失调而造成的不良影响。此外，还要考虑孕妈妈膳食中的食物应易于消化吸收，并能促进食欲，防止食物中营养素的损失和有害物质的形成，以保证孕妈妈健康和胎儿的正常发育。

　　在怀孕早期，胎儿生长慢，孕妈妈所需要能量和营养素变化不大，身体状况良好、营养均衡的妇女并不需要额外地补充太多的能量及营养素。通常三餐的能量分配为早餐占25%～35%，中餐占40%，晚餐占30%～35%。孕妈妈也可将每日总能量的20%～30%用于加餐，加餐可以安排牛奶、点心等食品。

第14天胎教方案

胎教与环境

　　孕妈妈应该每天都学习一些关于胎教的知识和方法。胎教最重要的条件之一是使胎儿生活在优良的环境中，即"优境养胎"。胎儿所生活的环境大概可以分为两部分：母亲的身体是胎儿生活的内环境；而母亲生活的环境，包括父亲的生活环境和父亲的影响，是胎儿生活的外环境。

　　母亲的身体健康，能使胎儿生活在良好的环境中。母亲有丰富的营养供应，按时作息，经常进行有益的运动等等，都会使胎儿生活在一个愉快的环境中，这为胎儿生长发育提供了有利的条件。

　　母亲的修养、兴趣、爱好、职业，以及母亲与父亲的融洽关系，都能影响胎儿生存的外环境。高尚的情趣、豁达的心胸、成功的事业、丰富的生活、幸福的爱情，都会使胎儿的外环境稳定，胎儿从未出世就会感到未来的幸福。知道这些最基本的方面，孕妈妈就可以每天根据自己的情况采用不同的胎教方法了。

第 **3** 周

综述 ▶

从精子进入母体与卵细胞结合形成受精卵（即孕卵）的那一刻始，就意味着一个新的生命的萌芽与生长。受精卵开始变大，但不是马上附着在子宫壁上，而是先在子宫内自由活动 3 天左右，准备"着床"。

在妊娠的整个过程中，胎宝宝在妈妈肚子里完全依赖母亲而生存。母亲的子宫是他温暖舒适的小宫殿。在这里，胎宝宝既可以不受外界干扰，得到一定的保护，又可以通过脐带源源不断地从母体吸取营养，并以惊人的速度生长发育，其过程奇妙而复杂。

 ## 母体状况

这个时期孕妈妈自身可能还没有什么感觉，可能几乎感觉不到胎宝宝的存在，子宫大小同妊娠前无异，还是鸡蛋般大小。但在孕妈妈的身体内却在进行着一场变革，受精卵在这周着床，经过几次的分裂后，胎宝宝的细胞就依靠卵子里的营养开始不断生成。从现在开始，孕妈妈的生命中就会增加一份责任，她和丈夫的二人世界也会告一段落。从此时起，她的胎宝宝将与她同欢乐，她的母爱天性将会发挥得淋漓尽致。

 ## 受精卵"着床"

受精是精子和卵子结合的过程，这一过程表现为成熟卵子由卵巢排出后，经输卵管伞部到达壶腹部，此时如有精子进入体内，通过子宫颈和子宫，到达输卵管与卵子相遇并结合成一个新的细胞——孕卵（受精卵），这一过程称为受精。受精卵即合子，受精后还要经过3～4天的"蜜月"旅行才能从输卵管到达子宫。此时的子宫内膜在雌激素与孕激素的作用下，经过精心布置，像一个温暖舒适的宫殿。

受精卵经过卵裂后形成人的胚泡，它能分泌一种蛋白分解酶，侵蚀子宫内膜，使受精卵植入其中，这在医学上叫做"着床"，从此怀胎。

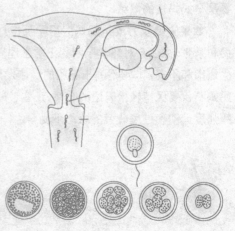

↑精子和卵子相会

胎教要点

在这一周中,胎教的重点仍然是在认识胎教的各种形式和内容上,突出情绪和环境对孕早期胎教内容中的重要作用。孕妈妈必须懂得,妊娠意味着责任,这是作为女人最重要的时刻,未来的孩子的培养和教育从现在开始就交给孕妈妈了。

很多人认为怀孕的第一个月,胎儿并没有形成气候,所以不必要过早地进行胎教,其实不然,所谓"人无远虑,必有近忧",从孕早期就开始注意胎教知识和有关胎宝宝的各种生理情况,这对后期更顺畅地对胎儿施行良好的胎教会有相当重要的铺垫作用,否则,到了后期再来关注胎教,就会因"临时抱佛脚"而收效不大了。

专家提示

孕妈妈应以喜悦的心情、均衡的营养精心呵护子宫里的小小生命,使其免受外来的种种损伤,健康地成长。不要因为妊娠而过于紧张,放松情绪对已经有了充分孕前准备的孕妈妈来说很重要。其实,从怀孕之日起每个孕妈妈已经在自觉或不自觉地开始了胎教,这就是夫妻双方(主要是孕妈妈)的情绪。

如果夫妻双方或孕妈妈对早孕反应过于敏感和紧张,往往会对怀孕早期的正常生理变化产生焦虑和不安,非常不利于胚胎的健康发展。孕妈妈不仅要保持轻松闲适的心情,还应该避免在高强度运动和过度疲劳的状态下受孕。

↑孕妈妈放松心情很必要

第 **15** 天胎教方案

生活习惯与胎教

良好的生活习惯对胎儿的健康有着很大的促进作用,因此,孕妈妈们要注意平时生活中能以身作则，在生活中严格要求自己，丰富生活，提升品位，为将来的胎宝宝树立好的榜样。

培养良好的生活习惯有很多种方式，其中，孕妈妈经常晒晒太阳对自己和宝宝都是大有益处的。

晒太阳对孕妈妈很重要，因为人体内的维生素D是皮肤内7-脱氢胆固醇在紫外线照射下生成的。孕妈妈如缺乏维生素D，不仅会给孕妈妈带来严重的健康问题，而且会影响胎儿的正常发育。

一般来说，孕妈妈每天在室外晒太阳半小时左右，皮肤生成的维生素D即可满足孕妈妈的生理需要。

孕妈妈晒太阳，最好选择在上

↑孕妈妈在阳光充足的上午十点晒太阳

午或午后，要避开正午太阳，以免晒伤皮肤。在阳台上晒太阳也可以，但必须打开窗户，因为紫外线不能通过普通玻璃。孕妈妈晒太阳，冬天每日一般不应少于一个小时，夏天需要半个小时左右，以获得足够的维生素D。特别是长期在室内或地下工作的孕妈妈，晒太阳尤为重要。值得注意的是，皮肤黑的孕妇比皮较浅的孕妇需要更多的光照。

第 **16** 天胎教方案　●●●●●●●●●●

情感与胎教

从怀孕开始，孕妈妈与胎儿就已经建立起亲密的信息了，胎儿能感受到母亲情感上或思想上的变化，而给予回应，这种能力我们称之为心电感应。如果孕妈妈的心中充满和谐、温暖和慈爱，那么胎儿的心灵也会受到同化，进而"意识"到等待自己的那个世界是美好的，就会逐渐形成、活泼外向等优良性格的基础；反之，如果孕妈妈的心中充满了烦躁、低落，甚至不欢迎这个孩子的情感，那么肚子里的胎儿也会感受到周围的冷漠氛围，逐渐形成孤寂、自卑、懦弱等性格的基础。因此，孕妈妈的情感变化是会影响到胎儿在子宫里的感受并直接影响到胎儿以后性格的形成和发展。

第**17**天胎教方案 ● ● ● ● ● ● ● ● ● ●

胎教与调理

　　孕妈妈气血阴阳的平衡与协调，是保证胎儿能否正常生长发育的关键。中医学历来重视孕妈妈用药，在漫长的临床实践中，积累了非常丰富的经验。认为孕期服用中草药必须对症，即使一般补养的药物，也应当平和适中，与孕妈妈的体质相符。

　　怀孕期间，凡峻下、滑利、祛淤、破血、耗气、散气以及一切有毒中药，都应禁用或慎用。禁用药大都是毒性强峻和药性猛烈的药物，也有致畸，致流产、死胎的作用。例如：麝香、斑蝥、水蛭、虻虫、商陆、巴豆、牵牛、大戟、三棱、莪术等。慎用药包括通经祛淤、破气破血及辛热滑利的药物，如桃仁、红花、大黄、枳实、干姜、肉桂、半夏等，但在病情需要的特殊情况下，亦可适当选用，惟须严格注意掌握剂量，适可而止，以免伤胎。

第**18**天胎教方案 ● ● ● ● ● ● ● ● ● ●

初期的营养摄取

　　怀孕初期是胎儿细胞分化、器官形成的阶段，脑和神经的发育尤为迅速，同时又是母体生理变化的适应期，母体会有呕吐等早孕反应。因此，这一时期适宜的饮食和营养对孕妈妈的健康和胎儿的发育都至关重要。

　　早期胚胎的发育离不开氨基酸，氨基酸不足会引起胎儿生长缓慢和身体过小，甚至致畸。所以孕妈妈每日应多摄取40克的蛋白质，才能维持母体的需要。怀孕早期孕妈妈要多食用易吸收的禽畜肉类、乳类、蛋类、鱼类和豆制品类。孕早期因妊娠反应，孕妈妈应少食多餐，食物尽量清淡可口。

↑孕妈妈要喝天然果汁和吃鲜水果

小贴士 TIPS　　孕妈妈三餐建议

●三餐定时：最理想的吃饭时间为早餐7～8点、午餐12点、晚餐6～7点，不论多忙碌，都应该按时吃饭。

●三餐定量：三餐都不宜囫囵或合并，且分量要足够，注意热量摄取与营养的均衡，平分在各餐之中。

●三餐定点：一边吃饭一边做别的事，例如开会或看电视都是不好的习惯；如果您希望将来宝宝能专心坐在餐桌旁吃饭，那么您就应该在吃饭的时候固定在一个地点。进食过程从容不迫，保持心情愉快，且不被干扰而影响或打断用餐。

●以天然的食物为主：孕妈妈应尽量多吃天然原始的食物，如五谷杂粮、青菜、新鲜水果等，烹调时也以保留食物原味为主，少用调料。另外，少吃所谓的"垃圾食品"，让宝宝在母亲肚里就习惯此种饮食模式，加上日后的用心培养，相信母亲能减少为孩子饮食习惯的担心。

第 **19** 天胎教方案

胎教与思维方式

怀孕后，许多孕妈妈往往容易发懒，什么也不想干，什么也不愿想。于是有人认为，这是孕妈妈的特性，随它去好了。殊不知，这正是胎教学说的一大忌。

胎儿能够感知母亲思想。如果怀孕的母亲既不思考也不学习，胎儿也会深受感染，变得懒惰起来。显然，这对于胎儿的大脑发育是极为不利的。而倘若母亲始终保持着旺盛的求知欲，则可使胎儿不断接受刺激，促进大脑神经和细胞的发育。因此，怀孕的母亲要从自己做起，勤于动脑，勇于探索，在工作上积极进取，努力创造出第一流的成绩。在生活中注意观察，把自己看到、听到的事物传递给胎儿。总之，孕妈妈要始终保持强烈的求知欲和好学心，充分调动自己的思维活动，使胎儿受到良好的教育。

第 **20** 天胎教方案

胎养与胎教

胎养是对胎儿的养护，孕妈妈要注意自己的起居、饮食、劳逸、用药等等，以使胎儿受到生理方面的滋养和保护。胎教是对胎儿的教养，孕妈妈要注意自己的情绪、志趣、品质、言行等等，以使胎儿受到心理方面的感应。这就是说，孕妈妈要为胎儿创造一个安详舒适的宫内生活环境，不仅自己应该"喜怒哀乐，莫敢不慎"，"调心神，和情性，节嗜欲，庶事清净"，而且在情志协调上维持在最佳状态。只有把胎养与胎教这两个方面结合起来施教养育胎儿，使胎儿得到愉快的信息，孩子生下来才会健康活泼可爱。

第 **21** 天胎教方案

胎教与行为

医学早已证实，孕妈妈的一切活动可以通过信息传递并影响到胎儿。我国古人认为，胎儿在母体内能接受母亲言行的影响，因此要求孕妈妈在怀胎时应修心养性、端正品行，给胎儿以良好的影响。

美国心理学家指出：父母如果曾有犯罪史，那么孩子成为罪犯的几率比出身清白的孩子要大一倍左右。因此，父母规范自己的言行，平时注重自身道德品质修养。这对胎儿身心发育有很大帮助。父母的不良行为、不高尚的行动，会在胎儿大脑留下痕迹，这不仅影响到胎儿的生长发育，甚至导致孩子出生后产生不良情绪。所以父母在孕期中要多注意，以避免对胎儿心理潜在的不良影响。

小贴士 TIPS　制造适宜的受孕环境

受孕时的良好环境，是优生不可缺少的条件。我国古时候就很重视客观环境和优生的关系，如大风大雨、大雾大寒不孕；雷电霹雳、日蚀月蚀不孕；甚至没有明月的阴沉天气也不孕。这虽然有些迷信色彩，但也不无科学道理。因为恶劣的自然环境给夫妻双方心理带来不利的影响，因此，最佳受孕日子最好是空气清新的、令人精神振奋及精力充沛的日子。

在生活环境方面，你的居室应清洁安静、阳光充足，并保持冷暖适宜、空气新鲜流通，还应没有香烟缭绕，因为香烟中的一氧化碳、氰化物、尼古丁、烟焦油等有害物质，不但会污染室内空气，而且还会影响胚胎的质量，所以，丈夫在妻子受孕前3个月就应把烟戒掉。

应该注意最好不要在新装修好的居室里受孕，因为装修材料中的有害气体如甲醛、苯、甲苯、乙苯、氨等无法在短时间里完全散发掉，因而会危及胎宝宝健康，增加先天性畸形、白血病的发病率。

第 **4** 周

综述 ▶

你或许还没有意识到，你的胎宝宝现在已经在你的子宫里慢慢地发育呢。甚至，有的敏感的孕妈妈已经出现了妊娠反应，但绝大多数孕妈妈此时没有明显变化，所以许多孕妈妈并不知道自己已经怀孕了。这要等到下周经期是否正常来到才能做出判断。

这一周，如果月经停止，要意识到自己怀孕了。如果确认怀孕，在黄体酮的影响下，孕妇会感到肚子不适，并出现呕吐。现在，孕妈妈的子宫内膜受到卵巢分泌的激素影响，变得肥厚松软而且富有营养。

 母体状况

有的孕妈妈这时还不能确定自己是不是怀孕了，有的已经心里有数了。所以提醒已准备怀孕的孕妈妈，要特别留意自己的生活起居，因为你的子宫里已经"入住"一个重要的贵宾。稍安勿躁，你马上会进入一个丰富多彩的孕期生活。

这个阶段部分孕妇会出现类似"感冒"的症状，常常在没有任何原因的情况下出现发烧、发冷等症状，没关系，过几天你的发烧症状会自动消失。

 胎儿发育

受精卵在输卵管中行进4天到达子宫腔，然后在子宫腔内自由地停留3天左右，等待子宫内膜准备好了，便在那里找个合适的地方埋进去，这就叫做"着床"。受精卵经过多次分裂，形成一个细胞团，逐渐长大，同时开始分化，一部分变成胎儿，另一部分变成了供给胎儿营养并保护胎儿的附属器官。

细胞群这个时候已经分成两层，上面一层即外胚层，最终将成为胎儿的表皮、指甲、毛发、牙齿、感觉器官和神经系统（包括脑和脊髓）。下面一层即内胚层，将成为消化系统、肝脏、胰腺、唾

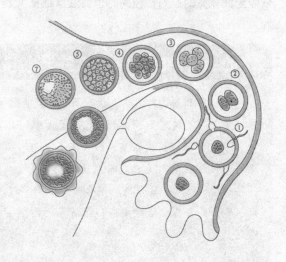

↑从受精到"着床"

280天同步胎教专家方案

液腺和呼吸系统，然后再逐步形成中间层称中胚层，它将分化为真皮、肌肉、骨骼，以及排泄和循环系统。这时要特别注意加强营养，丰富的营养会给脑细胞和神经系统一个良好的成长环境。

胎教要点

进入第4周，胎教方案以注意营养胎教为主，这段时期尤其要注意叶酸的补充，以及加强多种微量元素的吸收，因为微量元素锌、铜等也参与胎宝宝中枢神经系统的发育，尤其是锌的需求量增加。香蕉、动物内脏，还有瓜子、花生、腰果等坚果类的食品都含锌元素，可以适量多吃些。

还有，孕妈妈要继续保持愉快的心情，如逛逛街，看看漫画或笑话，让自己心情轻松。许多研究指出：情绪压力与早期流产有相当关系。曾有因为夫妻大吵大闹最后导致流产事件的发生。

专家提示

人体内每一种元素都有其存在的合理性和必要性，人体所需的各种维生素和矿物质，无论是维生素B、叶酸，还是钙、铁、铜、磷，都缺一不可。所以补充维生素和矿物质要依照全面补充的原则，但同时也要注意适量问题，过多的进补有可能造成严重后果。

小贴士 TIPS　　维生素并非多多益善

不少孕妈妈，为了达到优生目的，就盲目大量补充维生素。殊不知，结果往往会适得其反，不仅无益于自己，也害了腹中的胎儿。例如，维生素A是一种脂溶性维生素，缺乏时可以诱发夜盲症和干皮病，过量又会出现蓄积中毒，孕妇超量服用维生素A不仅可能引起流产，而且还可能发生胎儿神经和心血管缺损及面部畸形。

一般来说，每日合理的混合性食物就可充分满足孕妇每日维生素A的需要量，此外，孕妇更要忌服治疗痤疮和银屑病的维生素A类药物，如异维甲酸，因为这类药是最强烈的致畸药物。

第 **22** 天胎教方案
补充叶酸

在营养胎教中，值得注意的是叶酸。叶酸是一种维生素。科学家发现，孕妈妈缺乏叶酸，会导致胎儿发生神经管畸形，如常见的无脑畸形和脊柱裂等。每日的膳食营养中必需含有孕妈妈每日所需的叶酸。

在蔬菜尤其是绿叶蔬菜中含有较多的叶酸，如菠菜、小白菜、油菜、香菜、雪里蕻等。水果如橘子、草莓等也含有较多的叶酸。动物肝脏的叶酸含量最为丰富。此外，动物的肾脏、禽蛋类食品中叶酸的含量也较丰富。

但在食物烹调加工过程中，叶酸损失达 80%～90%。如果烹调温度高，加水多，时间长，损失更多，应尽量避免。

第 **23** 天胎教方案
避免夫妻争吵

感情融洽是幸福家庭的前提，也是优生和胎教的重要因素。在幸福和谐的家庭中，受精卵愉快地生长发育，出生后孩子往往健康聪明。反之，如果夫妻不和睦，孕妈妈长期紧张、忧愁、抑郁，那么大脑皮层的高级神经中枢活动就会受到障碍，并直接影响胎儿。

准爸妈激烈争吵时，母体受刺激后内分泌发生变化，随之分泌出一些有害激素，通过生理传递途径被胎儿接受。同时，孕妈妈的盛怒可以导致血管收缩，血流加快、加强，其物理振动传到子宫也会殃及胎儿。因此，妊娠期间夫妻双方应互相尊重，互相理解，耐心倾听对方的意见，理智地、心平气和地对待彼此间的分歧。

第 **24** 天胎教方案
开始散步

散步是孕早期最适宜的运动。散步有利于呼吸新鲜空气，可以提高神经系统和心、肺功能，促进全身血液循环，增强新陈代谢，加强肌肉活动；肌肉能力的加强，为正常顺利分娩打下了良好的基础。所以散步是增强孕妈妈和胎儿健康的有效运动方式，孕妈妈应坚

持每天都要散步。

但要注意，孕妈妈最好不要在马路上散步。由于马路上的车辆川流不息，其所排放的尾气中不乏致癌致畸物质，严重影响着人体健康。据有关资料表明：汽车尾气中的一氧化碳与人体血红蛋白的结合能力是氧气的250倍，对人的呼吸循环系统有着严重的危害。尾气中的氮氧化物主要是二氧化氮，对人和植物都有极强的毒性，能引起呼吸道感染和哮喘，使肺功能下降，对孕妈妈及胎宝宝的影响更甚。此外，马路、大街上空气混浊，汽车马达轰鸣声、刺耳的高音喇叭声等噪音都会对孕妈妈及胎宝宝的健康造成极为不利的影响。

因此，孕妈妈散步的地点要有所选择，如到空气清新的公园、郊外、林阴绿地、干净的水塘湖泊边等等，尽可能不要在污染较大的马路、大街上、人群嘈杂的商场和闹市中散步，以确保孕妈妈及胎宝宝的健康。

第 25 天胎教方案 ●●●●●●●●
起居要有规律

孕妈妈应注意生活起居要有规律，适当增加休息和睡眠的时间。避免过劳，每日要有适宜的活动。

一般夜间睡眠不要少于8小时，有条件的应增加午睡，避免过于劳累。睡前，要认真做好个人卫生，最好可以用温热水泡泡脚，缓解疲劳的同时，也能舒畅心情。

安排好入睡时间与起床时间，如果有失眠情况发生，可咨询医生，找到原因给予解决。

睡眠时，孕妈妈应注意选择舒适的体位，一般认为，左侧卧位可减轻子宫右旋对腹主脉的压迫，利于胎儿的血液供应。

↑孕妈妈起居要有规律，要保证充足的睡眠

小贴士 TIPS　　孕妈妈应该知道的数字

●胎儿在母体内生长的时间：40周即280天。

●预产期计算方法：末次月经第1天加上9个月零1周。

●妊娠反应出现时间：妊娠第4周左右。

●妊娠反应消失时间：妊娠第12周左右。

●首次产前检查时间：停经后3个月内。

●自觉胎动时间：妊娠第16～20周。

●胎动正常次数：每12小时30～40次左右，不应低于20次，早、中、晚各测1
　　　　　　　　小时，将测得的胎动次数相加乘以4。

●早产发生时间：妊娠第28～37周内。

●胎心音正常次数：每分钟120～160次。

●过期妊娠：超过预产期14天。

●临产标志：见红、阴道流液、腹痛，每隔5～6分钟子宫收缩一次，每次持续30
　　　　　　秒以上。

●产程时间：初产妇12～16小时，经产妇6～8小时。

以上数字是孕妈妈应当掌握的，当有特殊情况时，应及时去医院检查。

第 **26** 天胎教方案

认识维生素B₁₂

维生素B₁₂是人体三大造血原料之一。它是唯一含有金属元素钴的维生素，故又称为钴胺素。维生素B₁₂与四氢叶酸（另一种造血原料）的作用是相互联系的。如果孕妈妈身体内缺乏维生素B₁₂，就会降低四氢叶酸的利用率，从而导致"妊娠巨幼红细胞性贫血"。这种病可以引起胎儿最严重的缺陷。

维生素B₁₂缺乏的原因有3种：

■食物中维生素B₁₂的供应不足，多发生在长期习惯于吃素食的人群之中。

■"内因子"的缺乏，这种内因子是胃贲门和胃底部黏膜分泌的一种糖蛋白，可以由先天缺乏或者全胃切除术造成。

■某些传染病可以影响肠道对维生素B₁₂的吸收。

维生素B$_{12}$除了对血细胞的生成及中枢神经系统的完整起很大的作用之外，还有消除疲劳、恐惧、气馁等不良情绪的作用，更可以防治口腔炎等疾患。维生素B$_{12}$只存在于动物食品中，如牛奶、肉类、鸡蛋等。180克软干奶酪或半升牛奶中所含的维生素B$_{12}$就可以满足人体每日所需(0.005毫克)，所以孕妈妈此时一定不要偏食。

第 **27** 天胎教方案
了解情绪胎教法

上面我们陆续讲到了孕妈妈的情绪对胎儿健康的影响和作用，许多专家经过反复研究证明，孕妈妈的心理状态对胎儿的发育有直接的影响。胎儿与成人一样，除了需要充足丰富的营养供身体发育外，还要有丰富多彩的精神生活，而这是由孕妈妈直接传递给胎儿的。因而，孕妈妈愉快的心情和轻松的心境就是胎儿最开始沐浴到的、最好的精神胎教。

每天孕妈妈都可以通过多种方式，比如散步、听音乐、插花、和准爸爸讨论对宝宝的期望等来愉悦自己的心情，消除怀孕的焦虑症，让胎宝宝从一开始就在和谐轻松的氛围中健康成长。

↑孕妈妈应有丰富多彩的精神生活

第 **28** 天胎教方案
注意补锌

胎宝宝在母亲肚子里，脑细胞的发育需要各种营养素的供给。在脑细胞的发育过程中如果缺乏维生素或矿物质等营养物质，就会产生不良的后遗症。聪明伶俐是指脑细胞的活力强度，这其中很大的影响因素就与营养有关系。营造一个舒适、健康的怀孕过程，让宝宝在孕妈妈的肚子里正常成长，是每个孕妈妈怀孕时期最重要的功课。均衡足够的营养是宝宝能否健康发育最重要的因素之一，因此，孕妇要"吃得营养、吃得均衡"，充分提供给宝宝成长所需的营养物质。

锌和铁、钙一样，也是人体不可缺少的微量元素，是人体内许多生命活动离不开的酶的重要组成成分。除铁以外，锌在体内比其他任何微量元素都多，约含2～2.5克（相当于含铁量的一半）。它广泛存在于体内各个组织器官，其中60%在肌肉，30%在骨骼。足月小儿体内有60毫克锌，其中1/3在骨骼，1/4在肝脏。

孕妈妈缺锌，会影响胎儿的生长发育，胎儿发生畸形的机会较多；还会使胎儿在宫内生长迟缓，至成年时往往身材矮小，严重缺锌会引起"缺锌性侏儒症"，而且易患糖尿病、心血管疾病，发生癌症的机会要超过正常儿童的10倍。预防和纠正缺锌，首先应该食补。孕妈妈每天的需要量为20毫克。一般来说，经常吃肉、蛋、乳类的人，不会出现缺锌。另外，栗子、核桃、花生、瓜子等带皮壳的坚果类食品含锌也很丰富。如果缺锌，要在医生指导下服用含锌的药物，如硫酸锌、醋酸锌等，但对胃肠道常有刺激作用，可引

↑钙和锌是孕妈妈的好朋友

起胃部不适或恶心、呕吐等反应；葡萄糖酸锌易吸收、副作用小，适合任何年龄的人服用。服锌过多也有副作用，所以一定要在医生指导下服用，不可自做主张。

小贴士 TIPS　个人爱好和才能会通过胎教传给孩子吗？

一般说来，能通过胎教传给孩子的个人爱好和才能主要是音乐。拿大汉密尔顿交响乐团指挥博利顿·希罗特说："在出生之前音乐就已经是我的一部分了。"他解释说："那是我年轻的时候，当我发觉自己有异常的才能时，我感到疑惑不解。因为我初次登台就可以不看乐谱指挥，大提琴的旋律不断地浮现在脑海里。而且不翻乐谱就能准确地知道下面的旋律。有一天，当母亲正在拉奏大提琴的时候，我向她诉说了此事。母亲问我脑海里浮现出什么曲子时，谜底被解开了。原来，我初次指挥的那支曲子，就是我还在母亲腹内时她经常拉奏的那支曲子。"这说明，音乐爱好是会通过胎教传给孩子的。

个人的爱好和才能能通过胎教传给孩子，有一定科学根据。遗传学中有一种获得性状遗传理论，认为通过遗传，可以使生物体后代获得一定的形态特征或生理特征，或者说，生物体在个体发育过程中所获得的新性状，即生物的新的形态特征或生理特性，可遗传给后代。

第二章

惊喜与紧张的 第 2 个月

在妊娠第2个月（5～8周），胚芽发育成胚胎。胚胎有躯体和"尾"，能分辨出眼，以及手和足上的小峰，这些小峰就是今后的手指和脚趾。本月是胎儿绝大部分器官的分化和形成期，故又称胚胎器官形成期。这个小生命的到来，带给孕妈妈许多惊喜，因为，胎宝宝是孕妈妈热切期盼的宝贝。与此同时，孕妈妈也增加了许多担心，胎宝宝能安全成长吗？

其实，孕妈妈大可不必过于紧张，首先要做的是自己照顾好自己，这包括摄入足够的营养物质、适宜的休息以及避免接触有损自身及胎儿的有害物质。保持自身的健康就是孕育健康的生命的良好开端，进而创造一个更安全、更健康的生活环境，以使肚子里的胎宝宝安全成长。

第 **5** 周

综述 ▶

当经期迟迟不来时，未来妈妈就应该去医院检查一下是否怀孕了。当消息确定后，未来妈妈就可以满怀喜悦地开始有意识的孕期生活了。其实，胚宝宝已经来到你的子宫里有好多天了，只是你不敢确定而已。在第5周的时候别人还很难看出你已经怀孕了，但是胚胎却在你的子宫里迅速地生长。心脏开始有规律地跳动及开始供血。

这时，由于激素的影响，肚子或者腰部常处于紧绷状态，肠管的蠕动非常缓慢，容易引起便秘。这周后的孕妈妈在体形上变化会逐渐明显。

 母体状况

当怀孕至第5周左右，孕妈妈子宫增大，小腹部尚看不出有什么变化。有些孕妈妈会出现各式各样的害喜症状，头晕、乏力、嗜睡、流涎、恶心、呕吐、喜食酸性食物、厌油腻等早孕反应表现明显。多数孕妈妈还会有尿频、腰腹部酸胀等症状，有人还会感觉到身体发热。

↑孕妈妈会出现生理上的变化

头晕　　　　　　　　乏力　　　呕吐

↑妊娠反应的各种表现

胎儿发育

进入孕第5周，胚泡在子宫内"着床"后，就会向四周扩展，一端的细胞团内开始有一层从靠近囊胚腔的扁平细胞分化出来，成为胚胎原始内胚层。其余较大的细胞就变成柱状细胞，形成胚胎的原始外胚层。原始内、外两胚层呈现出圆盘状，称为胚盘，胚盘长约2毫米。经过一段时间的发育，到4周末时在胚盘内、外两胚层之间，由外胚层分化出一层细胞，形成胚内中胚层。到现在为止，三胚层就形成了，三胚层是胎体发育的始基。

在三胚层中，每一个胚层都分化为不同的组织。外胚层分化成神经系统、眼睛的晶状体、内耳的膜迷路、皮肤表层、毛发和指甲等；中胚层分化成肌肉骨骼、结缔组织、循环、泌尿系统。内胚层则分化成消化系统、呼吸系统的上皮组织及有关的腺体、膀胱、生殖道下段及前庭等。这个时期，神经系统和循环系统的基础组织最先开始分化，此时，小胚胎大约长0.6厘米，大小像苹果子一样，外观很像个"小海马"。

胎教要点

现在孕妈妈已经确定怀上了一个宝宝，在激动与欣喜之余，别忘了给还未出生的宝宝进行科学而有规律的胎教，您的爱心与仔细，定会为宝宝未来的聪明灵性打下良好的基础。现代科学的发展，证明在妊娠期间对胎儿反复实施良性刺激，可以促进胎儿大脑的良好发育。良好的生活习惯的培养，对将来宝宝的生长发育是大有裨益的。

此时，孕妈妈可以在妊娠反应不是很强烈的时候，适当做些运动，这样做可以为将来的宝宝的顺利出生提供必要的保证。

当然准爸爸们在胎教中的重要作用依然是不能忽视的，面对妻子的妊娠反应，准爸爸要积极为爱人分忧解难，用爱来体贴关怀孕妈妈。两人之间可以计划一下小宝宝出生之后的活动安排，畅想一下今后三口之家的幸福，一定会让孕妈妈的心情变得开朗起来。

专家提示

孕期的第5～8周为怀孕第2个月，此时孕吐现象最为普遍，孕吐多发生在肚子饥饿时，特别在清晨起床时更为强烈；此外，味道强烈和异味食物或饮水过多、饭量太多也会引起恶心、呕吐；若是在夏天妊娠，由于人体消耗大量水分，呕吐更使身体严重脱水，此时要注意补充水分。

虽然早孕反应很不舒服，但为了孩子，要打起精神，尽量使自己愉快地度过这段困难的时间。流质和半流质饮食有利于控制呕吐发作，如萝卜汁、乳汁、冰糖绿豆汤、荷叶粳米粥等简便易做，可随时饮服。发生呕吐之后可进食一些蛋羹、莲子红枣汤、鱼汤、大米饭等。另外，这里要提醒的是，这时孕妈妈就应该到一家相对固定的妇产科医院检查，它可以使孕妈妈的孕期身体检查系统化，并保证孕期医疗手册各项内容都完整有序。

↑孕妈妈去相对固定的妇产科医院检查

小贴士 TIPS　爱心提示

你肚子里的胎宝宝确切地说，现在还不能叫胎儿，只能叫胚胎或胎芽。胚胎期是人体各器官分化发育的重要时期，许多导致畸形的因素都非常活跃，多数人的先天畸形都发生在胚胎期。

尤其在第4～5周，心脏、血管系统最敏感，最容易受到损伤，所以一定要注意，避开可能危害你或胎宝宝的危险物质，尽可能最大限度保护你肚子里的宝贝。

第 **29** 天胎教方案
胎教要循序渐进

孕妈妈在实施胎教时，有时容易期望过高，或太心急。例如，在进行语言胎教时，长时间将耳机放在腹部，以为能加强对胎儿的语言培养。其实这样反而会引起胎儿烦躁不安，等胎儿出世甚至对语言有一种反感和敌视的态度。

年轻的父母须知，任何事情都有个度，一旦过度，其结果就会适得其反，不仅达不到预定的目的，而且会导致不良结果。同样，胎教的每项内容都会使胎儿受益，但如果不能适度地对胎儿实施，恐怕胎儿不但不能获益，还会受害。因此，孕妈妈对胎儿进行胎教，不能热情过度，心也不能太切。

第 **30** 天胎教方案
认识文学胎教

有人说："读一本好书，就像是与一位精神高尚的人在谈话。"书中精辟的见解和分析，丰富的哲理，风趣幽默的谈吐，都会使人精神振奋，耳目一新。孕妈妈相对休息时间较多，闲暇欣赏一本好的文学作品，母子都会受益。

孕妈妈应当看一些轻松、幽默、使人向上的作品，如《居里夫人传》、《木偶奇遇记》、《克雷洛夫寓言诗》、《塞外风情》，以及安徒生、格林童话等。另外，朱自清、冰心、泰戈尔等作家的散文作品优美隽永，耐人寻味，也宜欣赏。除此，吟咏古典诗词，也能令人获得美的享受。

第 **31** 天胎教方案
拥有良好的睡眠

怀孕早期总会感觉精神不济，总想睡觉。这种情况不必太担心，嗜睡是怀孕初期正常的生理现象。因为这个时候基础新陈代谢增加，身体内分泌系统产生了变化，所以热量消耗快，血糖不足，导致嗜睡。还有因为刚怀孕不久，会产生焦虑、期待的心理状态，担心胎儿是否健康，担心自己将来的身材，所以精神负担要大些，感觉很疲倦。

因此恬静又轻松的睡眠对孕妈妈是十分重要的。特别是在中午要舒舒服服地睡个午觉，但也不能过久，以免晚上失眠，影响睡眠质量；要把双脚垫高些，全身放松。

小贴士 TIPS　孕妈妈的睡姿与胎儿的生长发育

妊娠期：孕妈妈睡觉的姿势对胎儿的生长发育有着重要的影响。

●妊娠早期（1～3个月）：胎儿在子宫内发育仍居在母体盆腔内，外力直接压迫或自身压迫都不会很重，因此孕妈妈的睡眠姿势可随意，主要是采取舒适的体位，如仰卧位、侧卧位均可。但如趴着睡觉，或搂着东西睡觉等不良睡姿则应该改掉。

●妊娠中期（4～7个月）：此期应注意保护腹部，避免外力的直接作用。如果孕妈妈羊水过多或双胎妊娠，就要采取侧卧位睡姿，这可以让孕妈妈舒服些，其他的睡姿会产生压迫症状。如果孕妈妈感觉下肢沉重，可采取仰卧位，用松软的枕头稍抬高下肢。

●妊娠晚期（8～10个月）：此期的卧位尤为重要。孕妈妈的卧位对自身的与胎儿的安危都有重要关系。宜采取左侧卧位，此种卧位能改善血液循环，增加对胎儿的供血量，有利于胎儿的生长发育。但不宜采取仰卧位。因为仰卧位时，巨大的子宫压迫下腔静脉，使回心血量及心输出量减少，而出现低血压，孕妈妈会感觉头晕、心慌、恶心、憋气等症状。如果出现上述症状，应马上采取左侧卧位，血压可逐渐恢复正常，症状也随之消失。

第**32**天胎教方案　●　●　●　●　●　●　●

开始做妊娠记录

当孕妈妈确定自己怀孕后，就可以开始妊娠记录了。除了你平时仔细观察到的以外，具体还要包括：

■最后一次月经日期。

■妊娠反应开始和消失。

■第一次胎动日期。

■妊娠早期检查的情况。

■孕期中患的疾病。

■孕期用过的药物。

■胎教情况。

■阴道流血。

■接触过 X 射线和其他放射性物质或有毒的物质。

■其他。包括生活习惯、工作情况变化，外出旅行，外伤，重大的精神创伤等。

第 33 天胎教方案
做孕妈妈体操

适时开展胎教体操，是有益于强健母子体质的，也是早期进行间接胎教的手段之一。通过做孕妈妈体操，有利于做好顺利迎接分娩的身心准备。

适合妊娠第 2 个月的体操主要是坐的练习和脚部运动。在孕期尽量坐在有靠背的椅子，这样可以减轻上半身对盆腔的压力。坐之前，把两脚并拢，把左脚向后挪一点，然后轻轻地坐在椅垫的中部。坐稳后，再向后挪动臀部把后背靠在椅子上，深呼吸，使脊背伸展放松。这虽然不能算作一节操，但在孕早期应练习学会"坐"。此外，孕妈妈通过做脚部运动可以活动踝骨和脚尖儿的关节。由于胎儿的发育，孕妈妈体重日益增加，必然增加脚部的负担，因此，必须每日做脚部运动。

第 34 天胎教方案
认识美学胎教

我们生活的这个世界里到处充满了各种各样的美，人们通过看、听、体会享受着这美的一切。然而对胎儿进行美学的培养则需要通过母亲将感受到的美通过神经传导输给胎儿，美学培养也是胎教学的一个组成部分。它主要包括音乐美学、形体美学和大自然美学三部分。

对胎儿进行音乐美学的培养可以通过心理作用和生理作用这两种途径来实现。形体美学主要指孕妈妈本人的气质，首先孕妈妈要有良好的道德修养和高雅的情趣，知识广博，举止文雅，具有内在的美。其次是颜色明快、合适得体的孕妈妈装束，一头干净、利索的短发，再加上面部恰到好处的淡妆，更显得人精神焕发。大自然美学要求孕妈妈多到大自然中去饱览美丽的景色，可以促进胎儿大脑细胞和神经的发育。

第 **35** 天胎教方案

给准爸爸上堂课

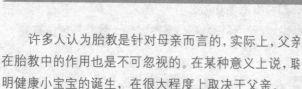

许多人认为胎教是针对母亲而言的，实际上，父亲在胎教中的作用也是不可忽视的。在某种意义上说，聪明健康小宝宝的诞生，在很大程度上取决于父亲。

在妊娠期间，准爸爸要给予妻子合理的营养，如果在胎儿形成的关键时期（孕早期及中期）缺乏营养，会威胁胎儿的正常发育，尤其对脑的发育影响最大，还常常引起流产、早产、死胎、畸形。大多数孕妈妈有妊娠反应，丈夫应鼓励妻子克服恶心呕吐等反应，坚持进食，做到少吃多餐，饮食以避油腻、易消化为原则，尽量选富含蛋白质、碳水化合物、维生素的食物，如牛奶、豆浆、蛋类、蔬菜、水果等。呕吐剧烈时应注意补充维生素B_1、B_6，必要时静脉输液。妊娠中期，胎儿生长发育加快，不仅需要给予充足营养，还要多饮水，并增加含纤维素多的食物，保持大便通畅。

小贴士 TIPS　准爸爸注意

为了克服晨吐症状，早晨准爸爸可以在床边准备一杯水，或一小块水果，它们会帮妻子抑制强烈的恶心。丈夫这时应帮助旗子渡过最初的艰难时刻。

第 **6** 周

综述 ▶

进入第6周时，胎宝宝的心脏已经开始有规律地跳动，胚胎的长度有0.6厘米，像一颗小松子仁，包括初级的肾和心脏等主要器官都已形成，神经管开始连接大脑和脊髓。

孕妈妈的身体已经开始发生变化，怀孕的症状也出现了。准爸爸这时应做大量的工作去帮助怀孕的妻子，因为妻子的情绪波动大，知道怀孕后会感到既欣喜又不安，这时你应当理解妻子的心情，并稳定妻子的情绪，帮助妻子克服早孕反应，使妻子充分休息、放松身心。

母体状况

　　在这周，不少的孕妈妈还会出现不同程度的早孕反应。由于雌激素与孕激素的刺激作用，孕妈妈的胸部感到胀痛、乳房增大变软、乳晕有小结节突出。孕妈妈会时常疲劳、犯困而且排尿频繁。在这个星期孕妈妈会像大多数女性一样，有恶心的感觉，有时候不仅是在早晨，整个一天你都会随时呕吐。这些令人心烦的症状都是正常的，这只不过是孕早期的常见现象，大约在3个月之后你的恶心与晨吐就会结束。少数孕妈妈反应严重，80%的孕妈妈有反应，也有部分孕妈妈无反应。

　　值得注意的是，在妊娠期，妇女排汗明显增加，因此要经常清洗，保持皮肤清洁，如果有条件，应每日洗澡。洗澡的水过热会使人疲惫，过冷会引起子宫收缩，因而以37℃水为宜。

↑孕妈妈洗澡保持身体清洁

胎儿发育

　　进入怀孕第6周后，在你的子宫里，胚胎正在迅速地成长，他（她）的心脏已经开始划分心室，并进行有规律的跳动及开始供血。胚胎的长度有0.6厘米，像一颗小苹果子，这周的细胞还在迅速地分裂。主要器官包括初级的肾和心脏的雏形都已发育，神经管开始连接大脑和脊髓，原肠也开始发育。胚胎的上面和下面开始长出肢体的幼芽，这是将来孩子的手臂和腿。日后将形成嘴巴的地方的下部，有一些小皱痕，它最终会发育成脖子和下颌。在本周面部的基本器官已经开始成形，已经能清晰地看到鼻孔，眼睛的雏形也已经具备。

胎教要点

　　在养胎、护胎与胎教措施的选择方面和受孕1个月时所不同的是：要在思想感情上确立"母儿同安"的观念，以便很好地在精神与饮食营养上保护胎儿。此外，小宝宝被孕育后，最期待的就是被接纳在爱的环境中长大，所以进行胎教的首要关键就是"爱"；爱是天然而来，所以不管父母的学历背景如何，对孩子都要有一份爱。然而，建议准爸妈对胎儿的性别不要过于期待，要以平常心接纳。孕妈妈在饮食上，由于有妊娠反应，所以能吃进多少就吃多少。要积极地调整好情绪。聊天、郊游都能使你变得开朗、舒心；做些自己喜爱的事情，如画画、剪报、打毛衣，也会很开心。

专家提示

此阶段早孕反应常常影响孕妈妈的饮食，饮食的变化不要太大，使身体逐渐适应饮食。同时还要注意有充足的睡眠，不要熬夜。当然，光有充足的营养和休息仍是不够的，作为妻子最亲密的伴侣——丈夫，这时应做大量的工作去关爱怀孕的妻子。因为孕期女性的情绪波动大，这时你应当了解妻子的情况，理解她的心情、调节她的情绪，帮助妻子克服早孕反应。

第36天胎教方案
注意此周营养

有的孕妈妈在这个阶段早孕反应强烈，一点胃口没有，吐得浑身乏力，日渐消瘦。这是妊娠剧吐。由于呕吐剧烈，消化液也较多吐出，又不能进食进水，孕妈妈钾的摄入量不足，使血钾降低，出现低血钾症，表现为无力、精神萎靡不振、昏睡，严重的甚至危及母胎生命。

但是为了肚中的小生命，孕妈妈们要坚强起来，不要吃那些热量过高的食物，因为热量高的食物会在体内转化成脂肪储存起来。平时吃咸的妇女，在孕期应注意饮食不宜过咸，特别是汤里不要放太多的盐，每天摄入的量在2～5克为宜。

最好是丈夫下厨做饭，要选择清淡爽口、营养丰富、易于消化的食品，并注意少量多餐。有时千方百计搞来的食物，端到妻子面前却被不屑一顾，这也不要灰心。要尽可能多准备几种小吃小菜，供妻子任意选择。

第 **37** 天胎教方案
认识形象意念胎教

　　母亲与胎儿具有心理与生理上的相通,从胎教的角度来看,孕妈妈的想象是通过母亲的意念,构成胎教的重要因素,转化、渗透在胎儿的身心感受之中。同时母亲在为胎儿形象的构想中,会使情绪达到最佳的状态,而促进体内具有美容作用的激素增多,使胎儿面部器官的结构组合及皮肤的发育良好,从而塑造出自己理想中的胎儿。

第 **38** 天胎教方案
少用手机

　　此月是胚胎组织分化、发育的重要时期,也是最容易受内外环境影响的时期。因此,为了避免胎儿的畸形,孕妈妈应该远离、少使用手机。科研人员进行的一项测试显示,手机在接通时,产生的辐射比通话时产生的辐射高20倍,因此当手机在接通阶段,用者应避免将其贴近耳朵,这样能减少80%～90%的辐射量。怀孕初期的孕妈妈,更不应将手机挂在胸前,以减低辐射对体内胎儿的影响。

小贴士 TIPS　　妊娠反应与心情

　　孕妈妈在怀孕早期,常常出现食欲不好、偏食、轻度恶心、呕吐、全身无力、头晕等现象。这些反应一般在清晨稍重,多数对正常生活没有多大的影响。但有少数妇女在怀孕早期恶心、呕吐严重,不能进食、进水,更重者出现血压下降、体温偏高、黄疸,甚至昏迷。一般情况下,早孕反应轻者,无需治疗,3个月后症状自然消失。严重到不能进食、进水者应该到医院,查一下尿是否出现酮体阳性,必要时应输液,补充一定量的葡萄糖、维生素及水分。

　　最重要的是对怀孕要有心理准备。国外许多学者通过研究证实,早孕反应与孕妈妈的情绪关系非常密切,怀孕后心态正常、情绪稳定的人反应就小。孕妈妈本人更应当认识到,怀孕是正常的生理现象,不必存在恐惧心理,自己将是未来孩子的母亲,家庭中将要增加一名活泼可爱的宝宝,这该是多么高兴的事,这样一来早孕反应也就容易减轻甚至消失了。

第**39**天胎教方案

认识运动胎教

妊娠中往往会因为太过于保护身体，以至于产生运动不足的现象。还有，有些人会因为胎儿而吃得太多，发生过胖的情形。一般而言，体重超重的话，容易患妊娠中毒症、高血压症、浮肿等形形色色的疾病。同时，也比较容易难产。所以，孕妈妈应该尽早进行运动胎教。

运动胎教，是指导孕妈妈进行适宜的体育锻炼，促进胎儿大脑及肌肉的健康发育，有利于母亲正常妊娠及顺利分娩。运动胎教有许多好处：

■控制孕妈妈体重增长：运动可帮助孕妈妈身体消耗过多的热量，同时促进水钠代谢，减轻身体水肿，使体重不致增长过快。

■减轻孕妈妈身体不适感：孕妈妈适当运动，如做孕妈妈体操，可促进新陈代谢和心肺功能，加快血液循环，防止便秘和静脉曲张的发生，并可减轻日益增大的子宫引起的腰痛、腰酸及腰部沉重感。

■增强自然分娩的自信心：适当运动可使大脑运动中枢兴奋，有效地抑制思维中枢，从而减轻大脑的疲劳感。这样，可缓解孕妈妈对怀孕、分娩产生的紧张情绪，增加自然分娩的自信心。

■促进胎宝宝正常生长发育：运动不仅能增加孕妈妈自身健康，也可增加胎宝宝的血液供氧，加快新陈代谢，从而促进生长发育。

■促使孕妈妈胎宝宝吸收钙：孕妈妈去户外或公园里运动，可呼吸大量新鲜空气，阳光中的紫外线，还使皮肤中脱氢胆固醇转变为维生素D，促进体内钙、磷的吸收利用。既有利于胎宝宝骨骼发育，又可防止孕妈妈发生骨质软化症。

■防止胎宝宝长成肥胖儿：经常适当运动，可控制孕妈妈体重增长，减少脂肪细胞，还可起到给胎宝宝"减肥"的作用，即出生少脂肪细胞宝宝的几率大。这样，既可防止生出巨大儿，有利于自然分娩，又为避免肥胖症、高血压及心血管疾病奠定了良好的先天物质基础。

■帮助胎宝宝形成良好个性：孕期不适常会使孕妈妈情绪波动，胎宝宝的心情也会随之变化。运动有助于改善孕妈妈身体疲劳和不适感，保持心情舒畅，利于胎宝宝形成良好的性格。

■可促进胎宝宝的大脑发育：孕妈妈运动时，可向大脑提供充足的氧气和营养，促使大脑释放脑啡肽等有益的物质，通过胎盘进入胎宝宝体内；孕妈妈运动会使羊水摇动，摇动的羊水可刺激胎宝宝全身皮肤，就好比给胎宝宝做按摩。这些都十分利于胎宝宝的大脑发育，出生后会更聪明。

■为顺利分娩创造良好条件：通过运动，可增强孕妈妈腹肌、腰背肌和盆底肌的力量和弹性，使关节、韧带变得柔软、松弛，有利于分娩时放松肌肉，减少产道阻力，增加胎宝宝娩出的动力，为顺利分娩创造良好的条件。

■有利于产后体形恢复：运动可使孕妈妈在分娩时减轻产痛，缩短产程，减少产道裂伤和产后出血。临床研究结果显示，坚持做孕妈妈体操的孕妈妈，正常阴道分娩率明显高于未做健身操者，产程也往往较短。

小贴士 TIPS　孕妈妈运动注意事项

女性怀孕是个生理过程，会发生一系列变化，但一般情况下孕妈妈都能"胜任"，能照常参加工作和适当地进行运动。当然，孕妈妈的运动以不感到疲劳、不损害胎儿为原则：

●如果你一直喜欢运动，妊娠后仍可进行，以不感疲劳或不感上气不接下气为限度，剧烈运动在妊娠期是不适宜的。如果平时无锻炼习惯，也不必为了妊娠去重新开始，可做些家务、散步、体操等。

●尽量避免做任何可能损伤腹部危险的运动。

●提倡做孕妈妈体操，怀孕3个月起开始坚持每天做孕妈妈体操，借以活动关节，使孕妈妈精力充沛，减少由于体重增加及腹部渐渐隆起所致的重心改变而引起的肌肉疲劳。孕晚期如能坚持锻炼可使腰部与盆底肌肉松弛，增加胎盘供血，有利于促进自然分娩。

●有专家提示，游泳是孕妈妈最好的运动，但是以没有疲惫感为度。

孕妈妈适当地做些运动虽然很有必要，可如果妊娠过程中出现异常，则应遵照医生的嘱咐，有时甚至要卧床休息。

↑注意运动强度，防止流产

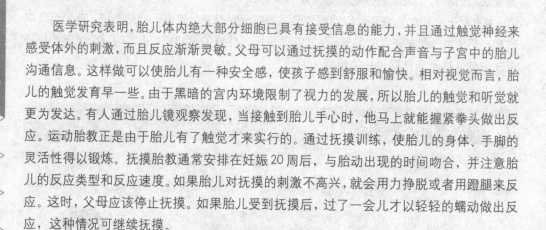

第**40**天胎教方案

认识抚摸胎教

医学研究表明，胎儿体内绝大部分细胞已具有接受信息的能力，并且通过触觉神经来感受体外的刺激，而且反应渐渐灵敏。父母可以通过抚摸的动作配合声音与子宫中的胎儿沟通信息。这样做可以使胎儿有一种安全感，使孩子感到舒服和愉快。相对视觉而言，胎儿的触觉发育早一些。由于黑暗的宫内环境限制了视力的发展，所以胎儿的触觉和听觉就更为发达。有人通过胎儿镜观察发现，当接触到胎儿手心时，他马上就能握紧拳头做出反应。运动胎教正是由于胎儿有了触觉才来实行的。通过抚摸训练，使胎儿的身体、手脚的灵活性得以锻炼。抚摸胎教通常安排在妊娠20周后，与胎动出现的时间吻合，并注意胎儿的反应类型和反应速度。如果胎儿对抚摸的刺激不高兴，就会用力挣脱或者用蹬腿来反应。这时，父母应该停止抚摸。如果胎儿受到抚摸后，过了一会儿才以轻轻的蠕动做出反应，这种情况可继续抚摸。

第**41**天胎教方案

重视母爱

母爱对于胎儿来说更是至关重要的。我们知道，是母亲以极大的爱，用自己的身体和体液孕育了胎儿。在280天的等待过程中，母亲倾听着胎儿的蠕动，关注着胎儿的成长，祈求着胎儿的平安，并积极地把爱付诸行动，精心周到地疼爱、照料着腹中的生命：增加营养，锻炼身体，避免有害因素的刺激，创造良好的孕育环境，施行胎教，最后又在痛苦中把胎儿降生到了人世间。

在整个孕育过程中，母亲的情感逐步得到爱的升华，产生出一种对胎儿健康成长极为重要的母子亲情。正是这种感情，使意识萌发中的胎儿捕捉到爱的信息，并转入胎教机制，为形成热爱生活、乐观向上的优良性格打下基础。

第**42**天胎教方案

孕妈妈用药

孕妈妈在胎教生活中，一定要注意安全用药。有些药物可导致胎儿发育畸形，特别是早期妊娠，是胎儿发育最易受外界因素影响的时期，应特别注意。

孕早期的3个月用药更需慎重，非必要的治疗慢性病的药物，可暂时停用，决不可滥用药品。

选用的药物必须有明确指证，对治疗疾病有益，对胚胎无害，用药时要在医生指导下，严格掌握剂量，合理用药，及时停药。

孕妈妈服用药剂时，必须经过医生指示再服用→

综述 ▶

由于激素的变化，孕妈妈的情绪可能容易激动，常会为了一点小事而不开心；同时，各种早孕反应比如身体会感到很疲劳、心率陡然增快、新陈代谢率增高了25%等等，也可能打乱你原有的生活，让你的心情变得更糟。然而，这一切都会慢慢好转起来。

对孕妈妈来说，你完全不必把自己当作一个特殊的人来看待，平时想吃什么就吃什么，做些开心的事情，忘掉不舒服；身体不适时，就躺下休息；尽量保持你原来的生活节奏，让自己更从容、惬意。

母体状况

目前你的外表看不出有什么改变，但在你的体内却发生着翻天覆地的变化。早晨醒来后你会感到难以名状的恶心，而且嘴里有一种说不清的难闻味道，有时像汽油或其它化学原料的感觉，这是怀孕初期大多数孕妇都会遇到的情况。多数孕妈妈在此周中还会持续出现妊娠反应。当然，那些吐得特别厉害，吃什么吐什么的孕妈妈，代谢变得紊乱，就需要去医院加以治疗，必要时要住院输液。

但有些孕妈妈已经出现饥饿的状态，而且常常饥不择食地吞咽各种食物。在这种大吃大喝的补充下，你的体态很快就会有改观，但是不要过多地考虑体形，因为目前这几周是胎儿发展的关键时期。

胎儿发育

这时的胚胎像一颗豆子，大约有12毫米长。现在如果孕妈妈能看到自己的身体内部，你会发现胚胎已经有了一个与身体不成比例的大头。而且胚胎的面部器官十分明显，眼睛就像一个明显的黑点，鼻孔大开着，耳朵有些凹陷。胚胎上伸出的幼芽将长成胳膊和腿，现在看上去已经很明显，手和脚看起来像小短桨一样。其他部分的成长包括垂体和肌肉纤维。现在你听不到胎心音，但是胚胎的心脏已经划分成左心房和右心室，并开始有规律的跳动，每分钟大约跳150下，比你心跳要快两倍。

胎教要点

在本周里，保持良好的精神状态仍是孕妈妈努力要做到的，虽然妊娠反应还在持续，但调整好情绪是进行胎教的重中之重，因此，孕妈妈要避免情绪激动，让自己尽量保持良好的精神状态。

另外，许多孕妈妈容易感到疲累，因此需要适当休息。过度劳累容易造成孕妈妈流产，尤其是那些高龄产妇、有过流产史、患有某些慢性疾病的孕妈妈，需格外注意休息。

怀孕的头3个月是胎儿神经管发育的关键期，因此，为了避免胎儿的异常，孕妈妈应尽量避免各种不良因素，如烟酒环境，有害化学物质，新装修的房屋，空气不流通的环境等等，并且提高自己免疫力，免受病毒感染。

↑ 孕妈妈情绪不安不利于胎儿的发育

专家提示

有些孕妈妈在妊娠期由于不懂得性生活、性心理的变化特点，往往因性生活不当而造成胎儿流产、早产。因此，孕期性生活需要夫妻双方正确认识和对待。

在妊娠的头3个月内，子宫较敏感，胎盘的绒毛和子宫内膜的结合不十分牢固，而精液中又含有丰富的前列腺素，它能使子宫及输卵管平滑肌收缩。若此期子宫收缩频繁，可导致囊胚种植困难，所以在妊娠初期3个月内进行性生活，易发生流产，使妊娠终止。对有习惯性流产史者，在整个妊娠期间应该尽量避免性生活，甚至包括能够引起性兴奋而导致子宫强烈收缩的性刺激。有早产史者，在上次早产的相应月份前1个月开始直至分娩的一段时间内，应避免性生活。

小贴士 TIPS　绒毛细胞检查

绒毛细胞检查是近些年发展起来的一项新的产前诊断技术。它主要用一根细细的塑料管或金属管，通过孕妈妈的子宫口，沿子宫壁入内，吸取少量绒毛进行细胞学检查。怀孕40～70天时，胚泡周围布满绒毛，是进行检查的最佳时间，比羊膜腔穿刺的最佳时间（第16～20周）要早得多，其意义当然就大多了。

目前它主要用了解胎儿的性别和染色体有无异常，其准确性很高，国内已开始逐步推广使用。从前几年应用的情况来看，对孕妈妈无不良影响，对出生的新生儿及其日后的随访观察，也未发现有任何异常。因此它是一种较为安全的、极有前途的产前诊断技术。

一般来说，有以下情况的孕妈妈可以做绒毛细胞检查：35岁以上的高龄孕妈妈；以前生过一个染色体异常儿的孕妈妈；有某些遗传病家族史的孕妈妈；夫妇一方有染色体平衡易位者；有多次流产死产史的孕妈妈。

第 **43** 天胎教方案

认识色彩胎教

人的第一感觉就是视觉，而对视觉影响最大的则是色彩。色彩能够影响人的精神和情绪，它作为一种外在的刺激，通过人的视觉产生不同感受的结果，给人以某种精神作用。因此，精神上感到舒畅或是沉闷，都与色彩的视觉感受有着直接的关系。可以说，不舒服的色彩如同噪声一样，使人感到烦躁不安，而协调悦目的色彩则是种美的享受。

室内色彩布置得协调，对孕妈妈十分有益，也能使胎儿安静舒适。每种色彩都会带给人不同感受：如红色使人激动、兴奋，鼓舞斗志；黄色给人明快灿烂的感觉，使人感到温暖；绿色，清新宁静，给人以希望；蓝色凉爽；白色干净；粉红嫩绿使人充满活力等。

　　因此，孕妈妈应根据个人不同喜好，把房间变换成不同的色彩，来调整不同的心理特征，培养胎儿的性格养成。不宜经常接触黑的色彩，以免产生恐惧不安的心理，影响胎儿的生长发育。

颜色美丽的鲜花可以带来好心情→

第**44**天胎教方案　●●●●●●●●
认识日记胎教

　　写日记也是孕妈妈调整情绪起伏的方法之一，因从确定怀孕的那一天开始，记下自己所有的感受和认识，记载胎儿在自己肚子里渐渐成长直到诞生的点点滴滴，相信这是对出生后的宝宝的一份珍贵礼物，也是父母对宝宝爱心的见证。

　　最重要的是，在记日记的过程中，把对胎教的心得体会和各种知识记下来，把自己不愉快的心情记下来，既可以调整情绪保持良好的心情，又可以得到冷静思考的时间，这种思维能力无形中也会传递给腹中的宝宝。

第**45**天胎教方案　●●●●●●●●
母亲饮食习惯与胎教

　　一直以来，有很多父母为自己偏食的孩子而头疼，但是一批美国医学科研人员近期公开表示，造成孩子偏食的责任很大程度可能在于他们的父母。

　　来自美国费城的医学科研人员说，一系列的测试与研究表明，一个儿童在饮食上的喜好与其母亲在怀孕及哺乳期间所进食物有着密切的关联。据这一科研项目负责人介绍："对于一位在怀孕或哺乳期间的母亲来说，她每天所摄取的食物可能会直接影响到自己的胎儿，让他们间接地受到母亲的遗传，从而对某些食物产生强烈的偏好差别。毋庸置疑，怀孕或哺乳期间的母亲每餐所摄取的食物必定会是安全的，胎儿便通过某种特殊渠道开始认同相应食物的口味。这可能就是人们在食物口味偏好选择方面的最初根源，调查也已经表明，大多数人都喜欢或认同自己母亲特别喜爱的食物。

因此，参与该项目的美国医学科研人员表示，如果一位妇女在怀孕或哺乳期间能够尽量保持食物荤素均衡，多进食一些时令蔬菜及新鲜水果，其胎儿在长大后也会相对更容易接受水果及蔬菜，从而避免孩子平日进餐时出现严重偏食现象或减少复发频率。

第46天胎教方案
认识母爱音乐胎教法

如果母亲能亲自给胎儿唱歌，将会收到更为令人满意的胎教效果。一方面，母亲在自己的歌声中陶冶了性情，获得了良好的胎教心境，另一方面，母体在唱歌时产生的物理振动，和谐而又愉快，使胎儿从中得到感情上和感觉上的双重满足。这一点，是任何形式的音乐所无法取代的。

有的孕妈妈认为，自己五音不全，没有音乐细胞，哪能给胎儿唱歌呢。其实，给胎儿唱歌并不是登台表演，要的只是母亲对胎儿的一片深情。只要您带着对胎儿深深的母爱去唱，您的歌声对于胎儿来说，一定是十分悦耳动听的。因此，孕妈妈不妨经常哼唱一些自己喜爱的歌曲，把自己愉快的信息，通过歌声传送给胎儿，使胎儿分享您喜悦的心情。

第47天胎教方案
认识碘的重要性

碘是人体各个时期所必需的微量元素之一。它是人体甲状腺激素的主要构成成分。甲状腺激素可以促进身体的生长发育，影响大脑皮质和交感神经的兴奋。如果机体内含碘不足，将直接限制甲状腺激素的分泌。孕期母体摄入碘不足，可造成胎儿甲状腺激素缺乏，出生后甲状腺功能低下。其结果是影响孩子的中枢神经系统，尤其是大脑的发育。这种状况若在孩子出生后不能及时发现和治疗，将对孩子产生不可逆转的损害。

因此，孕妈妈要在孕期适宜地补充碘，确保胎儿身体与智力的同步发育。富含碘的食物为海带、紫菜、海虾、海鱼等。

人体的碘80%～90%来源于食物。成人每天需要70～100微克，孕妈妈每天需要175微克，青少年需要150微克，儿童需要70～120微克，婴儿需要10～50微克。目前我们国家全面补碘，如我们每天的食用盐中含有一定量的碘，使得一般正常人不会出现碘缺乏。因此，孕妈妈在补充碘时，如查尿碘含量低于100微克／升，则要加大碘盐摄入或服用碘丸，同时必须在医生的指导下，采用正确剂量进行补充，以防止摄碘过高。因为，碘过高同样会产生副作用。

小贴士 TIPS　吃酸有讲究

孕妈妈嗜酸有益，因为酸味食品可刺激胃液分泌，提高消化酶的作用力，促进胃肠蠕动，改善孕期内分泌变化带来的食欲下降以及消化功能不佳的状况。加上酸味食物可提高钙、铁以及维生素C等养分的吸收率，故有助于胎儿的骨骼、脑及全身器官的发育。

但要讲究科学性，也就是说，孕妈妈宜选食西红柿、橘子、杨梅、石榴、葡萄、绿苹果等新鲜果蔬，不要吃人工腌制的酸菜、醋制品，一些人工制品虽然味道也是酸的，但养分已遭到不同程度的破坏，而腌菜中含有亚硝酸盐等致癌物，对母胎双方皆不利。另外，山楂片因有加速子宫收缩的成分，应禁食，否则可能诱发流产。

第 48 天胎教方案

胎教环境

早孕阶段，尤其是最初15～56天，胚胎器官正在高度分化、形成中，接受X射线后极易发生畸形。

研究专家认为，孕妈妈在怀孕6周内对电磁辐射的敏感性增高，小剂量照射可以造成胎儿发育畸形，在怀孕第8～15周时产生智力低下的危险性最大。受到电磁辐射有可能导致孕妈妈流产，如果在器官形成期，可能会使正在发育的器官产生畸形，也可损伤中枢神经系统导致胎儿出生后智力低下。

因此，在怀孕头2个月绝对禁止X射线照射，头3个月也要尽力避免，以免胎宝宝发生小头、痴呆、脑水肿、小眼等缺陷。孕妈妈常规的肺部透视也要推迟到妊娠第4个月后，X射线骨盆测量应尽量不拍。出于产科需要时，也要在妊娠第36周以后。

第 **49** 天胎教方案

远离有害气体

有关研究表明，粉尘、有毒气体密度最大的地方，不是在工厂、街道，而是生活中天天都离不开的厨房里。因为煤气或液化气的成分均很复杂，燃烧后在空气中会产生多种对人体极为有害的气体，尤其是对孕妈妈的危害更是犹如"雪上加霜"。因为，其中放出的二氧化碳、二氧化硫、二氧化氮、一氧化碳等有害气体，要比室外空气中的浓度高出好多倍，加之煎炒食物时产生的油烟，使得厨房被污染得更加严重。

因此孕妈妈最好少入厨房，如果需要去，一定要尽量减少停留时间。可在厨房中安置排油烟机或排风扇，让厨房保持良好的通风，也可适当地多使用电炊具。

第 **8** 周

综述 ▶

从怀孕到现在，你也许第一次有腹部疼痛的感觉，这种情况在许多孕妈妈身上都曾发生过，这是因为子宫在迅速地成长扩张。很多孕妈妈在怀孕初期会出现昏沉乏力、身体不适、恶心呕吐等症状。由于子宫扩张压迫膀胱导致尿频；荷尔蒙分泌增多导致情绪烦躁。

这时你可能因为恶心和呕吐的原因不愿吃东西，但是现在不是控制饮食的时候，你还是应该尽量吃些有营养的食物，以此来保证有足够的养分为胎儿的成长的后盾。

母体状况

孕妈妈的腹部现在看上去仍很平坦，但你的子宫已有明显变化，怀孕前你的子宫就像一个握紧的拳头，现在它不但增大了，而且变得很软。阴道壁及子宫颈因为充血而变软，呈紫蓝色，子宫峡部特别软。

当你的子宫成长时，你的腹部会感到有些痉挛，有时会感到瞬间的剧痛。

胎儿发育

胚胎大约有20毫米长，看上去像颗葡萄。胚胎的器官已经开始有明显的特征，手指和脚趾间看上去有少量的蹼状物。这时胚胎像跳动的豆子一样开始有运动。因为骨髓还没有成形，现在由肝脏来生产大量的红细胞，直到骨髓成形后去接管肝脏的作用。胚胎的器官特征开始明显，各个不同的器官开始忙碌地发育。

从现在开始到20周，你的胎儿将迅速成长，并且在几个星期内就会有明显的轮廓，这个时期的成长速度就像孕早期心脏和大脑的发育时期一样。各种复杂的器官都开始成长，牙和腭开始发育，耳朵也在继续成形，胎儿的皮肤像纸一样薄，血管清晰可见。

胎教要点

母亲在妊娠期间的不良情绪，还可能引起如腭裂或唇裂之类的先天性缺陷。研究人员对232名有腭裂或唇裂的孩子母亲进行调查，询问她们在妊娠期间是否情绪紧张，并记录了出现情绪紧张的时间和程度。结果68%的母亲说有过情绪紊乱，23%的母亲说在妊娠最初3个月中有过生理或外伤原因引起的紧张感。

所以，本周胎教重点仍以调整情绪为主，同时注意全面的营养摄入。如果能听一些舒缓优美的乐曲就更好了，这样的音乐可以帮孕妈妈抵御妊娠反应的影响。

专家提示

现在你可以进行第一次产前检查了，除了做盆腔检查外，你还需要测量血压，以了解基础血压；检查心脏和肺脏；化验尿常规及尿糖；进行一次口腔检查。如果没有什么异常情况，你应该在妊娠中期每月检查一次，到孕晚期时每周检查一次。

这时应注意不要接触猫、狗等宠物，因为猫身上可能携带着弓形虫病菌，孕妇如果感染了弓形虫，不仅会影响胎儿的正常发育，还有可能造成流产、早产及先天畸形。而狗身上可能寄生的一种"慢性局灶性副黏液病毒"，如果进入人体的血液循环后会侵害骨细胞，导致骨质枯软变形，引起畸形骨炎。

第 **50** 天胎教方案 ● ● ● ● ● ● ● ●

营养胎教：认识蛋白质

蛋白质是孕妈妈怀孕期需要量最大、最重要的营养成分。它是胎儿细胞分化、器官形成的最基本的物质，对胎儿身体的成长来说，就像构筑一座坚实大厦的基础一样。蛋白质是智力发育的必需物质，能维持和发展大脑功能，增强大脑的分析理解及思维能力。怀孕前，夫妇双方任何一方的蛋白质摄入不足，均会影响精子与卵子的质量，从而导致胚胎形成出现障碍；怀孕中，孕妈妈的蛋白质摄入不足，除了会影响胎儿的发育成长外，还会降低孕妈妈的免疫力，引起孕妈妈的贫血和营养不良，甚至导致产后乳汁分泌不足、身体复原缓慢等。此外，每1克蛋白质还能提供相当4000卡的热量。

根据不同的来源，蛋白质可分为动物蛋白和植物蛋白两种。蛋白质的优劣是根据蛋白质的组成成分中氨基酸的种类和含量而决定的。人体所需要的20种必需氨基酸中，有8种氨基酸是人体自身不能合成，必须依靠从食物中或蛋白质的特殊制品中摄取的。因此，含有大量必需氨基酸的蛋白质被称为优质蛋白质。正常女性计划怀孕前每天约需蛋白质46克。怀孕期，每天的需要量应是怀孕前的2～3倍，即92～138克。

小贴士 TIPS　什么是宫外孕？

宫外孕又称之为异位妊娠，它是指孕卵在子宫腔以外着床发育。宫外孕是最常见的妇科急腹症之一，常常被漏诊和误诊，这就增加了潜在的危险性。所以，要尽早诊断并及时作出相应处理，否则会危及生命。宫外孕的主要表现为：

●停经：输卵管妊娠流产或破裂前，症状和体征均不明显，除短期停经及妊娠表现外，有时出现一侧下腹胀痛。检查时输卵管正常或有肿大。

●腹痛：下腹坠痛，有排便感，有时呈剧痛，伴有冷汗淋漓。破裂时患者突感一侧下腹撕裂样疼痛，常伴恶心呕吐。

●阴道出血：常是少量出血。

●晕厥与休克：由于腹腔内急性出血，可引起血容量减少及剧烈腹痛，轻者常有晕厥，重者出现休克。

●其他症状：可能有恶心、呕吐、尿频。

第 **51** 天胎教方案
了解抚摸胎教的方法

父母用手轻轻抚摸胎儿或轻轻拍打胎儿，通过孕妈妈腹壁传达给胎儿，形成触觉上的刺激，促进胎儿感觉神经和大脑的发育。经过抚摸训练出生的婴儿，肌肉活动力较强，对外界环境的反应较灵敏，在生后翻身、爬行、站立、行走等动作的发展上都能提早些。

抚摸胎教的方法包括：

■每天睡前听胎教音乐之前进行。孕妈妈仰卧放松，双手放在腹壁上捧住胎儿从上往下，从左至右顺序地抚摸胎儿，反复10次后，用食指或中指轻轻抚压胎儿，然后放松。

■抚摸胎教要求定时进行，开始每周3次，根据具体情况逐渐增多，每次时间5～10分钟。

■如果抚摸胎教配以轻松愉快的音乐，效果更佳。在抚摸时应注意胎儿的反应，如胎儿用力踢腿，应停止抚摸；宫缩出现过早的孕妈妈不宜使用抚摸胎教法。

第52天胎教方案
准爸爸的责任

在此阶段，胎盘尚未发育完善，胚胎附着于子宫尚不十分牢固，是流产的易发时期。此时性高潮时的强烈子宫收缩，有使妊娠中断的危险，所以准爸爸应该克制自己的性欲望，避免房事，预防发生流产。特别对年龄较大、过去曾有流产史、此次妊娠曾出现少量阴道流血的有先兆流产的孕妈妈，应禁止性交。

尽管有些孕妈妈妊娠后性欲并未减退，但妊娠早期不同程度的早孕反应，如恶心、呕吐，嗜睡、疲倦等常使她们对性的兴趣降低，需要准爸爸的理解、关怀和体贴。同时，由于孕妈妈内分泌的改变，使得孕妈妈对性生活没有多大兴趣，常常表现出厌倦或对准爸爸不满意。因此，准爸爸应了解这一情况，可以用其他方式交流夫妻感情。

第53天胎教方案
减少糖的摄入量

调查研究表明：喜欢吃甜食的人容易引起体内糖类代谢紊乱，患糖尿病的几率增大。怀孕后，孕妈妈的身体状况出现变化，自我调节能力减弱，如果保持原来的饮食不变，极易患上孕期糖尿病，不但危害孕妈妈本人的健康，而且还会危及体内胎儿的健康发育与成长，极易引起早产、流产或者死胎。即使能够顺利生产，孕期糖尿病患者产下的孩子也很可能是巨大儿，或者大脑发育有障碍，产后的母亲将转变为一个典型的糖尿病患者。

因此，为了保证自己和胎儿的健康，处于非常时期的孕妈妈要特别注意，调整自己的饮食结构，少吃甜食，减少糖的摄取量。而计划怀孕的年轻女性应该在怀孕前6个月改正偏好甜食的习惯，养成良好的饮食习惯，为自己和宝宝打下良好的基础。

第**54**天胎教方案
增加纤维素的摄入量

妇女在妊娠期间如果吃含纤维素的食物过少，生下的子女则容易患上肠道疾病。吃纤维素食物少，容易导致孕妈妈通便不畅，粪便残渣可能会残留在大肠中导致感染，孕妈妈大肠中的这些细菌很有可能传染给她所怀的婴儿，寄生在婴儿肠道上，形成隐患。如果孕妈妈怀孕时只吃肉、奶、蛋类的食物而很少吃富含纤维素的蔬菜、粗粮等类食物，其子女将来患肠疾的可能性将增加。

第**55**天胎教方案
准爸爸的作用

作为丈夫，在情绪胎教中有着义不容辞的责任。

首先，要关心妻子孕期的营养问题，尽心尽力当好妻子和胎儿的"后勤部长"。其次，要丰富生活情趣。早晨陪妻子一起到环境清新的公园、树林或田野中去散步，做做早操，嘱咐妻子白天晒晒太阳。这样，妻子也会感到丈夫温馨的体贴，心情舒畅惬意。再次，要风趣幽默处事。妻子由于妊娠后体内激素分泌变化大，产生种种令人不适的妊娠反应，因而情绪不太稳定，因此，特别需要向丈夫倾诉。这时，丈夫唯有用风趣的语言及幽默的笑话宽慰及开导妻子，才是稳定妻子情绪的良方。最后，要协助妻子胎教。丈夫对妻子的体贴与关心，爸爸对胎儿的抚摸与"交谈"，都是生动有效的情绪胎教。

第**56**天胎教方案
孕妈妈慎看电视

孕妈妈看电视一忌长时间观看，连续看电视不能超过 2 小时，每 1 小时应起来活动 5～10 分钟。长时间不活动加重下肢浮肿，连续看电视引起用眼过度，会感到头昏眼胀、乏力疲惫，应在室内开一盏 3～8 瓦的小灯。二忌饭后立即看，饭后立即看电视会造成供给胃肠的血液减少，影响孕妈妈的消化吸收。三忌近距离观看（应距 2 米以上），荧光屏射出的射线对孕妈妈、胎儿均有不良影响，看后应洗手、洗脸、开门开窗。四忌收看情节紧张的电视节目。因孕期情绪受到惊吓可使肾上腺素分泌增加，子宫的血流量将会减少，从而影响胎儿。

第三章

渐渐适应了的 第 3 个月

怀孕的第3个月，和前两个月一样，也容易流产，所以生活细节上还要继续留意小心。平常如有做运动的习惯，仍可持续，但必须是轻松且不费力，如舒展筋骨的柔软体操或散步，剧烈运动应避免尝试，也不宜搬重物和长途旅行，至于操作家事可请准爸爸分担，不要勉强，上下楼梯要平稳，尤其应随时注意腹部不要受到压迫。胎儿在母体的几个月内，可能和母亲在某些方面就有着共同的节律，母亲的习惯将直接影响到胎儿的习惯。所以，孕妈妈从怀孕起，就要养成一个良好的习惯。

上班的职业妇女，应保持愉快的工作情绪，以免因心理负担过重，压力太大而影响胎儿的发育。此时，若能取得同事的谅解，继续工作应不成问题。

第 9 周

综述 ▶

腹中的小宝贝在受孕前8周被称为胚，从第9周开始已是一个五脏俱全、初具人形的可爱小儿人了，从这时起称为胎。小人儿不仅只是有了人样，内在精神也开始产生。要知道，这种内在精神对于胎宝宝是否能正常地生长发育非常关键，它与孕妈妈的情绪息息相关。

因此，孕期多聆听优美的旋律，多读格调较高的文字，以及避免不良情绪的刺激等。这些对保持孕妈妈良好的心态，拥有一个好心情是至关重要的。

母体状况

胎儿在子宫内生长的速度有一定的规律性，子宫底的高度随着妊娠月份而变化，孕妈妈的体重也随月份增加。如果子宫增大速度与妊娠月份不符，有两种可能，一是子宫增大速度过慢，可能是胎儿发育迟缓或胎死腹中；一是子宫增大过快，可能是多胎妊娠、羊水过多或葡萄胎等，应请医生诊断。孕3月子宫底已在耻骨联合上二三横指，通过妇科检查才能查出增大。腹部外形无明显变化。

在妊娠第1~12周，孕妈妈体重增加2000~3000克。怀孕也改变了你的形象，乳房开始长大，你需要更换大一些的胸衣了。也许你已经注意到腰围开始变大，心爱的牛仔裤只能等到产后恢复身材时再穿了。

胎儿发育

9周时胎儿约25毫米，胎宝宝的许多位置发生了变化。胚胎期小尾巴在这时候消失，现在所有的神经器官都开始工作了。

胎宝宝的眼帘开始盖住眼睛，手部在手腕处有弯曲，两脚开始摆脱蹼状的外表，可以看到脚踝。手臂更加长了，臂弯处肘部已经形成。虽然在这个时候还不能通过B超辨认宝宝的性别，但是宝宝的生殖器官已经在生长了。

胎教要点

正常母亲有节律的心音是胎儿最动听的音乐，母亲规律的肠蠕动声也给胎儿以稳定的感觉，处在良好的子宫内环境之中，使胎儿能得到良好的生长发育。反之，当孕妈妈生气、焦虑、紧张不安或忧郁悲伤时，会使血中的内分泌激素浓度改变，胎儿会立即感受到，表现不安，胎动增加。

如果长时间存在不良刺激，胎儿出生后患多动症的机会增加，有的还可发生畸形。因此，始终保持孕妈妈平和、宁静、愉快而充满爱的心理，仍是本阶段胎教的主要内容。

专家提示

在这个阶段，夫妻最好不要行房，要尽量节制。此外，这段时间是最容易流产的时间，应停止激烈的体育运动、体力劳动、旅行等，日常生活中避免劳动过度，注意安静。

孕妈妈如分泌物增加，易滋生病菌，应该每天淋浴，以保持身体清洁。如果发生下腹疼痛或少量出血时，可能是流产的征兆，应该立刻到医院就诊。

↑性生活要节制

小贴士 TIPS 孕妈妈三月生活细节提示

●孕吐反应剧烈以致不能进食时，应迅速到医院治疗。

●避免做剧烈活动。

●避免让身体受强烈震动和颠簸。

●阴道少量流血并伴下腹痛有宫外孕可能，尽早去医院确诊，以防宫外孕破裂，危及生命。

●不要长途出行，孕早期容易发生流产。

●居室里电器用品的电线不可缠绕在一起，保证地面上无电线，小心绊倒孕妈妈。

●生活中常用物品放在容易取的地方。

●不可长时间骑单车，尤其是在不平坦道路上，这样易使盆腔充血而导致流产。如果要骑一定要选择平坦路面，但时间不宜过长。

●应去医院做常规口腔检查，防治口腔病。

第 **57** 天胎教方案 ● ● ● ● ● ● ● ● ●

疏导情绪

　　母亲和胎儿之间的信息由血液中的化学成分沟通。祖国医学有"孕借母气以生，呼吸相通，喜怒相应，一有偏倚，即致子疾"的理论。医学研究表明，母亲的情绪直接影响内分泌的变化，而内分泌的变化又经血液流到胎儿体内，如肾上腺髓质激素增加，可通过血液影响胎儿的正常发育，故情绪胎教非常必要。

　　情绪的疏导，是胎教的焦点。许多青年妇女不了解这一点，更不知道如何适应与疏导，因此觉得自己是一人受罪。如果再加上丈夫也不了解，不知体贴关心已孕的妻子，这时孕妈妈就陷入了极端的孤独，恶性循环就此开始，情绪越来越坏。如果事先了解这一点，知道如何疏导自己的情绪，就可以避免许多不必要的烦恼。

　　所以孕妈妈们现阶段要保持身心愉悦，为了肚中的宝宝，应该尽量避免一些不良情绪的影响。有什么不顺心的事情不要憋在心里，说出来与家人和朋友商量，不要一个人默默承担。

第 **58** 天胎教方案

学用自律训练法

如果孕妈妈还有妊娠反应的不适，可以试着学用"自律训练法"，在缓解妊娠反应的同时，也会让你的胎宝宝感受到你的轻松与愉快。

具体方法是，首先拉上窗帘，或将灯光调弱，让房间里的光线变得柔和，找到一个让你感到舒服的姿势，闭上眼睛，做2~3次深呼吸。然后把下面这些话，缓缓地在心里默诵，每句话各重复两遍：心情放松→手臂放松→心情放松→双腿放松→心情放松→手臂温暖→心情放松→双腿温暖→心情放松。结束之后，两手相握，或弯曲双肘，还原。

第 **59** 天胎教方案

在清晨微笑

发自内心的微笑可以感染周围每一个人，而孕妈妈发自内心的微笑，可以给予胎宝宝最好的帮助。

从今天起，在清晨，可以对着镜子，先给自己一个微笑。知道吗？这个微笑可是很神奇的。曾经有一位孕妈妈这样说道："当微笑的那一瞬间，我的一脸惺忪变为满脸光华润泽，那一瞬间，细胞苏醒了，让人充满朝气与活力。"这样的微笑，是充满爱和快乐的微笑。孕妈妈可以想象，胎宝宝在子宫里正在熟悉你的微笑，也在对着你微笑呢！

孕妈妈可以在每次微笑的同时，祝福胎宝宝：在未来的人生每一个阶段，不管遇到多少困难，都要牢牢记得，带着微笑去面对，去突破层层难

↑孕妈妈在清晨微笑

关，走向胜利与成功！这样的微笑胎教，是你给宝宝的最好的一份礼物！在每一次微笑时，孕妈妈一定可以在用心去看到，胎宝宝正在欢喜接受的笑容。

小贴士 TIPS　孕早期胎教日历重点

●1月：经常散步，听舒心乐曲，调节早孕反应，避免繁重劳动和不良环境，丈夫应体贴照顾妻子主动承担家务，常陪妻子消遣，居室环境收拾干净，无吵闹现象，做到不过量饮酒，不在妻子面前抽烟，节制性生活。

●2月：散步、听音乐，做孕妈妈体操，避免剧烈运动，避免与猫狗接触，美化净化环境，排除噪音，情绪调节稳定，制怒节哀，无忧无虑，避免性生活，以防流产；丈夫主动清理妻子的呕吐物，关心妻子饮食状况，及时为其配制可口的饭菜。

●3月：听欢快的音乐或儿歌，这段时间是最容易流产的时间，应停止激烈的体育运动、体力劳动、旅行等，日常生活中避免劳动过度，注意安静。

第**60**天胎教方案
通过居室环境调整情绪

这个时期，是妊娠反应最厉害的时期。因为妊娠反应给妈妈带来很大的心理压力，对肚子里的胎儿也是有影响的。这个时候试着改变一下居室的环境，比如换上新的沙发罩和窗帘、挂一幅自己喜欢的画（最好是可爱宝宝的图片），或者在房间里插上一些自己喜欢的花、听一听让心情放松的音乐等等，当然，这当中的有些内容，需要准爸爸来帮忙哟！随着周围环境的耳目一新，孕妈妈的心情也会随之感觉轻松起来。

第**61**天胎教方案
注意营养摄入

充足而合理的营养是保证胎儿健康成长的重要因素，也是积极开展胎教的基本条件。在孕3个月初期由于胎儿体积尚小，所需的营养不是量的多少，而重要的是质的好环，尤其需要蛋白质、糖和维生素较多的食物。此外，水果中的无机盐含量比蔬菜低，因此不能代替蔬菜。

这个时期提倡孕妈妈每天吃500克的绿色蔬菜，再根据主食量的多少进食水果，选择水果要选含碳水化合物较少的为好。早孕期膳食可清淡些，不要偏食，要考虑全面均衡的营养素，才有利于胎儿正常生长发育。

第**62**天胎教方案
试着动手设计小玩具

孕妈妈可以试着动手设计些能和婴儿一起玩的玩具。在尝试的过程中，不仅可以让你忘却身体与心理的不适，还能训练你的耐心与爱心。当然，如果早孕反应使你非常难受时，可以先暂时停止，等身体舒服时再继续。

这种设计看似简单，但却能促进胎宝宝的脑部发展，而且在设计制作时，孕妈妈的心情肯定是欢乐的，想象着将来宝宝出生后，可以与自己一起玩这些玩具，那种喜悦与成功感是很温馨的。

关于制作什么，孕妈妈要自己好好动动脑筋，要考虑到实用性与趣味性。例如，可以用挂历制作成纸风铃，再涂上鲜艳的颜色，并做个挂钩，以便日后挂在宝宝的床边。或是用蛋壳做些颜色鲜艳的小人，也很有意思。这种设计制作活动是多种感官配合的活动，既有手的动作，又有颜色的感觉，很适合孕妈妈来做。

第**63**天胎教方案
做瑜伽放松心情

在孕期适当进行锻炼可以提高血液循环，加强肌肉的力量和伸缩性，增强髋部、脊柱和腹部肌肉来支撑子宫里宝宝的重量。

孕期瑜伽是近年新兴的孕妈妈时尚运动，对孕妈妈非常有帮助（但如果医生要求卧床休息或有轻微出血，就不要锻炼）。孕妈妈可以根据自身的能力，来决定练习时间的长短和强度的大小，主要是要以舒服为主，循序渐进，切不可强求。

↑孕妈妈可做瑜伽锻炼

今天可以先试着做做简易坐冥想式：

■动作说明：双脚交叉盘坐；脊柱挺直收腹；双手手掌向下放在双膝上，肩、肘放松；排除脑中的杂念，闭眼观察正常呼吸。

■运动量：根据自己的身体情况决定运动时间，由短至长，以舒服为主，慢慢感到身体和思想的完全放松和平静。

■练习时间：直至整个孕期结束。

■益处：有助于髋关节的伸展，增强其柔韧性（建议孕妈妈在做一些日常家务时用此种坐法，如：切菜、做面食、做手工等）。

■注意事项：严重关节炎不能做。

小贴士 TIPS　人的智力获得的时间分配

美国著名的心理学家对千余名儿童进行了多年研究，其得出的结论是：人的智力获得，50%在4岁以前，30%在4~8岁之间获得，另20%在8岁以后完成。其中4岁以前所完成的50%就包括胎教在内。

胎儿形成的大脑旧皮质，是出生后形成的大脑新皮质的基础，只有在大脑旧皮质良好的基础上，才能使大脑新皮质得到更好的发育，以达到超长的智商水平，发挥其非凡的才能。

第**10**周

综述 ▶

进入第10周，正是孕妈妈妊娠反应最强烈的时候，肚子越来越大，身体开始变形，神经特别敏感，情绪往往最容易波动。而大部分孕妈妈都会经历这样的心理变化过程，这是孕期的自然现象，主要是受孕激素作用的结果。所以，孕妈妈在这周里一定要控制好自己的情绪，将个人的喜、怒、哀、乐等情绪激动减至最低限度。多看美丽的风景、图画，多接触美好的事物，避开令自己情绪激动的东西，不要阅读恐怖、悲伤的书籍或看恐怖电影，如此使母体心境平和舒坦，让胎儿在母体内轻松成长。

母体状况

这一时期，孕妈妈的身体会有明显变化，阴道内的乳白色分泌物——白带明显增多；

280天同步胎教专家方案

乳房进一步增大，胀痛；乳晕、乳头出现色素沉着。这一时期，孕妈妈妊娠反应明显，是孕妈妈生理上最难受的时期，情绪波动很大，刚刚脸上还是晴空万里，可能一会儿就变成乌云密布了。家人应多一些体贴关怀，帮助孕妈妈努力坚持度过这段时间。

这个时期已经到了妊娠反应的后半期，随着妊娠天数的增加症状开始减轻，不久就会消失。有些孕妈妈可能会对这种变化莫测的情绪感到不安，但这都很正常，是孕期雌激素作用的结果。这时期还容易发生便秘、腹泻等症状，注意用科学饮食进行调理，不要乱用药物。

胎儿发育

到第10周，胎宝宝的手指和脚趾已清晰可见，可以灵活地动了。胎盘开始形成，脐带也逐渐长长。透过超声波可以看到胎儿在羊水中弯弯曲曲地游动。到本周末，胎宝宝的身长会达到40毫米，从形状和大小来说，都像一个豌豆荚。

现在胎儿的体重大约10克。胎儿的眼皮开始粘合在一起，直到27周以后才能完全睁开。胎宝宝的手腕已经成形，脚踝开始发育完成，手指和脚趾清晰可见，手臂更长而且肘部变得更加弯曲。现在，胎儿的耳朵的塑造工作已经完成，但是用B超还是分辨不清性别，现在胎儿的生殖器开始发育，胎盘已经很成熟，可以支持产生激素的大部分重要功能。

胎教要点

孕妈妈的精神情绪，不仅可以影响到孕妈妈本人的身心健康，而通过神经－体液的调节也对胎儿的发育产生着有力的影响。

妊娠第10周应当继续树立"宁静养胎即教胎"的观点，努力做到情绪乐观稳定，切忌大悲大怒，更不应吵骂争斗，力求始终持着平和的心态。应当看到，受孕以后母亲的一举一动，都会对胎儿产生影响，不要以为胎儿"毫无知觉"。

作为准爸爸要更关心孕妈妈，最好要承担起全部家务，而且要激发妻子的爱子之情，要引导她爱护胎儿、关心胎儿、期盼胎儿的情感。

↑准爸爸要关心孕妈妈

280 天同步胎教专家方案

专家提示

在工作中,孕妈妈要注意量力而行,应该努力争取同事们的谅解。预防着凉,浴后要注意保暖,在夏天睡觉宜用毛巾被盖在肚子上,冬天尽量减少外出。

为了减轻早孕反应带来的不安,可把居室色彩调为如绿色的和缓色,帮助缓解紧张的精神。这样,可使孕妈妈心跳减慢,呼吸平缓,心理放松。如果居室布置得整洁舒适,精神愉悦效果会更佳。

小贴士 TIPS 厌食与呕吐会影响胎儿吗?

几乎所有怀孕的女性都会有这种担心。每位孕妈妈宁可自己忍受痛苦,也不愿影响胎儿的健康。怀孕前3个月,既是早孕反应最重的时期,也是胚胎各器官形成的关键时期。但此时,孕妈妈与胚胎本身的营养需求量不是很大,一般早孕反应轻微的厌食、呕吐并不会对胎儿产生很大影响。

但如果怀孕前孕妈妈的体质虚弱、营养欠佳,那么早孕反应的厌食与呕吐不仅可以影响孕妈妈自身的营养需要,而且还可以影响胚胎发育所需要的营养物质的摄取,尤其对蛋白质、叶酸及一些微量元素的摄入产生影响。因此,如果出现了怀孕早期的剧烈呕吐,孕妈妈应及早到医院请医生进行必要的治疗,否则对胚胎的发育与成长极为不利,同时也可能影响孕妈妈自身的健康。

第 **64** 天胎教方案
行为与胎教

行为是一种没有声音的语言,孕妈妈的行为通过信息传递可以影响到胎儿。我国古人在这方面就早有论述,古人认为,胎儿在母体内就应该接受母亲言行的感化,因此要求妇女在怀胎时就应该清心养性、循规蹈矩、品行端正,给胎儿以良好的影响。而在近代,国外对此也有相应的研究。华盛顿大学医院的精神病科医生克洛宁格,经过大量的调查提出一份报告,认为如果父母是罪犯,出生后的男孩即使给别人哺养,成长后比起亲生父母不是罪犯的人来,犯罪的可能要大出4倍之多。如果父母亲其中一位是经济犯罪分子,那么他们的儿子很可能也成为经济犯罪分子。而女儿却并不这样,但迷惑不解的是,女儿往往患有头痛之类的毛病。

　　美国南加利福尼亚大学一位心理学家梅迪尼克，耗时30年专门研究犯罪和家庭成员的关系。他研究了1447名丹麦男性，发现这批人中如果父母是经济犯罪分子，那么孩子成为经济罪犯的可能性达到20％～24.5％。如果父母是清白公民，那么这个比率将下降为13.5％。以上事例说明父母尤其是孕妇行为的好与坏会对胎儿的行为产生重大的影响。

第**65**天胎教方案
睡个午觉心情好

　　孕妈妈最好的休息形式即是睡眠，通过适当的睡眠解除疲劳，使体力与脑力得到恢复。如果睡眠不足，可引起疲劳过度、食欲下降、营养不足、身体抵抗力下降、增加孕妈妈和胎儿感染的机会，造成多种疾病发生。孕妈妈的睡眠时间应比平常多一些，如平常习惯睡8小时，妊娠期可以睡到9小时左右为好。增加的这一个小时的睡眠时间最好加在午睡上。即使在春、秋、冬季，也要在午饭后稍过一会儿，躺下舒舒服服地睡个午觉。睡午觉主要是可以使孕妈妈神经放松，消除劳累，恢复活力。

　　如果是在家休息的孕妈妈，是完全有这个条件的，但大部分孕妈妈在怀孕初期都不会停止工作，所以，上班的孕妈妈要在工作中，注意劳逸结合，一旦感到劳累，应马上休息，并尽量争取时间睡个午觉。午睡时间长短可因人而异，因时而异，半个小时到一个小时，甚至再长一点均可，总之以休息好为主。平常劳累时，也可以躺下休息一会儿。午睡时，要脱下鞋子，把双脚架在一个坐垫上，抬高双腿，然后全身放松。记住：千万不要趴在桌子上睡觉。

第**66**天胎教方案
打扮出好心情

　　虽然孕妈妈现在的妊娠反应还很严重，但千万不要整天蓬头垢面，一个美丽洁净的仪表，不仅能给周围的人耳目一新的感觉，也会让肚子里的宝宝开心起来。现在，孕妈妈的皮肤已经变得有些粗糙、敏感，不必乱抹药物或者更换化妆品，仍可用以往的洗面奶、润肤霜，来避免过敏。同时，保持脸部的清洁与保养，要充分休息，补充适当的营养。

　　皮肤在孕期第5个月后，会慢慢有好转。化妆尽量要明亮，给人以爽朗明快的感觉。不要浓装艳抹，不要用劣质化妆品，晚上睡前可以用按摩霜轻轻按摩，来恢复皮肤的弹性。

小贴士 TIPS　孕妈妈脸部按摩操

适当的按摩可以使怀孕初期的孕妈妈容光焕发：

●额头的按摩：左右手的中指及无名指放在额头上，分别自额心向左右两边做小按摩，一共按摩6圈，到两边太阳穴时轻轻地压一下，来回共做3次。

●眼角的按摩：为避免眼角长出鱼尾纹，用两手的手指自两边眼角沿着下眼眶按摩6小圈，然后绕过上眼眶，回到眼尾处轻轻地按一下。

●眼睛周围的按摩：用手指沿着眼睛四周做绕圈按摩，按摩6圈后在太阳穴轻轻压一下。

●鼻头的按摩：用手指自太阳穴沿额头、鼻梁滑下，在鼻头两侧做小圈按摩，共按摩8小圈，由上向外按摩。

●唇上按摩：双手手指放在唇上做8小圈的按摩。

第**67**天胎教方案
避免温差过大

古代胎教指出："慎寒温。"这里的寒温是指外感风寒六淫之侵。中医学认为：风、寒、暑、湿、燥、火六气太过，就成为致病的邪气，六淫就是对这些邪气的总称。怀孕后孕妇由于生理上发生了特殊的变化，很容易受到六淫之侵，感染疾病，甚至危及胎儿，注重胎前摄养，慎起居，适寒温，甚为紧要。其实，孕妈妈腹中的羊水，不管冬天、夏天，都有其一定的温度，即使外界温度稍有变化，羊水的温度也不会变，这种情形就叫做"恒常性"，是人体为了要保护外来的刺激，所必须具备的身体功能。

但保持低温状态的话，羊水温度也会逐渐下降，子宫活动也变为激烈。一旦降得太低时，子宫就开始激烈收缩，带给胎儿痛苦的感受。特别是从温暖的地方，而突然来到一个寒冷的地方时，子宫会产生不正常的收缩，尤其是在温度降低5℃以上时。这种子宫不正常的收缩，有时会引起阵痛。甚

至会导致妊娠初期的流产，或妊娠后期的早产，绝对大意不得。所以，孕妈妈要避免接触温差太大的环境，更不能持续待在过高或过低的温度环境中太久。

第**68**天胎教方案
学习绘画

由于胎儿生长在子宫的特殊环境里，胎教就必须通过母体来施行，通过神经可以传递到胎儿未成熟的大脑，对其发育成熟起到良性的效应，一些刺激可以长久地保存在大脑的某个功能区，一旦遇到合适的机会，惊人的才能就会发挥出来。因此，除了听音乐外，孕妈妈还应当多接触美丽的图画，还可以抽出时间来学习绘画。心理学家认为，画画不仅能提高人的审美能力，产生美的感受，还能通过笔触和线条，释放内心情感，调节心绪平衡。画画具有和音乐治疗一样的效果，既使不会画画，你在涂涂抹抹之中也会自得其乐。

画画的时候，不要在意自己是否画得好，孕妈妈可以持笔临摹美术作品，也可随心所欲地涂抹，只要孕妈妈感到是在从事艺术创作，感到快乐和满足，就可以画下去。还可向宝宝解释自己所画的内容。当然如孕妈妈能临摹一些儿童画就更好了。

第**69**天胎教方案
适当补充鱼类食品

从这周开始，孕妈妈要适当地增加鱼的摄入量，这样，胎儿就可以获得大量的DHA，使脑细胞数目快速增加。

在日本曾有许多专家做过调查，发现日本聪明的孩子中绝大多数喜爱吃鱼。孕妈妈从妊娠的第一天起就应把吃鱼列入常规饮食，每周要吃3～5次鱼，一次不少于250克，胎儿就可以获得大量的DHA，使脑细胞数目增殖并促进发育，胎儿获得DHA的量成正比例关系，即母亲吃鱼越多，胎儿吸收DHA的量也越高。

如果母亲孕期吃得少或因偏食等其他原因使

↑孕妈妈吃鱼

DHA摄入量较少，那么胎儿从母体内获得的DHA含量也减少，这样就会给胎儿的大脑发育带来很大的损失，甚至造成终身无法弥补的后果。

第 **70** 天胎教方案
摆脱消极情绪

作为未来的母亲，孕妈妈必须拥有平稳、乐观、温和的心境，只有这样，才能使胎儿身心健康地发展。怀孕初期的妊娠反应的不适，孕体的疲劳，对分娩的恐惧，对孩子健康的忧虑，以及工作中的矛盾，生活中的烦恼等等因素，常常左右着怀孕初期的孕妈妈，使孕妈妈忧虑不安，甚至变得爱发脾气，易于冲动。显然，这对于胎儿来说是十分不利的。

怎样才能摆脱消极情绪呢？不妨试试以下几种方法：

■告诫法。孕妈妈在孕期生活中，要经常这样告诫自己：不要生气，不要着急，宝宝正在看着呢。及时给予自己暗示和警告。或者默默地从一数到十。往往只需几秒钟、几十秒钟，你的心绪就能够平静下来。

■释放法。这是相当有效的情绪调剂方法。孕妈妈可通过写日记，给好朋友写信，或向可靠的朋友叙说自己的处境和感情，使孕妈妈的烦恼烟消云散，得到令人满意的"释放"。

■社交法。闭门索居只会使孕妈妈郁郁寡欢。因此，孕妈妈应广交朋友，将自己置身于乐观向上的人群中，充分享受友情的欢乐，从而使孕妈妈的情绪得到积极的感染，从中得到满足和快慰。

■协调法。每天抽30分钟到附近草木茂盛的宁静小路上散散步，做做体操，心情会变得非常舒畅，尤其是美妙的鸟鸣声更能帮助孕妈妈消除紧张情绪，使孕妈妈深受感染而自得其乐。

■美容法。孕妈妈不妨经常改变一下自己的形象，如变一下发型，换一件衣服，点缀一下周围的环境等，使自己保持良好的心境。

■转移注意力法。比如听听音乐，向知心的朋友倾诉一下，或者做些有益身心的事情，会更好地帮你从消极的情绪中摆脱出来。因为一方面做事的过程需要集中注意力，让你没时间去自怨自艾；另一方面，在做事的过程中，可能产生了新的乐观看法。

↑ 孕妈妈摆脱消极情绪

第 11 周

综述 ▶

胎宝宝已经11周了，甚至可以辨别出性别了呢！孕妈妈的身体也开始有了外人看不出来，但自己深有体会的变化。血液量从妊娠初期就开始增加，血液量增多后，孕妇的排汗量也会随之增加。孕妇的手和脚变得更加温暖，也会感到比平时更容易口渴，这个迹象表示身体需要更多的水分。

此周妊娠反应还在持续，孕妈妈一定要加强营养，调整情绪。记住：坚持就胜利，因为，从下月起，妊娠反应就会慢慢减轻，不舒服的感觉也会逐渐减少。

母体状况

孕早期就要结束了，这段时期想必你已经注意到自己"腰变粗了"。胎宝宝已经大得充满了你整个子宫，如果你轻轻触摸你的耻骨上缘，你的手会感觉到子宫的存在。你还有可能会发现在小腹部有一条浅色的竖线颜色变深，这就是妊娠线，不必太担心。

增大的子宫开始压迫你的膀胱和直肠，出现排尿间隔缩短、次数增加，总有排不净尿的感觉，使得孕妈妈总想如厕；或因为精神忧虑不稳定而出现毫无原因的便秘或腹泻。阴道分泌物也较前略有增多，呈无色或淡黄色、浅褐色，这属于妊娠生理反应，是正常的。但是，如果当分泌物的量增加得太多并有异味时，应马上告诉医生。

胎儿发育

到孕11周末，胎宝宝身长增长到4～6厘米，体重增加到14克左右；整个身体中头显得格外大，几乎占据了身长大部分；面颊、下颌、眼睑及耳廓已发育成形，颜面更像人脸；尾巴完全消失，眼睛及手指、脚趾都清晰可辨；细微之处也已经开始发育；手指甲和绒毛状的头发已经开始出现。

由于胎宝宝的皮肤是透明的，所以可清楚地看到正在形成的肝、肋骨和皮下血管。心脏、肝脏、胃肠更加发达，肾脏也发达起来，输尿管已经形成，这些器官，包括大脑以及呼吸器官等维持生命的器官都已经开始工作。骨骼和关节尚在发育中。胎宝宝幼小的四肢已经可以在羊水中自由地活动了：双手能伸向脸部，时常会做吸吮、吞咽等小动作，可以把拇指放进嘴里，或是尝尝小脚趾的味道如何。他们的脊髓等中枢神经已非常发达了，这时已能清晰地看到胎宝宝脊柱的轮廓。在这周末，胎宝宝的性别就可以分辨了。

胎教要点

胎教要从孕妈妈自我情绪调整和人为地对感官进行刺激两方面进行。在怀孕的前3个月，孕妈妈的生理反应往往影响孕妈妈的心情，情感与心理平衡，表现出烦躁、易怒或易激动、抱怨等情绪。而恰恰此阶段是胎教的重要阶段，又是胚胎各器官分化的关键时期（胚胎于此阶段形成），孕妈妈在怀孕早期的不愉快心情，往往会影响胚胎。因此，怀孕早期保持健康而愉快的心情仍然是这一时期胎教的关键。

另一方面，胎教实际上是对胎儿进行良性刺激，主要通过感觉的刺激，发展胎儿的视觉，以培养其观察力；发展胎儿的听觉，以培养对事物反应的敏感性；发展胎儿的动作，以培养其动作协调、反应敏捷、心灵手巧。

专家提示

从现在开始，胎儿的骨骼细胞发育加快，肢体慢慢变长，逐渐出现钙盐的沉积，骨骼变硬。此时胎儿就要从孕妈妈体内摄取大量的钙。

另外，需要注意的是，怀孕3个月以内是胎儿对致畸因素十分敏感的时期，这时无论是在精神、饮食、工作、生活等各个方面均应特别谨慎，尽力避免不良因素影响孕妈妈和胎儿。

第**71**天胎教方案 ●●●●●●●●●
适当补钙

钙是人体内含量最丰富的元素之一，在保证胎儿骨骼及牙齿的健康发育上是很重要的。怀孕以后，孕妈妈对钙的需要量比以前增加一倍以上。如果缺钙，孕妈妈的血钙浓度会降低，就会出现小腿肌肉痉挛、抽搐等症状，严重缺乏时，还会引起骨质疏松症和骨质软化症。特别到了怀孕后期，会导致新生儿先天性佝偻病和缺钙性抽搐。

孕期补钙除了钙制剂外，主要依靠食补。可以每天加

↑孕妈妈应适当补钙

饮牛奶或奶制品，还可以多吃豆类和豆制品，绿色蔬菜以及虾皮、紫菜、海带等。同时要增加户外活动如散步，多晒太阳，以增加体内维生素D，帮助钙的吸收。

第 **72** 天胎教方案
做瑜伽，好心情

前面已经介绍了一种瑜伽动作，今天孕妈妈可以试试第二个动作——站立回旋式：

■动作说明：站立，双腿平行分开两脚宽，吸气2～4秒钟，手心向下，双臂伸直从身体前方慢慢抬起至与地面平行；呼气2～4秒钟，髋部不动，从腰部扭转，头、臂同时向后转身至最大限度，腿不要弯；吸气2～4秒钟，慢慢还原，保持手臂平伸，不要放下；同上顺序，做另外一边；身体转正还原后，呼气放下手臂；慢慢放下手臂，换边、换臂做。

■运动量：做3轮。

■练习时间：直至孕期结束。

■益处：增加脊柱、腰部柔韧性。

■注意事项：椎间盘有问题不可做。

↑孕妇做瑜伽

做完瑜伽后的孕妈妈肯定精神非常舒畅，而腹中的胎宝宝也会感受到妈妈这份放松的心情。

第 **73** 天胎教方案
看可爱宝宝的图片

在没有妊娠反应时，孕妈妈可以静静地躺在床上，看一些可爱宝宝的图片。这些图片可以由准爸爸从相关网站下载而来，也可以是图书中的插图。孕妈妈可以一边看这些可爱的宝宝，一边想象自己宝宝可爱的样子，相信一定会不自觉地微笑起来，心情肯定相当愉快。

如果准爸爸有时间，也可以加入进来，在抚摸胎宝宝的同时，还可以对胎宝宝说些想说的话，比如："宝宝，你看小哥哥小姐姐们多漂亮呀！相信你也一定很可爱很漂亮。""宝宝，看这个宝宝笑得多甜呀！你也笑一笑吧！"这个时刻，肯定是孕妈妈最开心的时刻了，对宝宝的憧憬，对爱人的温情体贴的言语赞赏，肯定会让孕妈妈的心情豁然开朗。

第 **74** 天胎教方案

生活习惯与胎教

每一个人都有不同的生活习惯，养成好习惯使人终身受益。可是一旦养成坏习惯，想改也很困难。习惯是什么时候养成的呢？说起来难以置信，是在胎儿期就已开始养成一些习惯。胎儿会受到母亲言行的影响，潜移默化地继承下来。这是经过科学实践证明的事实。

科学家发现：早起的母亲所生的孩子一样喜欢早起，而晚睡的母亲所生的孩子也同其妈妈一样喜欢晚睡。母亲的习惯将直接影响胎儿的习惯，因此从怀孕前就要注意养成良好的习惯，培养出具有良好习惯的胎儿。

第 **75** 天胎教方案

艺术品欣赏

从这周开始，孕妈妈可尽量多欣赏艺术作品，如参观工艺美术展览、历史文物展览、美术展览等，也可买些画册，在休息时细细品读玩味。西方的人体艺术往往高度融合了人的内在美和形体美，使人生出对完美的人与自由的生命的渴望。比如文艺复兴时期的圣母像以圣母的博爱恬静吸引着人们，孕妈妈看了更能体会到为人母的幸福和满足。

🐵 小贴士 TIPS　学点美学知识

孕妈妈学点美学知识，能陶冶情趣，改善情绪，使胎儿能置身于美好的母体内外环境，受到美的熏陶。学习的内容，如庭院绿化，家庭布置，宝宝装和孕妇装的设计，美容护肤等，都不乏美学知识。

在孕早期就和丈夫一起在庭院里种上西红柿、黄瓜以及花草，在房间贴上漂亮可爱的婴儿像；自己设计缝制宽松的服装，穿着舒适而高雅；利用家里的旧针织物，给宝宝改做成合适的衣服。这些都是很容易做到的事，而且，对母子都是有益的。

第 **76** 天胎教方案
读读文学作品

　　孕妈妈可以在闲暇之时阅读文学作品。一部长篇小说需长时间阅读，但如果其中充满缠绵悱恻的伤感、人生坎坷的境遇、血腥的暴力凶杀，会使孕妈妈的情感陷于其中，对胎儿也不利。古今优秀的散文是最适于孕妈妈阅读的，这些散文思想境界较高，情景交融，感情细腻，孕妈妈易引起共同鸣。如朱自清的《荷塘月色》、杨朔的《荔枝蜜》、陶渊明的《桃花源记》、柳宗元的《永州八记》等，都是值得反复阅读体味的。清新婉约的古代诗词也是陶冶性情的好教材，特别是白居易、王维、温庭筠等人的作品，神采飘逸，落落大方。但不要读那些悲怆、伤感的诗词。

第 **77** 天胎教方案
注意饮食调节

　　妊娠 3～9 个月是胎儿大脑发育特别快的时期，这段时期孕妈妈的营养摄入非常重要。胎儿如果营养不良，则大脑细胞的总数只有正常的 82%，即使出生后营养得到改善，智力恢复仍然较慢或难以恢复。所以胎教时要特别注意对孕妈妈及时的营养供给。

　　现阶段要少吃多餐，勿暴饮暴食。在妊娠期既要注意摄入充分的营养，又要注意饮食有节，无论餐桌上摆的是美味珍馐，还是粗茶淡饭，最好只吃七八成饱。如果遇到好饭菜便吃十二分饱，会使消化系统的负担骤然增加，轻则造成消化不良、胃炎、肠炎，重则引起急性胰腺炎等。

　　另外，如有条件，在妊娠期最好由三餐改为五餐或六餐，少吃多餐，有利于消化吸收，还会减少体内脂肪积聚，防止发胖。

不宜多喝茶。

↑孕妈妈不宜多喝浓茶

小贴士 TIPS　孕期应避免吃的食物

孕妈妈在孕期应该避免以下食物：

●油腻而难以消化的食物，如油炸食物、香肠、熟猪肉制品、动物的头肉等。

●辛辣食物。

●易发生食物中毒的食物，如甲壳动物、蚌类、野生蘑菇等，另外还有不新鲜的食物，剩饭剩菜。

●使人发胖的食物。

●生鱼、生肉、未熟的肉制品，如不太熟的涮羊肉、烤羊肉串、生鱼片、生肉片。

●酒精饮料。

●食品添加剂过多的食品和饮料。

●罐头食品。

●浓茶、咖啡及含咖啡因的饮料。

第**12**周

综述 ▶

胎教是贯穿于整个孕期的行为，它不仅在于如何直接使胎儿受到教育，而且在于如何提高胎儿的生活环境（母体及母体周围的一切）的质量。所以孕妈妈追求美也是一种胎教。在孕期，不仅要追求美好的事物，而且要注意自身的美丽。

从这周开始，准妈妈要适当地增加鱼的摄入量。最好每天吃一次鱼，一次不少于250克，这样，胎儿就可以获得大量的DHA，使脑细胞数目快速增加。不要吃得少或偏食，以免DHA摄入量较少，影响胎儿的脑发育。

母体状况

在本周，孕妈妈基本摆脱了怀孕早期情绪波动大、身体不适等症状的困扰，疲劳嗜睡的阶段也已经过去，可能会感到精力充沛。同时，发生流产的机会也大大减小了。这时候，可以好好地享受一下孕育宝宝的乐趣和幸福了。

现在你的皮肤可能有些变化，一些孕妇的脸和脖子上不同程度地出现了黄褐斑，这是孕期正常的特征，在宝宝出生后就会逐渐消退。这时你还可能看到，在你的小腹部从肚脐到耻骨还会出现一条垂直的黑褐色妊娠线。

胎儿发育

孕早期在本周就要结束了，3个月来胎儿发生了巨大的变化。仅仅70多天的时间，胎儿就初具人形了。这时胎儿的大脑体积越来越大，占了整个身体的一半左右。现在发生流产的机会相应地减小了，胎儿成长的关键器官也将在两周内完成。他（她）现在大约65毫米，手指和脚趾已经完全分开，一部分骨骼开始变得坚硬，并出现关节雏形。从牙胚到脚趾甲，胎儿都在忙碌地运动着，时而踢腿，时而舒展身姿，看上去好像在跳水上芭蕾舞。

胚胎发育12周时，胎盘才真正形成。胎盘功能最旺盛的时期是妊娠4~6个月时。这段时期，胎盘帮助胎儿的消化、呼吸、循环、泌尿系统工作，并制造多种激素和酶来促进胎儿体内的生化活动。

胎教要点

当妊娠反应不那么厉害时，孕妈妈可以有更多心情去打扮漂亮。虽然身段已不再苗条和美丽，但你完全可以变得更可爱。别忘了那句话："可爱的一定是美丽的。"

怀孕了，精力和体力都不如以前，又由于信心不足，有些孕妈妈就不似以前那样顾及容貌了。事实上，美容、穿衣也是胎教，孕妈妈完全有必要精心打扮自己，来愉悦自己心情，我们暂且定名为"美丽胎教"。美丽是每一位女性所追求的，美好会给你带来许多欢乐。

怀孕了，就更应该精心打扮。这一方面是自娱的一种方式，对自己容颜、服装的关心会使你忘掉妊娠中不快的反应；另一方面，让你保持自信、乐观、心情舒畅，同时，肚子里的宝宝也会很开心！

↑做个漂亮孕妈妈

专家提示

妊娠期由于胎儿生长发育的需要，母体各系统发生了一系列变化。如易疲劳、无力、厌食、怕油、恶心、呕吐，尤以早晨起床为重。这些现象一般在孕期第12周后逐渐消失恢复正常。如反应时间过长或过重，也会影响母亲和胎儿的健康，应到妇科门诊就诊，对症治疗，而不要过于紧张。

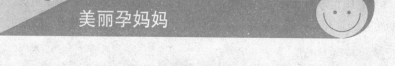

第78天胎教方案

美丽孕妈妈

怀孕后，孕妈妈体内激素水平的变化会影响皮肤状况。有些人皮肤变得更光滑细腻了，也有的人变得敏感粗糙了，会出现妊娠痒疹、丘疹性皮炎，甚至面部出现妊娠斑，腹部出现妊娠纹。没关系，专家表示，只要妊娠期间合理地进行皮肤养护，便能使孕妈妈保持皮肤细腻光滑。

■孕期皮肤十分敏感，每次洗脸时应使用温和无刺激的洁面用品（洗面乳或香皂）。由于皮肤干燥，洗脸的次数应相对减少，每日两次即可。

■洗完后用手轻轻拍打几下，等水分半干，用温和的润肤霜均匀搽于面部，并轻轻按摩，这样有利于保持皮肤水分，促进皮肤的血液循环。

■适当多饮水，多吃新鲜蔬菜和水果，必要时也可服用一些维生素B_2、维生素C片，以防皮肤干裂；

■保持室内一定的湿度，最好有空气加湿器，或在室内放一盆水。

■避免吃辛辣食品、饼干和方便面，不喝浓茶和咖啡，否则会使皮肤更加干燥而无光泽。

↑ 美丽孕妈妈

小贴士 TIPS　孕妈妈应该禁用的化妆品

孕妈妈要警惕某些化妆品中包含的有害化学成分。孕妈妈应该禁用哪些化妆品呢？

●染发剂：据国外医学专家调查，染发剂不仅会引起皮肤癌，而且还会引起乳腺癌，导致胎儿畸形。所以孕妈妈不宜使用染发剂。

●冷烫精：据法国医学专家多年研究，妇女怀孕后，不但头发非常脆弱，而且极易脱落。若是再用化学冷烫精烫发，更会加剧头发脱落。此外，化学冷烫精还会影响孕妈妈体内胎儿的正常生长发育，少数妇女还会对其产生过敏反应。因此，孕妈妈也不宜使用化学冷烫精。

●口红：口红是由各种油脂、蜡质、颜料和香料等成分组成。其中油脂通常采用羊毛脂，羊毛脂除了会吸附空气中各种对人体有害的重金属微量元素，还可能吸附大肠杆菌进入胎儿体内，而且还有一定的渗透性。孕妈妈涂抹口红以后，空气中的一些有害物质就容易被吸附在嘴唇上，并随着唾液侵入体内，使孕妈妈腹中的胎儿受害。鉴于此，孕妈妈最好不涂口红，尤其是不要长期抹口红。

第**79**天胎教方案

洗澡洗出好心情

沐浴不仅能健体强身，恢复体力，而且能保持清洁、美丽的容颜。怀孕后皮下脂肪日益丰腴，汗和皮脂也比以前增多，如不经常清洗，会使皮肤发痒，很容易得皮炎。因此要经常洗澡净身。夏天因为出汗较多，最好每天都洗。

沐浴时，水不要太热，太热易使人疲劳；水也不要太凉，太凉会引起子宫收缩和出现蛋白尿。水温最好控制在40℃左右。同时，要注意洗的时间宜在5～6分钟。洗的时间太长，

↑孕妈妈要经常洗澡

会引起头晕，更易着凉感冒，还会使纤维组织变软。洗时动作要轻缓，注意身体平衡，千万不要摔倒。沐浴后，能有身心舒畅、食欲增大、夜间安睡的效果。

第 **80** 天胎教方案

漂亮衣服，美丽心情

在怀孕初期，孕妈妈的腹部不会一下子就大起来，所以，尚不需要穿正式的孕妇装，只要挑选一些设计简单、比较宽松的衣裙就行了。例如：娃娃装和伞状裙。考虑的大前提是舒适、通风、吸汗。因此，不但选择的空间较大，能挑选的款式也比较多，价钱上还比正式的孕妇装便宜，孕妈妈绝对可以轻轻松松就穿得漂漂亮亮，而唯一的不便是可能很多人看不出来你是怀孕，还是体态臃肿，而投以关注与怀疑的目光。

很多孕妈妈怀孕前的体形本来就比较苗条，十月怀胎好似微微发了福，所以可能根本不太需要买孕妇装，只要挑一些比原来大一点尺寸的衣服即可。

小贴士 TIPS　孕妈妈的穿着

理想的孕妈妈服装标准是能有助于纠正膨胀的外形，衣着既美观富有时代感，又不紧缩身体。因此，孕妈妈服装应该依据不同季节，选择不同的质料制成，其式样应该符合从肩以下宽松，无腰带，便于洗涤的原则。孕期提倡穿弹性好的连裤袜，避免穿环形袜带以及圆口松紧的长筒袜，因为它们妨碍下肢静脉回流，会加重静脉曲张。

第 **81** 天胎教方案

让准爸爸按摩

怀孕后的女性往往情绪波动很大，容易出现紧张、焦躁不安的心情，而这些情绪对腹内的胎儿会有不良影响，所以需要自己的丈夫更多的支持和关怀。今天的胎教方案，就是教给准爸爸一些按摩知识，既能促进血液循环、减少不适感觉、舒缓压力以及增强抵抗力，也能让孕妈妈以及胎宝宝直接享受着到这种特殊的关爱。

可是按摩是门专项技术，需经过专家指导才能掌握其中的一些基本手法。在按摩前，准爸爸还应该了解一些有关按摩的知识和注意事项。

■如果采用睡前按摩，有助于孕妈妈松弛神经，改善睡眠。

■按摩时间长短应根据孕妈妈的需要。一般，按摩各个部位 15 分钟即可。

■按摩最好在床上进行，对床的软硬没有具体要求，只要感觉舒服就可以了。

■如果准爸爸的双手粗糙，按摩时可以涂些润肤油。

■按摩的力度不要时重时轻，力度要稳定。

■准爸爸应彻底清洁双手。

■孕妈妈深呼吸，全身放松。

■播放一些轻柔的音乐以帮助放松心情。

今天，是头部按摩：

■双手放在孕妈妈头部两侧轻压一会儿，以帮助松弛，然后用手指轻揉整个头部。

■双手轻按前额中央位置，然后向两侧轻扫至太阳穴。

■轻按眼部周围。

■双手轻按孕妈妈的两边脸颊，再向上扫至太阳穴。

■双手放在孕妈妈的下巴中央，然后向上扫至太阳穴。

■将食指及中指沿着孕妈妈的下耳部四周前后轻按。

以上每个动作需要做 7～10 次。

第 82 天胎教方案

美丽胎教：注意妊娠纹

据统计，大约有 70% 的准妈咪在怀孕 6 个月左右的时候，日渐隆起的肚皮上会出现一条条弯弯曲曲的带状花纹，开始呈粉红色或紫红色，产后变成银白色。这些花纹就是我们所说的妊娠纹，除腹部外，它还分布在乳房四周、大腿内侧及臀部。妊娠纹一经形成，一生都不会消失，给爱美的妈妈们带来了极大的烦恼。从今天起，可以做些事情，来避免和减轻妊娠纹：

■合理搭配饮食结构，保持正常的体重增加。孕妈妈饮食的摄入只要能满足宝宝的营养就可以，营养过多会导致宝宝发育太快，使腹部弹性纤维断裂，产生妊娠纹。怀孕期间的体重控制在如下范围，就会有效防止和减轻妊娠纹：在怀孕第 4 个月起，体重可增加 4～5 公斤；在怀孕第 7 个月起，体重可增加约 5 公斤；每周体重约增加 0.35 公斤，最多不超过0.5公斤；整个孕期体重增加不应超过12公斤。

■使用专业抗妊娠纹乳液。从怀孕初期到产后一个月，每天早晚取适量抗妊娠纹乳液涂于腹部、髋部、大腿根部和乳房部位，并用手做圆形按摩，使乳液完全被皮肤吸收，可减少皮肤的张力，增加皮肤表层和真皮层的弹性，让容易产生妊娠纹的皮肤较为舒展，可减少妊娠纹的出现。选用抗妊娠纹乳液时应该注意：对胎儿和母亲绝对安全，并且哺乳期可正常使用；应用优质和纯净的原料制成，不污染衣物；抗妊娠纹乳液对超声波检查无任何影响。

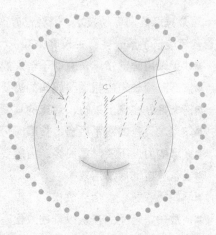

↑孕妈妈要预防妊娠纹

小贴士 TIPS　孕前预防妊娠纹事半功倍

孕妈妈皮肤内的胶原纤维因激素紊乱而变得很脆弱，而肚子里的小宝宝却在不断地发育，皮肤组织牵拉过度，弹性纤维逐渐断裂，透出皮下血管的颜色形成妊娠纹。妊娠纹与遗传也大有关系，如果母亲留下了很深的妊娠纹，自己一定要注意预防。

由于妊娠纹产生后就不大可能完全消除，因此在孕前预防就会起到事半功倍的功效。

● 坚持锻炼身体。

● 坚持增强皮肤的弹性，使皮肤在承受压力时不易断裂。

● 注意均衡的饮食营养，尽量多吃一些富含维生素的水果和蔬菜。

第83天胎教方案

美丽胎教：注意妊娠斑

绝大多数妊娠妇女的乳头、乳晕、腹正中线及阴部皮肤着色加深，原有的黑痣颜色也多加深；部分孕妈妈在妊娠4个月后，脸上出现茶褐色斑，分布于鼻梁、双颊，也可见于前额部，呈蝴蝶形，这就是孕期妊娠斑。妊娠斑的出现是由于孕期脑垂体分泌的促黑色素细胞激素增加，以及大量孕激素、雌激素，致使皮肤中的黑色素细胞的功能增强。在正常的情况下，妊娠斑应该在生产后3～6个月消失。爱美之心人皆有之，孕妈妈也不例外，虽然妊娠斑以后会消失，但在怀孕期间还是破坏了美的感觉，影响好心情，当然也会影响胎宝宝的情绪。下面介绍几种缓解妊娠斑的方法：

■减少阳光照射：日光照射可使妊娠斑加重，因此夏日外出应戴遮阳帽，涂防晒霜（比通常厚一点），避免阳光直射皮肤表层。

■控制体重：怀孕期间，避免体重增加太快，整个妊娠期体重一般不要超过12公斤。

■正确沐浴：沐浴可促进血液循环，沐浴后涂上保护油脂。此法可在妊娠斑未长出之前使用，有预防作用。

■补充维生素：孕妈妈此时应多吃富含维生素C的食物，如柑橘、草莓、蔬菜等，还应多吃牛奶及其制品。

■皮肤按摩：对皮肤进行适当按摩，增加皮肤的弹性，因为良好的皮肤弹性有利于承受孕期的变化。

■多吃西红柿：西红柿祛斑在于它富含番茄红素和维生素C，它们是天然的抗氧化物质，经常吃一些有助于祛斑养颜。

第84天胎教方案
美丽头发，美丽心情

　　孕妈妈的皮肤十分敏感，为了防止刺激头皮，影响胎儿，孕妈妈要选择适合自己发质且性质比较温和的洗发水。怀孕前用什么品牌的洗发水，如果发质没有因为激素的改变而发生太大的改变，最好继续使用，突然换用其他品牌的洗发水，特别是以前从未使用过的品牌，皮肤可能会不适应，或发生过敏现象。

　　怀孕期间，孕妈妈洗发不便，可以自备洗发水到附近的美发店去洗头。或者请准爸爸帮忙为自己洗头，对他来说，不过是举手之劳，而洗头过程却变得充满爱意。

　　洗完头后，如何处理湿发也是孕妈妈的困惑之一。有些吹风机吹出的热风，含有微粒的石棉纤维，可以通过孕妈妈的呼吸道和皮肤进入血液，经胎盘血而进入胎儿体内，可能对胎儿有不利影响。如果戴上吸水性强、透气性佳、抑菌又卫生的干发帽或干发巾，很快就可以弄干头发。

↑准爸爸可以为孕妈妈洗发

第四章

喜怒忧乐的 第  4 个月

这个月，胎盘已经形成，胎儿已经具有人形，胎儿的运动更明显，但孕妈妈未必能感觉到。

母亲的情绪、态度会对胎儿产生很大的影响。胎儿在母体孕育初期，个人性格、气质特点就已经开始萌芽，而这一个月，胎儿对母体发出的爱、喜、忧伤、恐惧等不同情感变得更加敏感，不仅有感觉，而且对母亲情绪的细微变化都能做出敏感的反应。如果母亲心里对这个孩子不喜欢，甚至充满不满和抱怨，那么母亲的这种情绪变化，会使内分泌激素发生改变，使胎儿感到痛苦，会对其将来的性格发育带来不利的影响。所以，孕妈妈一定要时刻注意自己的情绪，爱护好自己的宝宝。

第 13 周

综述 ▶

到第13周时怀孕早期结束，孕妈妈基本上告别了早孕反应的不适，易造成流产的危险期基本结束，孕妈妈和胎宝宝相对来说是比较安全的。此时，腹中的胎宝宝各个器官和组织开始进入迅速发展期，每天几乎以10克的速度增长，对营养物质的需求非常之大。

因此，孕妈妈们这个时期要注意加强营养，要保证食物的质量，使营养平衡。从各种食物中普遍吸收各种营养素。这个时期还要注意进行适当的体育锻炼，听听音乐，最重要的是使自己和宝宝心情愉悦。

 母体状况

作为孕妈妈的你现在已然进入了怀孕的第13周，早孕反应基本结束了。腹部开始隆起，乳头可以挤出乳汁来，看上去像刚分娩后分泌的初乳。原来的衣服开始变得不合体，不久就需要穿孕妇装了，当然，从外表看上去，你也更加像位美丽的妈妈了。

这时，孕妈妈的腹部、大腿内侧和臀部会出现妊娠纹，有的人很明显，有的人却一点也没有。另外，孕妈妈胸部变大，乳表皮的下方会出现静脉曲张，乳头的颜色继续变深。

胎儿发育

现在胎儿的脸看上去更像成年人了，身长大约有 76 毫米，体重比上周稍有增加。他（她）的眼睛在头的额部更为突出，两眼之间的距离拉近了，肝脏开始制造胆汁，肾脏开始向膀胱分泌尿液。

这时如果用手轻轻在腹部碰触，胎儿就会蠕动起来，但你仍然感觉不到胎儿的动作。胎儿的神经元迅速地增多，神经突触形成，胎儿的条件反射能力加强，手指开始能与手掌握紧，脚趾与脚底也可以弯曲，眼睑仍然紧紧地闭合。

胎教要点

如果你能注意饮食营养、远离烟酒，如果你能注意避免各种感染和用药，如果你能保持平和的心态、愉快的情绪，你就给了孩子一个极好的开端。如果你每天能适当、适度地抚摸腹部；如果你每天能对胎儿说说话，听听优美的音乐，那么，你作为未来宝宝的第一任教师就开始上任了。

孕中期以后，你适当地参加体育活动能调节神经系统功能，增强四肢功能，帮助消化，防止孕妈妈发生骨质疏松症。另外，孕妈妈适当做些家务，参加劳动，对母子都是有益的。

怀孕4个月适当的做些家务也是可以的

↑ 孕妈妈可适当做些家务

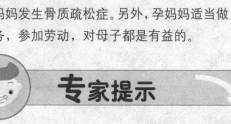

专家提示

孕妈妈此时的孕吐及压迫感等不适症状大部分会慢慢消失，身心安定，但仍需小心。这个时期是胎宝宝迅速发育和胎盘完成的重要时期，所以应摄取充分的营养，蛋白质、钙、铁、维生素等营养素要均衡摄取，不可偏食。此时有可能出现妊娠贫血症，因此对铁的补充尤其重要。

孕妈妈身体容易出汗，分泌物增多，容易受病毒感染，每天应该淋浴，并且勤换内裤。

小贴士 TIPS　　孕妈妈4月注意事项

孕妈妈怀孕砂第4个月时，胎盘已经发育完全，流产的可能性减少，孕妈妈已经基本度过妊娠反应期，现在要注意以下事项：

● 注意增加营养，可以带些营养品在办公室里服用，也可以多吃些水果。

● 如果你开始感到腰痛，就要注意不能长时间保持一种姿势，要采取正确的姿势进行工作。

● 充分了解有关怀孕、生产的各种知识，这样可消除怀孕期间的不安与恐惧，也有助于顺利生产。孕妈妈可就近到妇幼保健所或医院妇幼保健科索取资料，也可阅读有关孕产保健的书籍。

● 为使生产变得轻松，最好从现在开始做一些孕妈妈体操，但是要量力而行，千万不要过分勉强。

● 再过一个月，平时的衣服就穿不下了，应趁着身体情况良好时先行准备。加肥、宽松的内衣裤也是必备的怀孕用品。

● 去美容院理发时，可请理发师设计一个易梳理的发型，除让人看起来清爽外，自己心情也会变得愉快。

第**85**天胎教方案　● ● ● ● ● ● ●
运动与胎教

医学专家发现，孕妈妈进行体育锻炼时腹中胎儿也随之运动，且出生时的健康状况也比一般新生儿好。美国宾夕法尼亚州立大学医学院的研究发现，有慢跑习惯，不仅对孕妈妈本人和胎儿无不良影响，而且婴儿出生后比活动少的孕妈妈所生的婴儿更健康。

怀孕早、中期较合理的锻炼方式有：散步、游泳、骑自行车等。锻炼的项目、强度要因人而异，特别要注意孕妈妈的健康状态。孕前习惯于跑步者可继续进行，但要降低等级与速度，不要进行跳跃、扭曲或快速旋转的运动项目。建议孕妈妈以散步为主要运动方式。在孕妈妈进行体育锻炼时，检查母体及胎儿的脉搏就会发现，母体的脉搏随着运动而明显增加，而胎儿的脉搏则几乎没有变化，这证明运动对胎儿来说是安全的。

小贴士 TIPS　孕中期运动要注意什么？

孕中期孕妈妈运动应注意以下内容：

● 应避免剧烈运动，注意选择轻稳的动作，如散步，上下较平缓的阶梯等。

● 要避免挤压和震动腹部的运动。

● 要避免仰卧位运动，以防子宫压迫下腔静脉，使血流受阻。

● 避免做迅速改变体位的运动和动作。

● 避免做平衡难度大的动作，如过窄的桥、小路等，以防因体态改变，影响平衡而跌倒。

● 妊娠期韧带松弛，应避免做关节紧张的动作，特别防止损伤腰部。

● 运动时要戴合适的乳罩，不要空腹运动。

第 **86** 天胎教方案

子宫对话

　　子宫对话就是"母亲与胎儿的沟通方法"，将母亲的情感、心绪、思考等，传达给胎儿。你一定会感到疑惑，因为胎儿在肚子里，如何与他沟通呢？其实，不要觉得隔着肚皮或用心灵交流方式与胎儿说话是件深奥难懂的事，只要你用爱来看待腹中胎儿，经常对胎儿说话，就能够有效刺激胎儿的脑部发展。第5个月的胎宝宝，就开始会用自己的耳朵，去倾听外界或来自母亲的声音，不仅对父母的言行能做出一定的反应，还能在脑子里形成记忆。此时，就可以开始子宫对话了。

　　母亲说话的语调要轻柔，充满感情，注意自己说话的音调、语气和用词，以便给胎儿一个良好的刺激印记。母亲充满爱意的声音对胎儿具有一种神奇的安抚作用，有利于胎儿发育，对胎儿的智力发展起到积极的促进作用。"对话"时，环境一定保持安静，拿放物品都不要发出太大的声音，不要用力摔门或摔物品，以免产生突发性的噪音刺激胎儿，引起胎儿的惊吓反应。

↑ 孕妈妈和胎宝宝对话

第**87**天胎教方案

保持母亲的温柔与爱心

维系、抚育小生命的生长，不仅是需要营养食物的补助，"母亲的温柔与爱心"对胎儿而言是最重要的营养要素。有时将因为母亲的精神状况而影响了胎儿的性格发育。因此，妊娠期虽然容易让人感到烦躁不安，但要想得到活泼、开朗的小孩，那么不要因为先生或者周围人的一点小事而生气，随时保持愉快的心情来面对一切。

如果传递的都是母亲的不满和压力，这对宝宝是何等的不公平，而且这样的宝宝也实在太可怜。你的快乐与悲伤会让胎儿与你一同享受，你愿意让他陪着你焦虑伤心吗？而且当你情绪不安时，体内肾上腺髓质激素的分泌量会增多，通过血液会影响胎儿的正常发育。为了给宝宝一个健全的身心及健康的身体，孕妈妈必须随时保持开朗、温柔慈爱的心情，并且能持之以恒，才能得到一个健康快乐的宝宝。

小贴士 TIPS　　抓住胎教的"天赐良机"

生活在孕妈妈子宫内的胎宝宝是个能听、能看、有各种感觉的小生命，对于外界各种刺激十分敏感。器官和组织也正在迅速发育，并在功能上逐渐完善，能对各种外界刺激做出反应，从而具备了接受教育的基础，此时真可谓胎教的天赐良机。

如果孕妈妈能不失时机地通过一些方法给予胎宝宝良性刺激，不仅可促进各种感觉器官和大脑发育，还可有利于今后形成良好性格。科学研究表明，一个人还在母腹中时，个人的性格和气质特点已开始萌芽，今后所表现出的个性，是快乐型、进攻型，还是忍让型，所有这些使每个人得以发展为互不相同的自我行为，很多都取决于胎宝宝在母体里所获得的信息。因此，孕妈妈一定要抓住这"天赐良机"，对胎宝宝开始进行环境、音乐、语言、抚摩、情绪、运动、营养等广义上的胎教。

第**88**天胎教方案

听《四小天鹅舞曲》

音乐是感情的、心灵的语言，它能使人张开幻想的翅膀，随着优美的旋律，翱翔在海阔天空。音乐还可以促进孩子从不同方面完善，所以，从妊娠第 4 个月起，就可以开始有计划地行音乐胎教了，每天 1～2 次，每次 15～20 分钟。不同的乐曲对于陶冶孩子的情操起着不同的作用。

今天，孕妈妈就听一首可以促进孩子欢快、开朗的圆舞曲——《四小天鹅舞曲》。《四小天鹅舞曲》是由柴可夫斯基创作，是最受人们欢迎的舞曲之一，音乐轻松活泼，节奏干净利落，描绘出了小天鹅在湖畔嬉游的情景，质朴动人而又富于田园般的诗意。在轻松的节奏里，孕妈妈可以感受到那种甜美与欢乐，是很好的放松。

第 89 天胎教方案
音乐胎教要谨慎

　　孕期第 4 个月后胎儿对声音已相当敏感，其声音来自母体内大血管的搏动，其节律与心脏跳动相同。还有规律的肠蠕动声音。胎儿在宫内就有听力，能分辨听到的各种不同的声音，并能进行"学习"，形成"记忆"，可影响到生后的发音和行为。因此，我们应该利用胎儿听觉的重要作用，给予良好的声音刺激，促进宫内听力的发展。

　　市场上的胎教音乐磁带良莠不齐，如果胎教音乐磁带不合格，有的音频高达 4000～5000 赫兹，这种声音能很大的胎教音乐，如果天天让胎儿去听，对胎儿的听力损伤极大。因为孕妈妈是直接把心形或哑铃形的传声器放在腹壁上，声波可长驱直入母体内，胎儿内耳基底膜上面的短纤维受到高频声音的刺激后，极易遭到伤害。轻者出生后听力减退，严重者出生后便丧失了听力。

第 90 天胎教方案
给宝宝取个乳名

　　生活在母亲腹中的胎儿是个能听、能懂、能理解父母，有生命有思想、有感情的谈话对象。作为父母应该不失时机地与胎儿交流，对他施以刺激，以丰富胎宝宝的精神世界。可能在此之前，你和准爸爸一直叫他宝宝，但接下来，为了更好地实施胎教，最好给宝宝取个乳名。最好给宝宝取个中性的乳名，如"平平"、"乐乐"等，将来生男生女都可以用，这样,胎教与幼教就可以有效地衔接起来。这样,你和准爸爸就可以在确定胎宝宝醒来时,用乳名和宝宝进行子宫对话了。

第**91**天胎教方案

教准爸爸一手

在家中,准爸爸可以给孕妈妈做些按摩,来缓解孕妈妈的紧张情绪,达到解除疲劳、愉快心情的目的,此时的胎宝宝肯定会在孕妈妈的肚子里乐开了花。在前面已经介绍了头部按摩技巧,在这里,再介绍一种肩背部按摩方法:

■双手按压在孕妈妈的肩上,慢慢向下滑落至手腕位置;

■双掌放在孕妈妈的肩胛中央位置,向外及往下轻压。

要注意不要在孕妈妈饥饿、吃饱或者心情郁闷时按摩,按摩力度不能太强。并且有些身体部位在按摩时绝对不能太用力,比如乳房、背部、腹部、足踝等部位。如果孕妈妈出现妊娠并发症或者其他疾病时都不宜进行按摩。

第 **14** 周

综述 ▶

早孕反应犹如淅淅沥沥的小雨逐渐停止,随之心情像雨后晴空一样舒朗,孕妈妈的胃口因此大开。孕妈妈此阶段一定要科学地摄取各种营养素,但同时也要注意不要大吃大喝,乱吃东西。

由于胎儿的成长需要更多的营养成分及氧气,所以,孕妈妈的心脏负担达到了孕妇所能承受的最高值。为了减轻心脏负荷,就需要降低越来越高的血压,舒张手和脚的动脉及静脉。孕激素水平的升高使小肠的平滑肌运动减慢,孕妈妈将遭受便秘的痛苦。

母体状况

这时,许多孕妇难以忍受的早孕症状开始减轻,晨吐趋于平静,胃酸代替了恶心。这个时期孕妇阴道的分泌物开始增多,阴道分泌物又称为"白带",它是阴道和宫颈的分泌物,含有乳酸杆菌、阴道脱落上皮细胞和白细胞等。

孕妇体内雌激素水平和生殖器官的充血情况直接影响阴道分泌物的多少。怀孕时体内雌激素水平较高，盆腔及阴道充血，阴道分泌物增多是非常自然的现象，正常的分泌物应是白色、稀薄、无异味。如果分泌量多而且颜色、性状有异常，应请医生检查。

胎儿发育

14 周的胎儿，身长大约有 8～9.3 厘米，体重达到 25 克。这个时候的胎儿生长速度很快。生殖器官正在发育之中，可以区分出性别。

现在，宝宝的皮肤上覆盖了一层细细绒毛，这层绒毛在宝宝出生后会消失。此时，宝宝的头发也开始迅速地生长，头发的密度和颜色在宝宝出生后也会发生改变。胎儿此时在妈妈的肚子里已经可以做很多事情了，如皱眉、做鬼脸、斜着眼睛看，可能他也在吸吮自己的手指等。科学证明，这些动作可以促进大脑的发育。

胎教要点

当孕妈妈感到精力有所恢复，孕初期疲惫的身体开始有些活力的时候，就应该开始适当的做些运动，比如有目的地做孕妈妈操，或是晚饭后与爱人一起散散步，这是最安全和健康的运动。另外这时胎儿脑发育很快，孕妈妈应积极给予胎儿各种良性刺激，如唱歌、朗诵等。有些胎教磁带，收录一些儿歌、小诗，很温馨，对母胎都有益。

↑早孕反应结束后，准爸爸可以多陪孕妈妈散散步

专家提示

古人说，妊娠第 4 个月孕妈妈"当静形体，和心态，节饮食"。意思是说在妊娠第 4 个月，孕妈妈应该心情恬静，心态平和，节制饮食。为什么要节制饮食呢？因为妊娠第 4 个月时早孕反应消失，孕妈妈对妊娠早期出现的心理、生理变化已逐渐适应，心情好转，食欲增强，体重容易迅速增加，此时提醒孕妈妈不要乱吃乱喝，注意休息。

小贴士 TIPS　重视孕中期产前检查

怀孕中期由于胎儿不断生长发育，孕妈妈各系统亦会发生很多生理变化，有时超出生理界线成为病态。孕妈妈需要随时了解胎儿的发育状况和自身的健康情况，因此，产科检查非常必要。产科检查的目的，就是通过对全身及产科检查和必要的保健指导，以预防和及时发现异常情况，并加以处理，使其不致影响孕妈妈健康和胎儿的正常发育，减少母、儿发病率和死亡率，提高新生儿出生素质。

产科检查一定要到医院妇产科围产保健门诊进行。不能到没有行医执照，没有妇产科专业医生的私人诊所去检查(因为他们可能缺乏专业知识，而且设备简陋，无菌观念差，会误事的)。产科检查内容各医院多少有些差异，但主要内容是相同的。主要包括体格检查、化验检查和B超检查。如果在妊娠早期没有进行检查的话，可以在妊娠中期补查妊娠早期的检查内容。

第**92**天胎教方案
注意补脑食品

这一周，胎宝宝的脑在快速发育，就应该补充大量有益于脑健康的食品了，因为胎儿早期的补脑很重要，这会直接关系到将来宝宝的智力发展，这就要给予足够的重视。

下面介绍几种补脑的食品：如粮谷类的小米、玉米、糙米等；干果类的核桃仁、芝麻、花生、瓜子、莲子、栗子等；蔬菜类的黄花菜、冬菇、竹笋、香菇等；水产品的鱼、海螺、牡蛎、虾、海带、紫菜等；家禽类的鸡肉、鸭肉、鹌鹑肉等。

此外，脂肪是合成髓鞘的要素，不饱和脂肪酸是脑神经元发育及髓鞘形成过程中的必要品。脂肪可促进小脑的发育，是脑细胞的重要成分。

第**93**天胎教方案
买束花回家

孕妈妈在孕期中，心情愉快是最重要的，今天可能不是节日，但在买菜的中途，你可以为自己买一束喜欢的鲜花。当你欣然接过这束鲜花时，也接过一份明丽的心情，也带给宝宝一份欣喜与愉悦。

鲜花犹如一位美丽的情感使者，不论你愉快或失意，它都迎着阳光在小屋的一角灿烂开放，给孕期生活平添一份亮丽，将你的忧郁悄悄化去。它跳动的生命充满了青春活力，在平淡的日子里点缀一份心动，令你感受它无时不在的笑语。

鲜花是一支无声的歌，是一支优雅深情的舞。它对生命没有苛求，只要些许清水，便会蓬勃轻快地展示它美丽的生命。孕妈妈完全可以用鲜花般的眼睛、心灵去看待其实很美好的世界，为了自己，也为腹中的可爱宝宝。

↑ 鲜花给孕妈妈带来愉悦

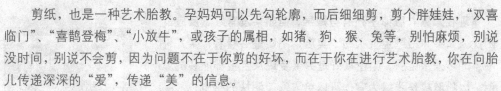

第 94 天胎教方案

学习剪纸

剪纸，也是一种艺术胎教。孕妈妈可以先勾轮廓，而后细细剪，剪个胖娃娃，"双喜临门"、"喜鹊登梅"、"小放牛"，或孩子的属相，如猪、狗、猴、兔等，别怕麻烦，别说没时间，别说不会剪，因为问题不在于你剪的好坏，而在于你在进行艺术胎教，你在向胎儿传递深深的"爱"，传递"美"的信息。

曾有专家对多名孕妈妈的行为研究发现，那些勤于动手动脑的孕妈妈的宝宝明显智力优秀，而过于慵懒的孕妈妈，宝宝出生后反应缓慢的比例要高于勤劳的孕妈妈。

小贴士 TIPS　兔唇，不是剪刀的错

兔唇，是一种婴儿的先天性疾病，和先天遗传有很大的关系。但民间一直流传着孕妈妈禁忌却把兔唇的原因弄复杂了，如孕妈妈不能在床上缝针线、动剪刀，生出来的小孩可能有缺陷；出现裂缝的墙壁或花盆，不应在怀孕期间修补，不然婴儿会有兔唇；忌吃兔肉，否则婴儿会有兔唇；若怀孕时欺负动物，小孩就会有兔唇；孕妈妈看到建房子时上房梁的话，生下的孩子就会是兔唇。以上这些说法是没有科学依据的，所以孕妈妈们可不必担心。

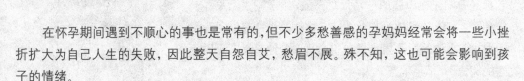

第 **95** 天胎教方案

不要多愁善感

在怀孕期间遇到不顺心的事也是常有的,但不少多愁善感的孕妈妈经常会将一些小挫折扩大为自己人生的失败,因此整天自怨自艾,愁眉不展。殊不知,这也可能会影响到孩子的情绪。

如果孕妈妈经常哭泣,伤感,容易使孩子形成胆小、懦弱、缺乏自信心的性格。最好的办法是分散自己的注意力,比如在伤心时找一些事来做,也可以看一些轻松愉快的电影电视来缓解情绪。当然,如果伤感情绪严重的话,找人倾诉则是最佳的发泄方法——准爸爸和闺中密友是最佳选择对象!

第 **96** 天胎教方案

买几件宝宝的小衣服

现在添置衣服似乎还有些嫌早,但如果没有妊娠反应的困扰,如果你路过宝宝衣物专卖店,不妨进去看看,买几件中意的可爱宝宝服。颜色最好是男宝宝或女宝宝都能装的颜色,以粉蓝或是浅绿为宜,可以给人清新明快的感觉。

当你闲暇时,一边看着床头上方那张非常漂亮的婴儿画,一边想象自己的宝宝的可爱样子,手里还在整理着这些小巧可爱的漂亮婴儿服时,是不是心中充满了对宝宝的爱,还有对将来的美丽憧憬,那么,今天的胎教目的就达到了。

第 **97** 天胎教方案

制怒保平安

中医认为,"人有五脏化五气,以生喜怒悲忧恐"。就是说,人之七情生于五脏,具体地讲,心主喜,肝主怒,肾主惊恐,脾主思,肺主悲忧。制怒也是养肝。正如《灵枢·本神篇》所说:"肝气实则怒,肝气虚则悲。"肝主怒,肝气旺盛,往往气愤不平。肝脏血,因发怒而损伤肝血，致阴血亏损不能濡肝，而肝失所养，则肝火愈旺，更易动怒。而肝血益伤，此所谓"怒伤肝"。经常发怒，往往是肝气郁结所致。

其实孕妈妈的发怒的理由有时可能不能被称为理由。生活中遇到的琐事都可能会让因怀孕而改变身体激素的孕妈妈大光其火，大发雷霆。孕妈妈常常发火的话，容易使孩子的性格更固执、更偏激，也更容易情绪化，说不定以后还会变成经常顶嘴或离家出走的麻烦孩子。

最好的办法是，孕妈妈一旦遇到可能会发火的时候，就告诉自己先冷静下来，提醒自己，肚子里还有一个可爱宝宝，不能因为自己影响到宝宝。然后喝点水，在屋子里走几圈，等这个过程完成后，孕妈妈的怒气应该已经熄灭了。

↑孕妈妈不要发火

小贴士 TIPS　孕中期胎教简要日志

●4月：轻轻抚摸腹部，听音乐或哼唱自己喜欢的歌曲，丈夫可将报纸卷成筒状，与胎儿轻声说话或念一些诗文。同时，准爸爸和孕妈妈应多看一些家庭幽默书籍，以活跃家庭气氛，增进夫妻情趣这个时期也是孕妈妈心身愉快，胎内的环境安定食欲突然旺盛。胎儿进入了急速生长时期，因此需要充分的营养，要多摄取蛋白质，植物性脂肪，钙、维生素等营养物质。

●5月：做胎儿体操：主动轻抚腹部，将耳机调到适度在孕妈妈腹上放几分钟左右欢快乐曲。每天早、晚与胎儿打招呼："宝宝，早上好！宝宝，晚安！"如此等等。这个期间要少量多餐，多吃些含铁多的，猪、牛、鸡等的肝脏及绿色蔬菜。注意预防贫血。从这时起，做授乳准备，开始乳头的保养。开始作一些育儿用品和产妇用品的计划安排。

●6月：帮助胎儿运动：晚8时左右孕妈妈仰卧在床上放松，双手轻轻抚摸腹部，10分钟左右，增加和胎儿的谈话次数，给胎儿讲故事，念诗、唱歌、哼曲等。每次开始前，叫胎儿的乳名，时间1分钟，这时是非常时期，孕妈妈要充分休息，睡眠要足，中午要睡1~2小时好。

●7月：帮助胎儿运动，给胎儿讲画册，色彩及动物形象，丈夫应多陪妻子散步、做操、听音乐、看电视（不要看刺激性太强，情节太激烈的）、会朋友、看书画展、玩轻松活泼的游戏等。以减轻压力、增加愉快。

280 天同步胎教专家方案

第 **98** 天胎教方案

创造良好的"子宫"环境

母亲的子宫是胎儿生活的第一个环境，可以直接影响胎儿的性格形成和发展。在子宫内环境中，感到温暖、和谐、慈爱的气氛。胎儿幼小的心灵将得到同化，意识到生活的美好和欢乐，可逐渐形成胎儿热爱生活、活泼外向、果断自信等优良性格的基础；如果夫妻不和，家庭人际关系紧张，甚至充满敌意和怨恨，或者母亲心里不喜欢这个孩子，时时感到厌烦，胎儿会感受到痛苦，将来性格的发育，会成为形成孤独寂寞、自卑多疑、懦弱、内向等性格的基础。

由此可见，妊娠期间始终保持孕妈妈愉快和良好的情绪、生活在优美与和睦的环境，对即将出生的宝宝充满深深的爱，这些对将来孩子性格的形成无疑是非常重要的，同时，也是积极开展胎教的重要内容之一。

小贴士 TIPS　孕妈妈如何安排孕中期的生活与工作

孕中期是指怀孕第13～27周末这段时间，因这段时期妊娠反应基本消失，腹部不太大、行动比较方便，食欲改善了，所以是整个妊娠过程中最舒服的阶段。这时胎盘发育成熟，流产的危险减少了，恶心消失了，心情也好些，故这阶段要开始准备婴儿所用物品，以及分娩和哺乳时所用的东西。若要探亲、访友、搬家或必须参加的外事活动，都可以放在此期来进行。

第 **15** 周

综述 ▶

第15周的时候，孕妈妈可以明显地感到胎动。有时间的话，将宝宝第一次胎动的时间记录下来，作为将来回忆的见证。对于过去有怀孕史的孕妇来讲，你可能会发现胎动的时间比过去提前了，这都是正常的，不必担心。

在宝宝15周的时候，孕妈妈就可以通过B超分辨孩子的性别了。但是，目前我国各医院规定：除确诊某些性别遗传的疾病的原因以外，医生不可以将胎儿的性别告诉他人。暂时保留不要看这张底牌也好，让等待长些，将来惊喜才会更大。

母体状况

这一周，原本较高的基础体温渐渐降低，妊娠初期的感觉几乎完全消失。随着子宫的增大，支撑子宫的韧带增长，孕妈妈会感觉到腹部和腹股沟疼痛。另外，孕妈妈的乳晕颜色变深，乳头增大，呈暗褐色，在乳房里已经形成了初乳。随着初乳的形成，乳头会分泌出白色乳汁，这是多种内分泌激素的参与和协同作用，促进了乳腺发育所致。所以，孕妈妈要做好充分的哺乳准备，并保持乳房卫生。

胎儿发育

胎儿现在的生长速度很快，远远地超过了前几周，他的身长已经达到10~12厘米，体重也达到50克。现在胎儿薄薄的皮肤上覆盖了一层细细的绒毛，全身看上去就像披着一层薄绒毯，这层绒毛通常出生时就会消失。现在胎儿的眉毛开始长出来，头发也在头顶迅速生长，头发的纹理密度和颜色在出生后都会有所改变。胎儿在子宫里开始做许多动作，他可以握紧拳头、眯着眼睛斜视、皱眉头、做鬼脸，也开始会吸吮自己的大拇指。研究者认为，这些动作会促进胎儿大脑的生长。

胎教要点

自古以来，人们就常强调妊娠中的母亲和胎儿"一心"的重要性，因为这样才能有利于将来宝宝的健康活泼。反之，"一心"被破坏时，胎儿由于难过、绝望，就会有死胎、流产、甚至自杀等情况的出现，造成许多遗憾。特别是当母亲对所期盼的事产生失望的心情时，这种心理性的压力，就会很敏感地传给胎儿。

但强烈的心理紧张累积太多的话，便和生产时一样，使保持母子一体化的免疫平衡作用被破坏，有失衡的可能，在医学上称为"子宫内母子分离"。这种情况带给胎儿的影响，导致最易发生

又动了

↑以愉快的心情对待胎宝宝

280天同步胎教专家方案

的现象是早产，甚至也有死产、流产等更严重的情形发生。由此可知，在各种压力中，心理性的压力带来不良影响的危险性最大。

专家提示

现在孕妈妈应注意口腔卫生，怀孕后，由于内分泌的改变，对雌激素需求的增加，孕妇牙龈多有充血或出血，同时由于饮食结构不当，身体慵懒不愿运动，没有及时刷牙等都有可能引发牙周炎，有资料表明，在发生流产、早产的孕妇中，牙周炎的发病率很高。在注意口腔卫生的同时，目前胎儿的状况已经稳定，孕早期不能接受的拔牙、治疗牙病的情况现在可以解决了。

小贴士 TIPS　认识葡萄胎

我国葡萄胎发病患者多在20～30岁，经产妇多于初产妇。良性葡萄胎患者在早期与正常孕妈妈相同，无特殊症状。在妊娠第2～4月，可发生间歇性和持续性阴道流血。最初出血量少，色暗红，时出时止，时多时少，反复发生。在胎块大部分自子宫壁剥离而临近排出时，可发生大量出血。良性葡萄胎患者的子宫体积异常增大，与妊娠月份不符，往往妊娠第3～4月，子宫底已达脐部，好像妊娠6个月大小。

良性葡萄胎患者的妊娠反应较重，如恶心、呕吐等，妊娠高压综合征的症状也较多见。葡萄胎在确诊后，应做刮宫术，去除子宫内容物，将刮出物做切片检查。手术后应观察出血情况，每日做妊娠试验，如有恶性变化，可能就要立即摘除子宫。

第99天胎教方案
呼吸新鲜空气

在胎儿大脑不断完善的第15周，胎儿应该从母体内得到足够多的新鲜氧气。如果缺氧，幼儿出现无脑畸形的比率非常高。胎教专家告诉孕妈妈们，不妨到大自然中走一走，大自然中新鲜空气有利于胎儿的大脑发育，大自然恰好给胎儿提供了充足的氧气。郊外、公园、田野、海滨、森林等对人身心健康极其有益的负离子含量很高，孕妈妈经常到山川、旷野去走一走，就能有机会获得足够多的氧气，对胎儿的大脑的发育有极大的好处。

↑孕妈妈和准爸爸置身美丽的花草地，呼吸新鲜空气

第100天胎教方案

给宝宝准备第一件玩具

今天是宝宝在子宫内的第100天了，有些特殊的意味在其中了，所以今天安排孕妈妈给宝宝准备第一件玩具。可以是铃铛、木鱼、八音盒或小鼓。虽然看着似乎有些单调，但可变换各种不同节奏，甚至符合和其他音乐来搭配，以达到孕妈妈和胎宝宝自娱自乐、自在其中的效果。

声音对新生儿的刺激是相当重要的。目前医学界与幼教界都赞成单调的刺激是最好的方法，外在的声音可以传达入子宫内，而胎儿对声音也有反应。因此，如果要以声音刺激胎儿，最好还是以单调或是越简单的音节越好。至于丰富美丽的乐曲，还是留给孕妈妈来欣赏比较合适。

第101天胎教方案

注意水果的摄入量

孕妈妈这个时期要时刻注意自己的饮食对胎宝宝的重要影响，不仅要注意饮食的种类和营养，还要注意饮食的质和量。

许多人认为，水果中富含膳食纤维和维生素，不仅对孕妈妈有益，而且可使胎儿皮肤好，生下的孩子白嫩。水果对母胎均有益是没错的，但也不能没有节制，多多益善。水果除富含维生素外，含有大量的水和糖类，一个150~200克大小的苹果，就能产生100~120千卡的热量，相当于60~80克的米饭。因此，孕妈妈每天食用水果200~250克就行了。

小贴士 TIPS　孕妈妈的体重变化常识

随着妊娠月份的增长，孕妈妈体重随之增加，其中除了胎宝宝的肌肉、骨骼、内脏及其他组织不断生长外，还有胎盘、羊水、母体的脂肪、乳房等。到分娩前，不论孕妈妈孕前体重是多是少，孕妈妈体重比孕前平均增加11~13.5千克，不得少于9千克。其中妊娠期前半期增加总量的1/3，后半期增加约2/3。即妊娠1~12周增加2~3千克，妊娠第13~28周增加4~5千克，妊娠第29~40周增加5~5.5千克。

一般情况下，妊娠早期因早孕反应，孕妈妈厌食，挑食，甚至呕吐，体重增加不明显。到孕期第13周以后，孕妈妈食欲增加，食量增加，食量大增，体重逐渐增加，平均每周增加350克左右，不超过500克，直到足月。

第 **102** 天胎教方案
静下心来动动笔

孕妈妈可能每天都在写胎教日记，记录了自你怀孕后的点点滴滴，但今天你可以静下心来，拿出以前少女时代写日记的心情，来写一篇心情日记，也可以写一篇小诗，让诗情画意充满心间。不怕写不好，只要真实写出自己的感受，还有那种对婴儿的爱。也可以写些小儿歌，欢快而可爱。

当手中的笔在欢快地流淌着你的心曲时，你的心情也随之豁然开朗，腹中的宝宝在这种氛围里，怎么能不开心快乐呢？

↑写出自己的心情

第 **103** 天胎教方案

为做妈妈而自豪

随着妊娠月份的增加，孕妈妈体态曲线发生变化，体重逐月增加，使其日常生活与工作受到限制，加重了心理压力。孕妈妈的内分泌变化使其面部及躯体部皮肤色素加深，出现色素沉着斑块，毛发增多，出现痤疮样皮炎，面部失去光泽，浮肿。这些都会使孕妈妈产生自卑、忧虑和紧张烦躁的心理。

此时孕妈妈一定要克服这些情绪，并为自己即将成为一名真正的母亲而自豪，而抛弃自卑心理。母亲是伟大而无私的，为了肚子里可爱的胎宝宝，做什么都值得。有了这种心理做基础，孕妈妈还可以多想一些愉快的事，多看一些轻松、幽默的书籍，多看一些喜剧片和动画片，并每天到环境幽雅的地方散步，和喜欢的人聊天，从而达到精神上的放松，使孕妈妈体内循环畅通，从而减轻妊娠的不良反应，减轻孕妈妈的自卑烦躁心理。

第 **104** 天胎教方案

避免不自然的振动

所谓不自然的振动，如撞车或搭火车时，所受到的振动。胎儿最感舒服的振动，当然就是母亲子宫收缩的节奏。若脱离了子宫这种规律性的振动，胎儿就会觉得相当痛苦。这时，这振动为一种压迫感，而刺激胎儿皮肤。且这种不良的刺激，会由皮肤传达至脑，阻碍了脑部的发育。

胎儿对外来的振动，会有不愉快的感觉。这点从轻压母亲腹部，胎儿就有踢脚的动作，即可明白。因为胎儿由于外来不愉快的感觉，而为了保护自己，才有这种反射性动作。所以，妊娠中的母亲，应尽量避免长时间乘坐振动激烈的交通工具。最多以一小时为限。

↑胎儿怕剧烈振动

第 **105** 天胎教方案

准爸爸与胎教

准爸爸一定要想方设法让妻子保持愉快的心情。如：经常陪妻子到外面散步，谈谈孩子出生后的一些设想，丈夫幽默风趣的话会使妻子的心境舒畅、感情更丰富，有利于腹内宝宝的健康发育；给妻子买喜欢的衣物和爱吃的食物；按照妻子的喜好和实际需要将居室装扮得更温馨怡人；为妻子选择些有关孕育方面的科普期刊；经常播放一些轻松的乐曲等。

吸烟对胎儿危害极大，在烟雾弥漫的环境中生活的孕妈妈，不仅在呼吸道吸入大量的一氧化碳，而且香烟中的尼古丁还能通过皮肤、胃肠道进入母体，从而祸及胎儿。据国外调查资料说明，胎儿的畸形率与父亲的吸烟量成正比。为了母亲和胎儿的健康，做丈夫的一定要少吸烟或不吸烟吗。

第 **16** 周

综述 ▶

在孕期第 16 周到第 20 周之间，胎动明显。胎动时你会有喝了饮料后胃肠蠕动的感觉，胎儿有伸手、蹬腿等活动，即胎动。胎动是胎儿健康状况良好的一种表现，一般在怀孕后第 4 个月时开始，7～8 个月较明显。一天有两个高峰，一个在晚上 7～9 时，一个是午夜 11 时至凌晨 1 时，早晨最低。

这一周，胎宝宝体重快速增长，准妈妈要供应两个人的营养，需要比正常人更多的钙、磷等营养物质。同时还要到妇产保健医院定期复查，特别是有妊娠高血压综征、贫血、心脏病、前置胎盘等症。

母体状况

随着食欲的增强，孕妈妈体重开始增加，身体已经适应了妊娠。肚子明显增大，周围的人对孕妈妈的怀孕一目了然。

这一周，孕妈妈腹部、臀部和其他部位会堆积脂肪，这时孕妈妈就要注意调节体重，以免体重增加过多，对孕妈妈本人和胎儿都会造成不良的后果。另外，在本周，孕妈妈应进行一次产前检查，

建议您做产前检查

↑孕妈妈要适时做检查

这时医生会让孕妈妈听胎儿的心跳。再做验血检查以判断胎儿有无唐氏综合征。另外，孕妈妈的适当运动会使胎儿变得强壮，母亲更能感到胎儿的存在。

胎儿发育

你可能还不知道，你子宫里的小居民现在开始打嗝了，这是胎儿呼吸的先兆。现在你还听不到任何声音，因为胎儿的气管充斥的不是空气，而是流动的液体。

胎儿的体重现在大约150克，身长超过12厘米。现在，胎儿腿的长度超过了胳膊，手指甲完整地形成了，指关节也开始运动。

胎教要点

这个时期，孕妈妈仍要注意调整自己的情绪，以愉快的心情度过孕期每一天。自然美能陶冶孕妈妈的情感，对母胎的心理健康是有益的。美好的大自然给孕妈妈带来欢乐，对孕妈妈和胎儿都是一种难得的精神享受，也是胎教的一种形式。大自然景物作用于孕妈妈的感官，唤起她们的审美心理和愉悦感，使精神境界得以升华。

现阶段孕妈妈还要注意摄取足够的营养，这个时期因为早孕反应的结束，身心皆很舒服，胎儿的内环境也很安定，也是食欲旺盛的时期，你在摄入食物时，可以想象胎宝宝也在开心地就餐，心情一定格外开朗。

专家提示

大家都已知道，为了宝宝的健康，为了母亲分娩的顺利，孕妈妈需要加强营养，多吃，吃好。

但近年来，随着我国物质生活水平的提高，有些大城市的孕妈妈由于营养过剩，造成孕妈妈的体重增长过多、过快，并发生产科合并症，如妊娠高血压综合征、糖尿病。

对胎儿来说营养过剩可引起胎儿过

↑不要营养过剩造成巨大儿

大，成为"巨大儿"（出生时体重达到或超过 4000 克），造成产程延长，引起产后大出血，严重的可导致死亡。所以，孕妈妈不可太贪吃，应该避免营养过剩，防止孕期体重过度增长。每日食谱保证足够营养即可，切忌偏食、挑食和饮食不节制。另外，每日适当的活动也很必要。

小贴士 TIPS　神童的培养应从胎教起步

神童就是聪明异常的儿童，而不是"神"或"仙"。怎样才能生神童，这是一个一直热门的话题，也是国内外学者一直研究而尚未解决的问题。大量研究表明，科学地实施胎教，生一个智商高的儿童还是可能的，世界上也不乏神童的例子。

1985 年 2 月 14 日《人民日报》曾介绍了一个叫小津津的故事，1 岁半能听懂英、汉一些常用语，3 岁认识万以内的数，能用英、汉语读《伊索寓言》，5 岁被武汉大学录取为少年科技预备班的一名学员，并能用英语背诵武汉大学长达 1000 多字的简介。津津的爸爸是个医生，在怀小津津时，他采用古今中外的胎教理论，对小津津实行胎教。他们夫妇特别注重调节饮食，平时多吃含高蛋白、丰富维生素的食品及新鲜水果，注意环境因素的影响，他们专门选择了一个山清水秀、空气新鲜的地方度假，并且注意调节心理和情绪变化，阅读一些健康、趣味性强的文学作品。他们采取的一系列胎教措施为小津津的早慧打下了坚实的基础。

第 **106** 天胎教方案

告别忧郁烦闷

专家认为以下因素能使孕妈妈成为忧郁症的高危人群：具有个人或家族性的情绪异常病史；有一定社会、经济性压力；缺乏腹中胎儿父亲的精神支持；由于妊娠并发症而入院或卧床休息；对自己的健康产生焦虑，尤其曾经有过妊娠并发症，或曾在妊娠期间生过病；为宝宝的健康焦虑。

如果妻子在妊娠中遭到了棘手的问题，丈夫要和妻子同甘共苦，共同面对困难。鼓励妻子，给她以力量，帮助妻子树立坚强的信念，这同时也会鼓励胎儿同母亲一起来战胜困难，培养胎儿的坚强性格，孕妈妈的心理调整过程，同时也是胎教的过程。

第 **107** 天胎教方案

做做"白日梦"

　　胎教专家们建议孕妈妈们，在胎儿的性格培养上，不妨经常做做"白日梦"。

　　在清醒状态下所出现的一系列带有幻想情节的心理活动，在心理学上叫遐想。专家们认为，白日梦与夜间梦一样，是从生活中得到的一部分，信息绕开了知觉，成为梦的原始资料，这些无意识的资料，像一幅一幅的电影画面那样剪辑拼凑成梦。

　　研究者们发现："白日梦"的情节大多数是愉快的结局，一般没有挫折和烦恼。从心理学观点来说，做"白日梦"是一种相当有效的心理松弛方法，对松弛身心、解决问题大有益处。孕妈妈们愉快了，胎儿自然会愉快。

　　孕妈妈不妨经常想想自己未来的宝宝长得是多么可爱，身体多么结实，头脑多么聪明。或者幻想一下以后一家三口的欢乐生活。

↑孕妈妈可以做做"白日梦"

第 **108** 天胎教方案

与胎宝宝交流

　　胎儿在 4 个月时，脑已形成，会将声音当作是一种感觉。5 个月时胎儿逐步完成耳朵的构造，与成人相差无几。所以 4 个月的胎儿，就开始会用自己的耳朵，去倾听外界的或来自母亲的声音。声音介于 200～1000 赫兹之间的，恰与母亲说话的声音一致。胎儿不但听得清楚，而且觉得很舒服。胎儿能敏锐地记忆母亲的声音。而且母亲的声音有安抚胎儿的情绪的作用，为了胎儿，母亲应耐心、温柔地对着胎儿说话。

　　由于胎儿还没有关于这个世界的认识，不知道父母与他谈话的内容，只感觉到声音的波长和频率。他并不是完全用耳听，而是用他的大脑来感觉，接受着母体的感情。所以在与胎儿对话时，孕妈妈要使自己的精神和全身的肌肉放松，精力集中，呼吸顺畅，排除杂念，心中只想着腹中的宝宝，把胎儿当成一个站在面前的活生生的孩子，娓娓道来，这样才能收到预期的效果。

第 **109** 天胎教方案
呼吸训练

胎儿的接受能力取决于母亲的用心程度，胎教的最大障碍是母亲心情杂乱、不安。这里介绍一种呼吸法，对稳定情绪和集中注意力是行之有效的。

进行呼吸法时，场所可以任意选择，可以在床上，也可以在沙发上，坐在地板上也可以。这时要尽量使腰背舒展，全身放松，微闭双目，手可以放在身体两侧，只要没有不适感，也可以放在腹部，衣服尽可能穿宽松点。准备好以后，用鼻子慢慢地吸气，以5秒钟为标准，在心里一边数1、2、3、4、5……一边吸气，肺活量大的人可以6秒钟，感到困难时可以4秒钟。吸气时，要让自己感到气体被储存在腹中，然后慢慢地将气呼出来，以嘴或鼻子都可以，总之，要缓慢、平静地呼出来。

呼气的时间是吸气时间的两倍，也就是说，如果吸时是5秒钟的话，呼时就是10秒，就这样，反复呼吸1~3分钟，你就会感到心情平静，头脑清醒。实施呼吸法的时候，尽量不去想其他事情，要把注意力集中在吸气和呼气上，一旦习惯了，注意力就会自然集中了。

小贴士 TIPS 营养胎教小故事

金雄熔是韩国的天才儿童，生后100天就能说一些简单的话，第5个月就能背一些动、植物的名称。第8个月开始上学，在3~4岁时就能掌握相当程度的英语和德语，在数学方面也表现出惊人的天才，他先后学会了解方程、三角、几何、微积分等。4岁进入韩国汉城大学，他的非凡天才轰动了全世界，许多国家对此进行了研究。

金雄熔的母亲认为，使孩子头脑聪明还是应该吃植物性食物，它对胎儿不会产生任何不良影响。以植物性食物为主的孕妈妈所生的新生儿可能比普通新生儿小些，但骨骼和身体各部分结构都是非常结实。但是这并不是说不能吃动物性食物，可以3个月为一周期，吃些肉食，为胎儿提供足够的营养物质。因为营养不足会使大脑细胞中的沟回萎缩，食用了肉食，脑细胞就会迅速地成长，此后可以再改吃植物性食物。采取这样交替饮食方法就可大大增长孩子的记忆力。

第 **110** 天胎教方案

可以适当外出旅游

孕妈妈旅游最好选择在怀孕第4~6个月之间，此期最为安全。此时剧烈的妊娠反应已经过去，胎儿发育比较稳定，孕妈妈身体尚未沉重，具有一定的对旅游辛劳的承受能力和愉悦的心境。孕期外出旅游必须去医院看一次妇产科医生，将整个行程向医生交底，以取得医生的同意和指导；必须准备宽松、舒适的衣裤和鞋袜，带一只合适的软垫供途中使用；必须有亲人陪同，确保途中的周全照顾与安全。

孕妈妈在旅游途中运动量不宜过大，要注意劳逸结合，保证充足的睡眠。途中行走要选择平路，避免陡坡。走路要慢，步态要稳，防止跌倒。对有噪声、烟尘、辐射等污染的地区要及时避开，以免对身体造成危害。

第 **111** 天胎教方案

早晨和胎宝宝说几句悄悄话

今天起床后的心情一定不错，经过一夜的休息，孕妈妈现在容光焕发。除了以前的微笑胎教外，你一定要记得，每天花上几分钟同宝宝说几句悄悄话，比如"宝贝，我爱你"、"我是最爱你的妈妈"、"今天爸爸又和我说他很爱你了"、"你知道我和你爸爸多么盼望你的到来呀"、"宝宝，你睡得好不好？天亮了，我们起床了。宝宝，起来活动活动，看今天的天气多好"等等，或是利用外出散步的时间悄悄告诉他"外面阳光真好，你和妈妈一起来享受阳光的沐浴吧"类似温馨的话语也会让胎宝宝每天都有一个好的印象。孕妈妈每天都重复这些话，反复地强化，会给胎儿留下记忆，从而刺激胎儿脑部更快地发展。

第 **112** 天胎教方案

让准爸爸这样做

丈夫除了让妻子多看一些能激发母子情感的书籍或影视片外，还要多与妻子谈谈胎儿的情况，如：询问胎动，提醒妻子注意胎儿的各种反应；与妻子一起描绘胎儿在子宫中安详、活泼、自由自在的形象；一起猜想孩子的小脸蛋漂亮逗人，体形健壮完美。这对增加母子生理心理上的联系，增进母子感情都是非常重要的。丈夫更要引导妻子去爱护腹中孕育着的胎儿。母亲对胎儿有任何厌恶情绪或流产的念头，都不利于胎儿的身心健康。

第五章

动感中呵护的 第5个月

几乎所有孕妈妈都在孕期第5个月中感受到了胎儿有力的胎动。在欣喜之余，别忘记要更加呵护你的宝宝。此时胎儿的内耳、中耳、外耳等听觉系统建立。胎儿就像一个小小"窃听者"，他（她）能听到妈妈心脏跳动的声音、大血管内血液流动的声音、肠蠕动的声音，他（她）最爱听妈妈温柔的说话声和歌声，因此孕中期是进行胎教的最佳时期。

宝宝胎动频繁，准爸爸一定要帮助妻子数胎动，这样对胎宝宝有好处。数胎动时，妻子可采取仰卧或左侧卧位。丈夫两手掌放在妻子的腹壁上可感觉到胎儿有伸手、蹬腿等活动。

综述 ▶

这周胎动已经相当活跃了，有时孕妈妈还会感到腹部一侧有轻微的疼痛。那是因为子宫在迅速长大，子宫两边的韧带和骨盆也在生长变化以适应胎儿的成长。这些感觉是正常的。但是如果持续几天一直疼痛的话，就要找医生咨询。正应了一句我们经常说的话："痛并快乐着。"

这一周，孕妈妈的饮食要多样化，及时从饮食中补充蛋白质、维生素、矿物质等营养，充分保证胎儿的需要。要避免偏食或过多进食脂肪和糖，孕妈妈过瘦或过胖对胎儿都不利。

 母体状况

这一周，孕妈妈用手触摸肚脐和耻骨之间，感到有一团硬东西，这就是子宫的上部。你的下腹明显突出，乳房膨胀得更显著。你可能会有胃内积食感，这是增大的子宫挤压的缘故。有时，你以为自己患了伤风，常感口干舌燥，甚至出现耳鸣，这实际上是妊娠引起的。

通常，从这周开始，当孕妈妈精神集中尤其是夜晚躺在床上时，会感到下腹像有一只小虫似的一下一下地蠕动，犹如手放在鱼篮外但仍感到里面的鱼在跳动一样。这正是胎宝宝在羊水中蠕动，挺身体、频繁活动手和脚、碰撞子宫壁而引起的胎动。

胎儿发育

　　孕期第17周的胎宝宝身长大约有12厘米，体重100克，看上去就像一个梨。此时宝宝的骨骼都还是软骨，可以保护骨骼的"卵磷脂"开始慢慢覆盖在骨骼上。胎宝宝开始长出褐色的皮下脂肪，脂肪对胎宝宝的体温和新陈代谢活动发挥着重要的作用。

　　这一周，胎宝宝的循环系统和泌尿系统已经完全形成，并且开始发挥自己各自的功能。胎宝宝通过胎盘吸收必需的氧气，通过吞吐羊水来呼吸。听觉器官发育得更好，耳朵里面的小骨架更加结实，开始能听见声音。除了妈妈的心音，胎宝宝对妈妈肚子外面的声音也有一定程度上的感知。这一周，宝宝神经系统发达，味觉开始形成。

胎教要点

　　胎儿现在已有听觉反应，胎儿的内耳、中耳、外耳等听觉系统建立。因此，这个月的胎教主要是通过母亲对胎儿进行听觉、感觉、视觉、运动、记忆等方面的训练，激发胎儿的大脑神经细胞增殖到最佳数目。因为脑神经细胞一旦完成增殖，以后再也不会增殖，因此对未来出生的胎儿进行最佳的训练就显得十分重要，同时又可以使胎儿从生理上和心理上得到合理的训练和发展。

专家提示

　　此阶段应该注意腹部的保温，并防止腹部松弛，最好使用束腹、腹带或腹部防护套。因乳房开始胀大，所以一定要选择较大尺码的胸罩，有个别的孕妈妈还会有乳汁排出，这是正常的。

　　此时会微微感觉到胎动，但刚开始也许不太明显，肠管会发生蠕动的声音，还会伴有肚子不舒服的感觉，这些都是正常现象。如果能感觉到胎动了，一定要记录下来，因为胎动是了解胎宝宝发育状况的最佳方法。

↑孕妈妈要注意腹部保温

小贴士 TIPS　感受胎动

　　孕妈妈观测胎动最好每天早晨、中午、晚上各测一次，每次连续计数1小时，再将3次计数之和乘以4便可推算12小时的胎动次数。测胎动时最好取左侧卧位，全神贯注，平心静气地体会胎动次数。每动一下就在纸上画上一道，胎动可能只动一下，也可能连续动好几下，均只算胎动一次。正常情况下应每小时3～5次，12小时不少于20次。在产前检查时将胎动记录提供给医生参考。

　　孕妈妈注意观测胎动，可监护胎儿安危，一旦发现异常，可及时得到合理治疗。当孕妈妈发现胎动12小时少于20次，或每小时少于3次，则预示着胎儿缺氧。在缺氧初期，胎动次数增多，由于缺氧，胎儿烦躁不安。当胎儿宫内缺氧继续加重时，胎动逐渐衰弱，次数减少，此时为胎儿危险先兆。若此时不采取相应抢救措施，胎儿会出现胎动消失，乃至胎心消失，心跳停止而死亡。因此孕妈妈一旦发现胎动异常，决不可掉以轻心，应立即去妇产科求治，及时治疗常可转危为安。

第 **113** 天胎教方案
了解气胎教

　　怀孕时期平静孕妈妈的内心，启发胎宝宝的性情和头脑的气胎教是与胎儿进行交流的最好方法之一。事实上，所有的胎教中，与胎儿进行交流是最重要的，而且是胎教的出发点。对胎儿想要的东西关心，努力去感觉时，胎儿的头脑会发达，具有温柔的性情。

　　这里所谓的气胎教就是利用体内能源——气的脑运动法，是管理肉体的身心修炼法。通过脑呼吸与胎儿进行交流，把妈妈的精气和爱传达给胎儿。

　　脑呼吸通过集中和想象，在脑里聚集新鲜的能量。这样母亲脑内聚集的能量使脑细胞振动，纠正母亲歪斜的脑构造，并慢慢地给胎儿影响力。

　　通过脑呼吸，如果进入深层的冥想状态，脑波会变成心理上最安定的状态α—波，会更加安定，具有平静的心态。在怀孕时期，孕妈妈的内心如果一直维持平静与安定的状态，那么，胎儿也会受到此影响。

　　而且最近气胎教受到关注的理由是因为脑呼吸胎教对婴儿的头脑发育有帮助，孕妈妈自身运动脑，胎儿的脑也具有相同的运动效果，从而可以启发潜在的能力。

第 **114** 天胎教方案
脑呼吸胎教

　　刚开始做脑呼吸时，先在安静的气氛下简短做5分钟左右，在逐渐熟悉方法后，可增加时间，吃饭前，身体处于轻快的状态下会更有效果。下面介绍一些脑呼吸胎教的基本动作。

　　■观察脑部，感觉脑部。首先熟悉脑的各个部位的名称和位置，闭上眼睛，在心里按次序感觉大脑、小脑、间脑的各个部位，想象脑的各个部位并叫出名字。孕妈妈这时要集中意识，这样做可提高注意力，能清楚地感觉到脑的各个部位。

↑孕妈妈要进行脑呼吸胎教

　　■用手感觉。安稳地坐下后，两只手放在距胸前5厘米左右的地方，然后闭上眼用心地感觉双手的部位，这时感觉一下充斥在双手间的气息，先合掌，然后再慢慢地张开双手。

　　■通过脑呼吸与胎儿进行对话。想象一下肚子里的孩子，想象胎儿的各个身体部位，从内心感觉孩子。如通过超声波照片来看的话，形象更容易想象。与脑呼吸一起进行胎教，或写胎教日记，会使胎儿和母亲更容易进行交流。

第 **115** 天胎教方案
做胎儿体操

　　孕妈妈从感觉到胎动时起，就可以每日定时与胎儿做胎儿体操。具体方法是：孕妈妈平躺在床上，全身尽量放松，在腹部松弛的情况下，用一个手指轻轻按一下胎儿再抬起，此时胎儿会立即有轻微胎动以示反应；有时则要过一阵子，甚至做了几天后才有反应。一般以早晨和晚上开始做为宜，每次时间不要太长，5~10分钟即可。

　　开始轻轻按一下时，如胎儿"不高兴"，他会用力挣脱或蹬腿反射，这时就应马上停下来。过几天后，胎儿对母亲的手法适应了，再从头试做，此时当母亲的手一按，胎儿就主动迎上去做出反应。胎儿体操开始时只做1~2下即可，到妊娠8个月以后，可以持续10分钟。

第**116**天胎教方案

为你的胎宝宝跳一曲舞

今天感觉精神不错吗？那么今天为孕妈妈安排一个略有些难度的胎教内容——为你的宝宝跳一曲舞。放一曲优美快乐的乐曲，并随着音乐或歌声轻轻摇摆身体吧！柔和且具有律动的舞蹈，能够整合听觉和肢体的活动，帮助你和胎宝宝的身体达成协调，并提高你的平衡能力。就让音乐与羊水的振动一起抚慰你的宝宝吧！这种刺激对胎宝宝来说，是最美的享受之一。

不要觉得自己的身体笨拙了，舞姿不美而难为情，这曲舞是你爱心的最淋漓尽致的表现，相信你的宝宝肯定可以感受得到。

小贴士 TIPS   孕妈妈穿什么样鞋合适？

妇女怀孕后，要注意鞋的穿着问题。日常生活常见到孕妈妈穿着拖鞋、宽大的旧鞋、尖头高跟鞋，这些对孕妈妈都是不适宜的。随着妊娠月份的增加，腹部逐渐向前突出，身体重心发生变化，骨盆韧带出现生理性松弛，容易引起腰椎前倾，给背部肌肉增加了负担，引起疲劳、腰痛。

孕期应穿松软、合脚、后跟高度为2～3厘米的低跟或坡跟鞋为宜，如果孕妈妈行走、坐、立也都采取正确姿势，可以大大减轻不适症状。

第**117**天胎教方案

准爸爸的新任务

孕妈妈从现在起，要交给准爸爸一个任务，那就是——学会测量子宫底高度。子宫底高度随孕周的增加而增加，可以比较准确地提示胎儿生长发育情况。过去用脐孔作标记测量宫底高度，比较方便，但脐孔与耻骨联合间的距离因人而异，并不十分准确，因此现在多用软尺测量。在测量前，孕妈妈应排空小便，平卧，两腿放平，腹壁放松。准爸爸将软尺的一端放在耻骨联合上缘，一端放在子宫底顶端，测量这一段的弧形长度。软尺要紧贴腹壁皮肤。在孕期第20～34周，子宫底平均每周增长1厘米。到34周以后，增长较慢，平均每周增长0.8厘米。到40周时，子宫底的平均高度为34厘米。

小贴士 TIPS　子宫底高度与胎儿体重

　　测量子宫底高度所得数据与胎儿出生体重相关。所以测量子宫底高度可以预测胎儿生长发育。从孕期第20～34周，宫底高度平均每周增加约1厘米，34周后宫底增加速度转慢，子宫底高度在30厘米以上表示胎儿已成熟。日本学者五十岚等提出计算胎儿发育指数的公式：

　　胎儿发育指数＝宫底高度（厘米）－（月份＋1）×3

　　计算结果＜－3，表示胎儿发育不良；－3～3之间，表示胎儿发育正常；＞5可能为双胎、羊水过多或巨大儿。

第 **118** 天胎教方案
用收录机进行音乐胎教

　　音乐是启动语言的桥梁。音乐胎教应选择在胎儿觉醒期，即有胎动的时间进行，也可固定在临睡前。可通过收录机直接播放。

　　孕妈妈应距音箱1.5～2米远，音响强度可在65～70分贝左右，也可使用胎教传声器，直接放在孕妈妈腹壁胎头部位，音响大小可依据成人隔着手掌听到传声器中的音响强度。这相当于胎儿在孕妈妈腹腔子宫内听到的音响强度。腹壁厚了，音响稍大，腹壁薄，音响稍小。

　　千万不要将收录机直接放到腹壁上给胎儿听，噪音可损害听神经。孕妈妈也可同时通过耳机收听胎教专用音乐磁带，或选用自己喜爱的各种乐曲。可随音乐进行情景联想，力求达到心旷神怡的境界，借以调节精神情绪，增强胎教效果。

↑孕妈妈要进行音乐胎教

小贴士 TIPS　分贝是怎样计算的

分贝就是声音强度的单位，也就是音量。0分贝的设定，是根据听力正常的年轻人所能听到的最小声音得到的。每增加10分贝等于强度增加10倍，增加20分贝增加100倍，30分贝则增加1000倍。

分贝	特点
0分贝	勉强可听见的声音；微风吹动的树叶声。
20分贝	低微的呢喃；安静办公室的声音。
40分贝	钟摆的声音；一般办公室谈话的声音。
40~60分贝	正常的交谈声音。
70分贝	很吵，开始损害听力神经。
80分贝	不隔音汽车里的声音；热闹街道上的声音。
100分贝	火车的噪音；铁桥下尖锐的警笛声。
120分贝	飞机的引擎声；会令耳朵疼痛的声音。

第 119 天胎教方案

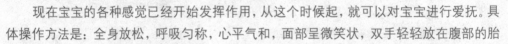

爱心塑造聪明宝宝

现在宝宝的各种感觉已经开始发挥作用，从这个时候起，就可以对宝宝进行爱抚。具体操作方法是：全身放松，呼吸匀称，心平气和，面部呈微笑状，双手轻轻放在腹部的胎儿位置上，双手从上至下，从左至右，轻柔缓慢地抚摸胎儿，感觉好像真的在爱抚可爱的小宝宝，感到喜悦和幸福，默想或轻轻地说："宝宝，妈妈跟你在一起""宝宝好舒服，好幸福""宝宝好聪明好可爱"。每次2~5分钟。

进行当中，孕妈妈的温柔与爱心是最重要的，一定要带着对胎宝宝的无限温柔与母爱去进行，让胎宝宝感觉到这份浓浓的爱意，可以促进宝宝感觉系统协调发展，让他获得安全感，并且对塑造胎宝宝的良好性格也有帮助。

第18周

综述 ▶

在此周，孕妈妈无论从身体还是心理上都处于一个很稳定的时期，有足够的精力与胎宝宝进行"产前谈话"——胎教。当胎宝宝对你的"教育"做出反应时，那种欣喜不是外人可以感受得到的，快和准爸爸一起分享这快乐的时光吧！

营养胎教方面要注意蛋白质的摄入量。由于估算方法不同，推荐的量也有所不同，孕妈妈本身体重增长也需消耗蛋白质，蛋白质在妊娠的3个阶段的储留量不同。我国推荐的蛋白质供给量在孕中期每天增加15克。

母体状况

在这一时期，孕妈妈精力逐渐恢复，性欲逐渐增强。这主要是由于体内雌激素大量增加，导致盆腔的血流量增多，使性欲提高，且更易达到高潮。在怀孕期间，动作温柔地做爱是相当安全的，如果有什么顾虑，可以向医生咨询。

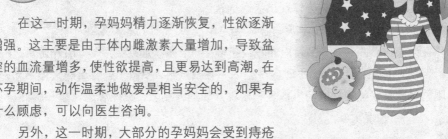

另外，这一时期，大部分的孕妈妈会受到痔疮的困扰，这是因为，胎儿一天天长大，压迫直肠，直肠的静脉鼓起来，严重时，直肠会凸到肛门外面。生痔疮之后，肛门部位又痒又痛，坐在椅子上或者排泄时还会出血。严重时应该向医生咨询。

胎儿发育

现在胎儿的身长接近14厘米，体重大约为200克，胎儿此时小胸脯一鼓一鼓的，这是他在呼吸，但这时的胎儿吸入呼出的不是空气而是羊水。骨骼几乎全部是类似橡胶似的软骨，以后会变得越来越硬，一种可以保护骨骼的物质"髓磷脂"开始慢慢地裹在脊髓上。如果是女孩，她的阴道、子宫、输卵管都已经各就各位；如果是男孩，宝宝的生殖器已经清晰可见。当然，有时因宝宝的位置不同，小小的生殖器也会被遮住。

这时，胎儿的心脏运动变得活跃起来。借助听诊器，你现在可以听到胎儿的心音，那真是一种令人沉醉的感受。这几天你是否正在为怀孕后身体的笨拙而情绪低落，相信胎儿健康的心音会让你倍感欣慰。

胎教要点

在日常生活中，有少数孕妈妈为了一点暂时的身体不适而产生对胎儿的怨恨心理，这时胎儿在母体内就会意识到母亲的这种不良情感，从而引起精神上的异常反应。许多专家认为这样的胎儿出生后大多数出现感情障碍、神经质、感觉迟钝、情绪不稳、易患胃肠疾病、疲乏无力、体质差等。

因此孕妈妈在妊娠期间应排除这些不良的意识，应将善良、温柔的母爱充分体现出来，通过各方面的爱护关心胎儿的成长。孕妈妈心情忧郁，

↑ 孕妈妈要多交流，保持心情愉快

一定要积极调整自己的心态。多到户外呼吸新鲜空气，多参加社会活动，出外游玩。精神得到放松，心情也会开朗起来。平时多在生活中寻找乐趣，多做一些适当的文体活动，如下棋、唱歌、欣赏优美轻松的音乐，多和乐观开朗的人接触，交流思想，敞开胸怀。

专家提示

这个时期，孕妈妈的腹部明显大了。孕妈妈的腹部增大以后，身体重心前移，为了平衡，孕妈妈的肩向后仰，腰部后缩。因此，孕妈妈最好穿平底布鞋，这样的鞋有牢固宽大的后跟支撑，走动平稳。妊娠后期孕妈妈脚踝会有些肿胀，因此要选择鞋帮松软的鞋，鞋子应宽大一些。鞋底最好有较深的防滑纹，以免在地砖上滑倒。

不要穿高跟鞋，高跟鞋不稳，容易跌倒，而且穿高跟鞋走路重心前倾，容易压迫腹部，不利于胎儿血氧供应，影响胎儿发育。

第**120**天胎教方案

多喝牛奶

孕妈妈要注意营养胎教，就应该明白钙对胎儿的重要性。在整个孕期，孕妈妈约需要贮存钙50克，其中供给胎儿30克。按钙的吸收率50%计，孕中期需要每日补充220毫

克，孕后期需要每日补充700毫克。这个数量是一般食物不容易提供的。母体如钙摄入不足，胎儿需要的钙就会从母体的骨髓、牙齿中夺取，以满足生长的需要，这样就使母体血钙降低，发生小腿抽筋或手足抽搐。

但是，由于许多因素会影响钙被母体吸收。如蔬菜中有的含有大量草酸盐，与钙形成不溶性草酸钙而影响钙的吸收；谷类食物中的植酸也不利于钙的吸收；摄入过量的脂肪，形成的不溶性皂化物也会降低钙的吸收。

因此，营养专家认为：孕妈妈补钙的最好方法是每天喝200～500克牛奶。每100克牛奶中含钙约120毫克，牛奶中的钙最容易被孕妈妈所吸收，而且磷、钾、镁等多种矿物质搭配也十分合理。另外，孕妈妈每天喝一杯牛奶，平均会使胎儿的体重增加41克。而那些不喝或很少喝牛奶的妈妈，其孩子的健康状况就相对欠佳。

↑孕妈妈要多喝牛奶

小贴士 TIPS 孕中期性生活要节制吗？

这个时期的子宫逐渐增大，胎膜里的羊水量增多，胎膜的张力逐渐增加，孕妈妈的体重增多，而且身子笨拙，皮肤弹性下降。这个时期最重要的是维护子宫的稳定，护保胎儿的正常环境。如果性生活次数过多，用力比较大、压迫孕妈妈腹部，胎膜就会早破。脐带就有可能从破口处脱落到阴道里甚至阴道外面。而脐带是胎儿的生命线，这种状况势必影响胎儿的营养和供氧，甚至会造成死亡，或者引起流产。即使胎膜不破，没有发生流产，也可能使子宫腔感染。重症感染能使胎儿死亡，轻度感染也会使胎儿智力和发育受到影响。

此时，肚子越来越大了，注意不要压迫腹部。而且由于性高潮引起子宫收缩，有诱发流产的可能性。所以孕妈妈本人自身的调节也是极其重要的。此外，丈夫也应注意不要刺激乳头。假如，孕妈妈对性生活仍然没有太大的兴趣，做丈夫的一定要尽量理解自己的妻子。

因此，妊娠第4～6个月时，虽不严格限制性生活，但也要有所节制。

280天同步胎教专家方案

第 **121** 天胎教方案 ●●●●●●●

晚间爱抚

孕期第18周以后，胎宝宝每天出现胎动时，可以进行适当的抚摸胎教。抚摸胎教可以促使胎儿的运动神经发育，并能让胎宝宝感受到母亲的爱。

当孕妈妈睡前，可以和准爸爸一起抚摸一下腹内的胎儿，可以激发胎儿运动的积极性，并且可以感觉到胎儿在腹内活动而发回给母亲的信号。这是一种简便有效的胎教运动，值得每一位孕妈妈积极采用。通过对胎儿的抚摸，母子之间沟通了信息，交流了感情，从而激发了胎儿的运动积极性，可以促进出生后动作的发展。翻身、抓、握、爬、坐、立、走等动作，都可能比没有经过这项训练的婴儿要出现得早一些。在动作发育的同时，也促进了大脑的发育，会使孩子更聪明。具体操作方法是：孕妈妈可仰卧在床上，头不要垫得太高，全身放松，呼吸匀称，心平气和，面部微笑，双手轻放在胎儿位上，也可将上身垫高，采用半仰姿势。每次2～5分钟。双手从上至下，从左至右，轻柔缓慢地抚摸胎儿。

抚摸胎教应选择在每天晚上胎动较频繁时进行。每次持续5～10分钟，每日1次，每周3日。如配以轻松、愉快的音乐进行，效果更佳。

注意：抚摸胎宝宝之前，孕妈妈应排空小便；孕妈妈应避免情绪不佳，保持稳定、轻松、愉快、平和的心态；进行抚摸胎教时，要保持室内环境舒适、空气新鲜、温度适宜。

小贴士 TIPS 哪些情况不宜进行抚摸胎教

● 孕早期以及临近预产期不宜进行抚摸胎教。

● 有不规则子宫收缩、腹痛、先兆流产或先兆早产的孕妈妈，不宜进行抚摸胎教，以免发生意外。

● 曾有过流产、早产、产前出血等不良产史的孕妈妈，不宜进行抚摸胎教，可用其他胎教方法替代。

第 **122** 天胎教方案 ●●●●●●●

不要自己吓自己

一些想象力丰富的孕妈妈，在看完恐怖片或侦探小说后，就会变得"神经过敏"，经常会处于担惊受怕的情绪中。这会对孩子的身心发展造成不良影响。

孕妈妈经常处于恐惧中，容易使孩子形成行为偏激、固执自卑的性格，长大后这样的孩子在语言能力上可能会遇到困难。即使没有语言障碍，也不容易跟别人友好相处，沟通能力差。

孕妈妈尽量不要看恐怖片或侦探小说，即便要看，也应在白天进行，如果在晚上看这些很刺激的电影或书籍往往容易造成孕妈妈失眠，从而对胎儿产生极大危害。

↑ 孕妈妈不要自己吓自己

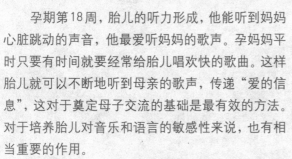

第 **123** 天胎教方案
给胎宝宝唱欢快的歌

孕期第18周，胎儿的听力形成，他能听到妈妈心脏跳动的声音，他最爱听妈妈的歌声。孕妈妈平时只要有时间就要经常给胎儿唱欢快的歌曲。这样胎儿就可以不断地听到母亲的歌声，传递"爱的信息"，这对于奠定母子交流的基础是最有效的方法。对于培养胎儿对音乐和语言的敏感性来说，也有相当重要的作用。

科学研究证明，受过音乐胎教的胎儿，在神经系统正常发育的基础上，根据末梢神经系统成熟早、中枢神经系统成熟慢的特点，促进胎儿神经系统和脑部的发育。在测试过程中，受过音乐胎教的婴幼儿，对15分贝的声音刺激即有反应，而未受过音乐胎教的婴幼儿，对50分贝的声音刺激才出现反应。

第 **124** 天胎教方案
在入睡前想象

有科学家认为，在孕妈妈怀孕时，如果经常想象孩子的形象，在某种程度上，会与将要出生的胎儿比较相似。因为母亲与胎儿的心理与生理上是相通的，孕妈妈的想象和意念是构成胎教的重要因素。

母亲在构想胎宝宝的形象时，会使心情达到最佳状态，使体内具有美容作用的激素增多，使胎宝宝的面部器官的结构组合及皮肤的发育良好，从而塑造出自己理想的宝宝。所以，孕妈妈可以在每天入睡前，想象一下可爱的胎宝宝，不用注意性别，而只要想象他的漂亮和可爱就好，还可伴以轻抚肚皮的动作。

第 **125** 天胎教方案
在上午来个日光浴

大自然慷慨地赋予人类宝贵的阳光。太阳不仅给我们带来了光和热，而且阳光中的紫外线还能使人体产生维生素D，进而促使体内的重要元素钙的正常吸收。所以孕妈妈可以在今天来个日光浴，在沐浴阳光的同时，还可以和胎宝宝好好交流交流，比如一边晒太阳，一边和腹中的宝宝对话："宝宝，今天阳光真好啊，听到小鸟在唱歌了吗？"等等。至于什么时候晒太阳，应根据季节、时间以及每个人的具体情况灵活掌握。假如是烈日炎炎的盛夏季节，就用不着专门去晒太阳，树阴里的散射阳光就足以满足孕妈妈的需要了。根据我国的地理条件，一般来说，春秋季在每天9～16时，冬季每天在10～13时阳光中

↑孕妈妈晒太阳

的紫外线最为充足，孕妈妈可选择在这段时间晒太阳。晒太阳也不能时间太久，时间以每天一个小时内为宜。

小贴士 TIPS　谨防铅污染

你是否注意到了日常生活中的铅污染？铅蓄积在人体的骨骼中，对人体的血液系统、免疫系统、消化系统、神经系统等产生影响。而且积聚在孕妇骨骼中的铅会溶入血液，并通过胎盘血液循环影响胎儿的大脑发育，导致智障、癫痫的发生；此外还会影响胎儿牙胚的发育，使幼儿易患龋齿。

避免铅污染应注意做到：不用印刷品包裹食物，尤其是报纸；不用带漆的筷子和容器；尽量少到马路上去，减少吸入汽车尾气的机会。

280 天同步胎教专家方案

第 *126* 天胎教方案

清晨饮一杯白开水

研究表明，白开水对人体有"内洗涤"的作用。所以，孕妈妈应该在清晨起床后喝一杯新鲜的凉开水。另有研究表明，早饭前30分钟喝200毫升25～30℃的白开水，可以温润胃肠，使消化液得到足够的分泌，以促进食欲，刺激肠胃蠕动，有利定时排便，防止痔疮便秘。早晨空腹饮水能很快被胃肠吸收进入血液，使血液稀释，血管扩张，从而加快血液循环，补充细胞夜间丢失的水分。

另外，孕妈妈切忌口渴才饮水。口渴犹如田地龟裂后才浇水一样，是缺水的结果而不是开始，是大脑中枢发出要求补水的求救信号。口渴说明体内水分已经失衡，脑细胞脱水已经到了一定的程度。

最后要记得，孕妈妈每天摄入1000～1500毫升为宜，以供循环和消化，并保持皮肤健康。相反，如果水分摄取过多，会加重肾脏负担，多余的水分就会贮留体内，引起水肿。

第 **19** 周

综述 ▶

当孕妈妈实实在在地感到腹中新生命的存在时，她满脑子都是这个小生命。其他事情都变得无足轻重，凡事都以体内的胎儿为出发点。准爸爸会发现，妻子整个性格爱好似乎都变了，脾气也似乎完全和以前判若两人。作为准爸爸一定要持理解态度，和孕妈妈一起努力，争取让孕期生活过得开心愉快！

因为她要负担起培育新生命的任务、两个生物体的培育，无疑，她精神上、心理上、生理上、体力与体态上都将发生很大的变化。

母体状况

在这一周，孕妈妈的新陈代谢加快，血流量明显增加。大量的雌激素使少数妇女的脸上出现黄褐斑和黑斑。随着乳腺的发达，乳房增大，怀孕前使用的胸罩现在已经不太适合。乳头受到过度压迫，会阻碍乳腺的发育。皮肤的色素增加，乳头的颜色变深，并伴有刺痛感，皮肤表面的静脉非常明显。阴道里流出白色的分泌物，这是妊娠中期流向阴道的血液量增加而导致的现象。

孕中期你需要再做一次B超，一般在孕期第18～22周之间，这是为了查看胎儿的生长发育情况，确定是否有先天缺陷，并检查一下胎盘和脐带。在做B超检查时，可以在仪器的屏幕上看见胎儿正在踢腿、屈体、伸腰、滚动、吸吮自己的拇指。

胎儿发育

现在胎儿大约有15厘米长，胎儿的胸脯不时地鼓起来、陷下去，这是胎儿呼吸的表现，但是在胎儿的口腔里流动的却是羊水而不是空气。胎儿已经能够制造尿液，头发也开始迅速生长。

19周的时候，宝宝最大的变化就是感觉器官开始按照区域迅速发展。味觉、嗅觉、触觉、视觉、听觉从现在开始在大脑中专门的区域里发育。此时，神经元的数量减少，神经元之间的连通开始增加。胎儿偶尔也会打嗝，胎儿打嗝一般半个小时就会停止。

胎教要点

胎教主要通过母亲对胎儿进行听觉、视觉、感觉运动、记忆等方面的训练，激发胎儿的大脑神经细胞增殖到最佳的数目。此周胎教重点仍是以激发胎儿大脑神经细胞增殖为中心。因为脑神经细胞一旦完成，再不会增殖，因此对未出世的胎儿进行最佳的训练就显得十分重要，同时又可以使胎儿从生理上和心理上得到合理的训练和发展。

此期胎儿生长发育迅速，需要的营养增多，但同时也得注意不要营养过剩，既要保证母婴营养充足，又要防止发生肥胖，必须要合理进食，膳食要多样化，全面照顾各种必需的营养成分，满足能量的需要。

专家提示

据估计整个孕期需要1000毫克铁，其中350毫克用于满足胎儿和胎盘的需要，450毫克用于增加血容量的需要，其余200毫克贮存起来

↑孕妈妈要少吃高脂食品

以便作为分娩时血容量减少的铁库。

妊娠期孕妈妈对铁的吸收率可以增加2～3倍，并且停止月经可以减少铁的损失。日本在妊娠前半期加3毫克，后半期加8毫克；美国不分前后期每日加15毫克，每天总量达30毫克。这一水平通常不能从食物中获得，建议孕妈妈在怀孕第12周开始每天补充30毫克铁。我国的营养素供给量为妊娠中后期每天加10毫克，每天总量达28毫克。

小贴士 TIPS　孕妈妈饮食要少脂多蔬果

脂肪是孕妈妈不可缺少的养分之一，也是胎儿正常发育所必需的。为保证胎儿的需求，孕妈妈每天应从食油、动物油、鱼等食物中摄取脂肪酸。但这并不是说脂肪补充得越多越好，因过多摄入脂肪可能增加所生女婴成年后罹患 生殖系统癌症的危险（其危险增大2～5倍），而多吃蔬果则可减少婴儿成年后患癌的危险。

对160名脑癌病儿与同等数量健康儿童的母亲孕期食谱对照分析表明，健康儿童的母亲多以鱼、谷物、绿色蔬菜、土豆为主食。奥妙在于蔬菜乃维生素宝库，而丰富的维生素A、维生素C、维生素E、叶酸等可阻止亚硝酸盐的生成。试验表明，孕妈妈不吃蔬菜，其后代患癌危险增大4倍，但如果增加食用果蔬，患癌危险会减少50%。

第 **127** 天胎教方案

听一首快乐儿歌

胚胎学研究证明，在受孕后第8周胎儿的听觉器官已经开始发育，胚胎从第8周起神经系统初步形成，听神经开始发育。当胎儿发育到了第25周时其听力完全形成，还能分辨出各种声音，并在母体内做出相应的反应。

所以，今天，孕妈妈可以听一曲快乐的儿歌——《小兔子乖乖》。还记得其中的歌词吗？"小兔子，乖乖，把门儿开开，快点儿开开，我要进来。不开，不开，我不开，妈妈没回来。谁来也不开！……"听到这里，孕妈妈已经被这首歌的深深童趣所打动。

有许多孕妈妈在进行儿歌胎教后都反应，好像肚子里的胎宝宝更喜欢儿歌，因为他们在肚子里动得更加欢快呢！孕妈妈可以尝试一下！

第 **128** 天胎教方案
注意补铁

妊娠中期，由于早孕反应的消失，你也许会食欲大增，消耗的热量和所需要的蛋白质比正常人增加一至二成。胎儿体重增加显著，每日可增加10克左右（是早期妊娠的10倍），同时，骨骼、牙齿、各器官都在不断发育。

由于胎盘血循环的建立，血容量增加，需要供给造血原料铁元素，否则会出现妊娠期贫血，每日应补充铁元素28毫克，可以从食物中补给，尽量利用动物肉中的血红素铁，以便于吸收和利用。

肉类的铁可吸收22%，血类的铁可吸收12%，鱼肉的铁可吸收11%，黄豆类的铁吸收7%，蛋黄类的铁只吸收3%，蔬菜中的铁只吸收1%，因此孕妈妈要多吃瘦肉。

各种肝类的铁含量虽高，但维生素A含量也高，胎儿维生素A过量，可引起畸形，因此孕妈妈不要多吃肝脏类。

补铁很重要

↑孕妈妈要注意补铁

第 **129** 天胎教方案
感觉运动训练

这时胎宝宝的增长速度很快，头部犹如鸡蛋大，约占身体长度的1/3，骨骼和肌肉发育得较结实，四肢活动增强，应该进一步地加强抚摸胎教，进而锻炼胎宝宝皮肤的触觉，并通过触觉神经感受体外的刺激，促进了胎宝宝大脑细胞的发育，加快胎宝宝的智力发展。

具体的方法：孕妈妈仰卧床上，头部不要垫高，全身放松，双手捧住胎儿，从上到下，从左到右，反复抚摸10次后，用食指和中指轻轻抚摸胎儿。如有胎动，则在胎动处轻轻拍打。

要注意胎儿的反应类型和反应速度，这时应马上停止抚摸。如果胎儿受到抚摸后，过一会儿才以轻轻蠕动的方式做出反应,这种情况可以继续抚摸,一直持续几分钟后再停止抚摸,或配合语言、音乐的刺激。

较为理想的抚摸时间是傍晚胎动活动频繁时,但有早期宫收缩的孕妈妈,不要做抚摸运动。

小贴士 TIPS　孕妈妈的自我保护

做妈妈的感觉会让很多人兴奋不已。但随着体重不断增加,怀孕期间的妈妈越来越感到行动不便,因此也就需要越来越严格地采取孕期自我保护措施。由于在怀孕期间孕妈妈的心肺都承受着双重的负担,因此绝对要避免疲劳过度,否则就会引起气喘或其他的不良意外事故。

忙活家务本身不会给妈妈和体内的宝宝带来威胁,但随着身体越来越笨重,孕妈妈的动作要学会用最小的体力消耗去做,而这首先又取决于孕妈妈良好的自我感觉,当然多听听经验丰富的孕妈妈护理人员的建议也会让您受益匪浅。

第 **130** 天胎教方案　　● ● ● ● ● ● ●
记忆训练的重要性

胎儿在妈妈肚子里是没有思想活动的小生命吗? 胎儿真的有记忆功能吗?

西班牙胎儿研究中心对"腹内胎儿的大脑功能会被强化吗?"这一课题进行了研究。结果表明,胎儿对外界有意识的激动行为,感知体验,将会长期保留在记忆中,直到出生后,而且对于婴儿的智力、能力、个性等均有极大的影响。也证明了胎教是教育的启蒙。胎儿是有记忆的,胎儿不是无知的小生命。胎儿在子宫内通过胎盘接收母体供给的营养和母体神经反射传递的信息,从而促使脑细胞分化。胎儿在成熟过程中,不断接受母体神经信息的调整和训练,促进了其聪明才能的启蒙。在胎儿期,只有对胎儿的潜能进行及时、合理的训练,才能使胎儿的大脑得到全面的发展。

↑合理的胎教能促进胎宝宝大脑的发育

第 **131** 天胎教方案

语言训练

胎儿5个月时感受器官初具功能，在子宫内能接收到外界刺激，能以潜移默化的形式储存于大脑中。实践证明，父母经常与胎儿对话，进行语言交流，能促进胎儿出生的语言及智能发育。专家们提出，早期教育应从胎儿时期开始，父母与胎儿对话要继续，每天定时刺激胎儿，每天1～2次，对话内容不限，可以问候，可以聊天，可以讲故事、读诗歌。

父亲每天也要在固定时间和胎儿说话。随着妊娠期的进展，每天可适当增加对话次数，把每天快乐的感受告诉胎儿。实践证明，胎儿能接受父母亲的感情，父母亲说话声音通过波长和频率储存在胎儿大脑的感觉区域，可以产生记忆，对话内容不必太复杂，而需要重复。对话时一定要把他当成是家庭的一员，才能达到胎教的目的。

↑孕妈妈要经常和宝宝对话

第 **132** 大胎教方案

营养胎教

从孕期第5个月起，胎宝宝需要从母体摄取大量的钙。如果缺钙，就会使孕妈妈逐渐产生腰酸、腿痛、手脚发麻、腿抽筋等不适症状，还会影响胎宝宝的牙齿和骨骼发育，甚至患上先天性佝偻病。因此，从这个月起，孕妈妈除了要经常去户外晒太阳，注意摄取富含钙的食物，还应开始补充维生素D和钙剂。

↑孕妈妈要适量补钙

孕妈妈应该在医生指导下每天服用补钙制剂，特别是已经有缺钙症状时。补钙制剂以副作用小、肠道吸收率高、服用方便、价格低的产品为好，每天早餐、晚餐后分别服一粒。提醒一点，以上使用方法仅是一种常规用法，每一位孕妈妈的具体情况可能有所不同，因此，在补充期间最好常去看医生，以便随时做适当调整。

第 **133** 天胎教方案
语言胎教注意事项

孕妈妈和准爸爸已经给宝宝起好了乳名了吧！记住，从现在开始，你要一直用这个乳名呼唤宝宝，宝宝会感到亲切，并有安全感，对于将来健康人格的形成是很有利的。每次与宝宝谈话的时间不要超过一分钟，内容要简洁、轻松、愉快、丰富多彩。

不可能要求每个孕妈妈说话都像诗一样优美，但是孕妈妈应该要求自己说话和气、谦虚、温文尔雅；在与人接触时，不讲粗话、脏话；与人发生矛盾时，不恶语伤人。这样做，有益于自己良好的心境。在休息时，孕妈妈可读一些优美的散文、诗歌，要注意选择积极向上的文章诗句，不要读伤感消极的东西。

第 **20** 周

综述 ▶

孕妈妈在日常生活中，举止应稳重大方，要保持健康整洁的仪表美。有的人在怀孕后，认为要心情舒畅就是想怎么做就怎么做，想干什么就干什么，这种放纵对孕妈妈和胎宝宝都是不利的。还有的孕妈妈怀孕后不再注意自己的仪表，大大咧咧、邋里邋遢，这对培育胎儿细腻、优美的气质不利。

因此，孕妈妈在妊娠期不仅要注意营养，保护身体健康，还要加强修养，使自己成为一名合格的母亲。

母体状况

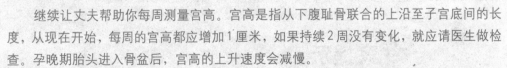

这一周，孕妈妈的子宫日渐增大，将腹部外挤，致使肚子向外膨胀，腰部曲线完全消失。你的腹部已经逐步适应了不断增大的子宫。

继续让丈夫帮助你每周测量宫高。宫高是指从下腹耻骨联合的上沿至子宫底间的长度，从现在开始，每周的宫高都应增加 1 厘米，如果持续 2 周没有变化，就应请医生做检查。孕晚期胎头进入骨盆后，宫高的上升速度会减慢。

科学的饮食是十分重要。此时，准妈妈需要将更多的精力放到增强营养上，应尽量多吃些营养均衡的食品，切忌饮食过量。过量饮食会增加生产时的困难和痛苦，此外还容易造成高血压、糖尿病等症状，另外，对胎儿的发育也没有什么好的作用。

胎儿发育

进入孕中期了，从现在开始宫底每周大约升高1厘米。胎儿的身长在14~16.5厘米之间，体重大约为250克。胎儿现在开始能吞咽羊水，而且肾脏已能够制造尿液，头发也在迅速地生长。感觉器官开始按区域迅速发育，神经元分成各个不同的感官，味觉、嗅觉、听觉、视觉和触觉都从现在开始，在大脑里的专门区域里发育，神经元数量的增长开始减慢，但是神经元之间的相互联通开始增多。

现在你肯定能感到胎儿在不停地运动，做一些翻滚的动作。有时胎儿的运动太剧烈，让你晚上睡不着觉。在以后的10周里胎儿的运动将非常频繁，直到孕后期把你的子宫撑满为止。

胎教要点

这一周，孕妈妈早孕反应结束，身心皆进入安定期。鉴于食欲旺盛，体重增加，又由于心脏被子宫挤到上面去了，饭后有时感到胃里的东西不易消化；还有，此时胎儿最容易吸收母体的营养，也是母体最容易患贫血的时期。所以，孕妈妈心情会烦躁，甚至容易激动，为肚子里的孩子担心。

此时，孕妈妈就该知道，任何胎教方式的主要目的是要使孕妈妈心情平静，所以日常生活中任何时候（含食、衣、住、行）都可以进行胎教。因为让孕妈妈心情稳定，就间接达到了寓教于乐的目的。胎教的目的并不是要宝宝因此变成天才，而

↑胎宝宝能感受到母亲的情绪

是让肚子里的小宝宝感受到母亲的爱与关怀，同时感到母亲心情平静。

专家提示

在这时候您应当考虑参加一些产前教育学习培训班。通常这些培训班会指导您生产时要注意的事情，教您数胎动，告诉您怀孕时的注意事项等。

再有20周，您就要和宝宝谋面了，兴奋的同时还会有些紧张，适当参加产前教育学习培训班，不仅可以帮助您减轻心理负担，更可以教您一些生产时的小窍门。

小贴士 TIPS　脑部发育时间分布

妊娠的第3～6个月是脑细胞迅速增殖的第一阶段，称为"脑迅速增长期"。主要是脑细胞体积增大和神经纤维增长，使脑的重量不断增加。

第二阶段是妊娠第7～9个月，其间支持细胞和神经系统细胞的增殖，以及树突分支的增加，使已经建立起来的脑神经细胞，发展成神经细胞与细胞之间的突触接合，以传导脑神经细胞的兴奋冲动。对于人的智力来讲，脑神经细胞树突的增加远比细胞数目的增加要重要得多。

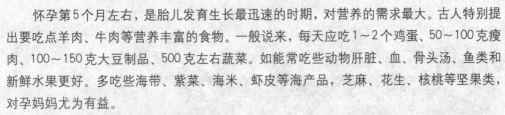

第 **134** 天胎教方案
营养胎教

怀孕第5个月左右，是胎儿发育生长最迅速的时期，对营养的需求最大。古人特别提出要吃点羊肉、牛肉等营养丰富的食物。一般说来，每天应吃1～2个鸡蛋、50～100克瘦肉、100～150克大豆制品、500克左右蔬菜。如能常吃些动物肝脏、血、骨头汤、鱼类和新鲜水果更好。多吃些海带、紫菜、海米、虾皮等海产品，芝麻、花生、核桃等坚果类，对孕妈妈尤为有益。

由于前段出现的妊娠反应，孕妈妈的食欲不振，导致体内营养摄入不足，直接影响到胎儿正常的生长发育。只有均衡的饮食才能保证维生素的含量。而铁的补充也不可缺少，因为铁是一种重要的矿物质，它的作用是用来生产血红蛋白，而血红蛋白的功能是确保把氧运送到全身各处的组织细胞。

第 **135** 天胎教方案
呼唤训练

根据胎宝宝具有辨别各种声音并能做出相应反应的能力，父母就应该抓住这一时机经常对胎儿进行呼唤训练，也可以说是"对话"。孩子出生就会马上识别出父母的声音，这不但对年轻父母来说是一个激动人心的时刻，而且对您的孩子来说也是莫大的安慰和快乐，这种能力可以消除由于环境的突然改变而带给他心理上的紧张与不安。

曾有一位父亲从胎儿7个月开始经常一边向胎儿说："小宝贝，我是你的爸爸！"一边抚摸着胎儿。以后每当这句话一出现胎儿就会兴奋地蠕动起来。当这个孩子出生后因环境的突变产生不安而哭闹不止时，他的父亲马上说："小宝贝，我是你的爸爸！"话刚出口，婴儿就像着了魔法一样突然停止了哭声，并掉转头来寻找发出声音的方向，后来竟高兴地笑了。以后每当孩子哭闹时这句话就会使孩子从哭闹中安定下来。

↑准父亲的呼唤训练

可见父母通过声音和动作与腹中的胎儿进行呼唤训练，是一种积极有益的胎教手段，在对话过程中，胎儿能够通过听觉和触觉感受到来自父母亲切的呼唤，增进彼此生理上的沟通和感情上的联系，这对胎儿的身心发育是很有益的。

第**136**天胎教方案
"踢肚游戏"

怀孕第20周，在孕妈妈的腹部，能摸到胎儿，在按压胎儿的肢体后，胎儿会马上缩回。这在美国叫做"踢肚游戏"。因此，孕妈妈可以通过拍打胎儿的肢体与胎儿建立条件反射，每天早晚共进行两次，每次3~5分钟。其姿势同爱抚法。做时当胎儿踢肚子时，母亲可轻轻拍打被踢部位，然后再等第2次踢肚。一般在1~2分钟后，胎儿会再踢，这时再拍几下，接着停下来。如果你拍的地方改变了，胎儿会向你改变的地方再踢，注意改变拍的位置离原来踢的位置不要太远。

事实证明，经过拍打肢体训练的胎儿，出生后肢体肌肉强健有力，抬头、翻身、坐爬走等动作早于一般婴儿。经过触压、拍打，增加了胎儿肢体活动，是一种有效的胎教方法。当胎儿出现蹬腿不安时，要立即停止训练，以免发生意外。

第 **137** 天胎教方案

品格养胎心灵操

品格修养很重要，孕妈妈的品格直接影响胎儿的成长发育。孕妈妈可以做品格养胎心灵操，对胎宝宝良好人格的形成以及胎宝宝容貌很有作用。

孕妈妈在早晨起床前先闭目让自己放松，使身心头脑处于宁静舒适的状态，并暗示自己："我是一个正气的人，我也要培养出一个品行端正的孩子，所以起床后一定要注意保持行为品格的端正，一天不得出错。我相信完全能做到。"并继续暗示自己："我心中充满了爱意，不仅爱丈夫，也爱亲人、朋友和他人，爱所有的孩子。我将以最真诚的心对待他们，我相信我腹中的孩子也会感受到这一切，相信他也会这样为人的。"

也可以做一些积极健康的心理暗示，并在每晚睡前检查自己一日的行为，如果做到了，要为自己的努力而自豪，如果没有做到，就要在以后的日子里多加注意。

第 **138** 天胎教方案

听《小星星变奏曲》

胎儿约在5个月大时，已有听觉反应，胎儿的内耳、中耳、外耳等听觉系统建立在怀孕约6个月时，胎儿在母亲的子宫里，对外界的声音刺激会有所反应，包括感受到母亲的心跳速度、血液流动的节奏、胃肠蠕动的韵律。如当母亲沉浸在美妙的音乐中时，胎儿不仅感受到如音乐节奏的子宫、血管脉动，而且在环绕着羊水，温柔的摇篮里，也随着母亲的心跳、呼吸，如海洋般宁静摇晃。

莫扎特的《小星星变奏曲》缘自一首法国童谣《哦！妈妈，让我告诉您吧！》，这是一首描写情窦初开的少女向母亲表白的歌曲，莫扎特把它改编成钢琴曲《小星星变奏曲》，其中乐曲做了12次变化，生动地表现了小星星活泼可爱、变幻多端的模样。在这种欢快的节奏里，胎宝宝的情绪肯定是愉快无比的，而孕妈妈此时也会完全陶醉在其中。

↑孕妈妈和宝宝一起听《小星星变奏曲》

第**139**天胎教方案
家庭成员参与胎教

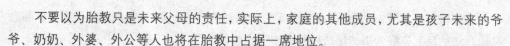

不要以为胎教只是未来父母的责任，实际上，家庭的其他成员，尤其是孩子未来的爷爷、奶奶、外婆、外公等人也将在胎教中占据一席地位。

目前，我们国家提倡一对夫妇只生一个孩子。因此，一些老人，尤其是爷爷、奶奶往往希望生一个孙子，而不想要孙女。这样，就给孕妈妈带来一定的精神压力，甚至造成心理障碍，以致影响母腹中胎儿的发育。

因此，在孕妈妈怀孕期间，家庭所有成员都应给予热情的帮助和充分的体谅，不要给孕妈妈造成压力，也不要"瞎参谋"，更不要随意指责，而应共同努力在孕妈妈周围形成一个宽松的生活环境，使胎儿在祥和的气氛中健康地成长。

第**140**天胎教方案
怎样选择胎教音乐

孕妈妈应选择适宜胎宝宝的音乐：这类音乐轻松活泼，可以激发胎儿对声波的良好反应。将耳机放在孕妈妈腹部，通过腹壁振动直接将声波传导给宫内胎儿的听觉器官，刺激脑组织，促进胎儿脑功能的发育。

适合于胎儿听的胎教音乐有很多，比如《我将来到人间》，以及著名作曲家王酩创作、中华医学音像出版社录制的《秋夜》，其他还有胎教音乐《小神童》等。此外，孕妈妈可以听一些舒缓的钢琴曲之类，以宁静祥和的主题为主便可以了。

胎教音乐有两种，一种是给母亲听的，优美、安静，以E调和C调为主；另一种是给胎儿听的，轻松、活泼、明快，以C调为主。当然还要因人而异，如对那些胎动较强的胎儿可选一些轻松活泼、节奏感较强的曲子。那些轻松愉快、活泼舒畅的古典乐曲、圆舞曲及摇篮曲一般比较适宜。

胎教音乐

↑准父母选择了不少胎教音乐

280天同步胎教专家方案

小贴士 TIPS　怎样防治背痛

　　许多孕妈妈在孕中期都会背痛，这里告诉大家防治背痛的几种方法：注意如果要提东西，不能太重，然后运用腿力而不是腰力提起来。弯曲膝盖，保持背部挺直，抓起物件，然后伸直双腿站起来。如果你能养成用腿力举动东西这个习惯，那么即使不是在怀孕的时候都能保护你的背部不会受伤或扭伤。

　　不要在胳膊上携带东西，应该把东西放在身体两侧下方，还可以用行李车或其他手推车。

　　坐下时把双腿抬高，或者把脚放在脚蹬上，双腿弯曲。避免长时间站立。如果必须要站着好一会儿，那么站时将一只脚抬高放在脚蹬上。

胎儿生长发育简单一览表

妊娠月份	胎儿身长（厘米）	胎儿体重（克）	特　点
第1个月末	0.7	1	尚不能与其他哺乳动物相区别称为胚胎
第2个月末	3	5	已具备人的形态，称为胎儿
第3个月末	8	20	能大致区别男女
第4个月末	15	120	完全形成胎儿，开始长胎毛
第5个月末	24	240	能感觉胎动和听见胎心音
第6个月末	29	580	皮下脂肪开始发育，但还不能成活
第7个月末	34	1000	在周密护理下可以存活
第8个月末	39	1500	胎毛密生，瘦，皮肤褶皱多
第9个月末	44	2200	稍肥胖
第10个月末	49	3000	发育成熟

第六章

亲情互动中的 第6个月

6个月大的胎儿身长约为30厘米，体重约为700克，小家伙的眉毛、睫毛、眼皮分开，耳朵、鼻子、嘴和脸已经有了更清晰的轮廓，头发越来越多，皮下开始有了少量脂肪，皮肤还很薄，有许多皱纹。胎儿越来越大，逐步变得有意识、有感觉、有反应了，其骨骼发育已很结实，手脚活动更加频繁，经常用手和脚去推撞母亲的腹壁，非常顽皮好动。胎儿的感觉也越来越敏感。

这时胎儿已经有了记忆，孕妈妈和胎儿在这个月中就可以进行很好的互动交流了，因此母亲不要错过最佳的胎教方案。

进入第6个月的第1周，胎儿体重不断增加，孕妈妈的身体显得更加笨重了。孕妈妈心率增快，每分钟增加10~15次。由于子宫增大，压迫盆腔静脉，会使孕妇下肢静脉血液回流不畅，可引起双腿水肿，足背及内、外踝部水肿尤多见，下午和晚上水肿加重，晨起减轻。由于子宫挤压胃肠，影响胃肠排空，孕妇可能常感饱胀、便秘。

这多少让爱美的孕妈妈们有些难堪。但想一想腹中健康可爱的胎宝宝，这些付出又算得了什么呢！好好享受做妈妈的喜悦吧！

母体状况

从外观上看，孕妈妈的体形已经发生了显著变化，腰围足足粗了一大圈，前凸明显，体重比怀孕前约增加4.0~6.3千克。子宫底高已达到18~24厘米。容易感到疲劳，腰部疼痛，这时你是不是觉得呼吸变得急促起来，特别是上楼梯的时候，走不了几级台阶就会气喘吁吁的。这是因为日益增大的子宫压迫了你的肺部，而且随着子宫的增大，这种状况也更加明显。乳房也有明显变化，偶尔会有淡初乳溢出。此外，有时候孕妈妈会感到轻微的牙痛。而且，孕妈妈们已经能明显地感觉到体内的胎动了。可以说，这段时间应该是整个妊娠期中最为舒适而安全的时期，发生阴道出血、流产之类异常情况的几率较低。

胎儿发育

这个小家伙现在看上去变得滑溜溜的，他的身上覆盖了一层白色的、滑腻的物质，这就是胎脂。它可以保护胎儿的皮肤，以免在羊水的长期浸泡下受到损害。不少宝宝在出生时身上都还残留着这些白色的胎脂。皮肤呈红色并起皱，胎毛开始被较浓密的毛发代替。胎儿脑细胞也形成了，会吮手指，出现听觉，味觉也开始形成。

从本周开始，胎儿的消化系统有较大的变化，已初步具备了消化功能，可以产生少量的盐酸和消化酶，胎儿吞咽羊水后，小肠也开始蠕动，推送肠的内容物，并吸收其中的糖分，未被消化的羊水残渣则形成墨绿色或浅黄色的胎粪。这些胎粪将在分娩前后从胎儿体内排出。分娩时，通过观察羊水里是否有胎粪可以鉴别胎儿在子宫内是否因缺氧而引起窘迫。

胎教要点

从这一周起，宝宝逐渐有了听觉、味觉等，再加上其大脑沟回增多而且基本定型，这就为进行音乐胎教奠定了基础，所以适当进行一下音乐胎教是很必要的。没有音乐的世界是苍白、平淡的世界。

胎教音乐对于促进孕妈妈和胎儿的身心健康影响颇深，这常常是通过心理作用和生理作用来实现的。胎教音乐能使孕妈妈改善不良情绪，产生美好的心境，并把这种信息传递给胎儿。优美动听的乐曲可以给躁动于腹中的胎儿留下和谐而又深刻的印象。

美妙怡人的音乐还可以刺激孕妈妈和胎儿的听觉神经器官，促使母体分泌出一些有益于健康的激素，使胎儿健康发育。此外，胎儿还能很好地感应到母亲的各种爱抚和情感，因此应该穿插一些常见的其他胎教内容，以适应母体和胎儿全方位的需要。

专家提示

本周孕妈妈肚子变大凸出后，身体的重心也随之改变，走路较不平稳，并且容易疲倦。尤其弯身向前时或做其他姿势时，就会感觉腰痛。上下楼梯或登高时，应特别留意安全。

此外，这段时期孕妈妈容易便秘，应该多吃含纤维素的蔬菜、水果，牛奶是一种有利排便的饮料，应多饮用。便秘严重时，最好请教医生如何改善。

小贴士 TIPS 胎儿的"五感功能"

所谓五感，是视觉、听觉、嗅觉、味觉、触觉等五种感觉。这五感是为了生存下去最低限度必备的能力，同时也是人类大脑智力活动的基础。同时，"五感功能"在促使大脑发展上也起着重要作用。换句话说，胎儿通过培育"五感功能"，同时促进了自己大脑的发育。

可是，这五感并非一切都是在胎儿期完成的。尤其是嗅觉、味觉、视觉，在胎儿期只是发育到一定程度，尚未成熟，是在出生后成长的过程中逐渐完成的。尤其是视觉，到7岁时才完成，与其他感觉相比，非常迟缓。因为在五感中，视觉是最高等的感觉，它不仅是观看，而且包括有远近、立体、浓淡、色感等复杂的作用。

第**141**天胎教方案
游戏胎教

所谓游戏胎教，是一种寓教于乐的方式：通过游戏的亲子互动刺激胎儿脑部的成长。父母对胎儿做游戏进行胎教训练，不但增进了胎儿活动的积极性，而且有利于胎儿智力的发育。这不失为　种比较有效的胎教法。

这个游戏和踢肚游戏类似，孕妈妈可以等到胎宝宝开始踢自己肚子时，轻轻拍打被踢部位，等待第2次踢肚；一般来讲，1~2分钟后胎宝宝可能会再踢，这时孕妈妈轻拍几下再停下来；待胎宝宝再踢时，如果孕妈妈改换一下拍的部位，胎宝宝便会向改变的地方踢去。要注意的是，所改变的位置不要离胎宝宝一开始踢的地方太远。这种游戏每天玩两次，每次玩上几分钟就可以了。

第**142**天胎教方案
教胎宝宝认字母

孕妈妈今天要做些什么呢？今天，我们开始英语胎教的第一课——教宝宝认字母。在开始前，孕妈妈要准备一些工具：白纸、彩色笔。孕妈妈先在白色的纸上，利用各种色彩来描绘字母，加强视觉效果。

教英文字母时，除反复念之外，还要用手描绘字形，记住，要使用漂亮的颜色（当然指的是能够使你心情愉快的那种）。

而且，还要有形象化的解说，以A为例，可以轻声地对胎宝宝说，A好像是一顶高尖的帽子，然后选出一个以A为首的单词教给胎儿，如Apron（围裙），并跟胎儿说，这是妈妈在厨房做饭时要穿的，今天这件的图案很大，此外，妈妈还有好多件。以后，妈妈会穿着它做饭给你吃。

这种"游戏"很有意思，孕妈妈在尝试的同时，肯定可以获得很大的乐趣——仿佛宝宝就在身边瞪大眼睛笑眯眯看着你一样。

↑教宝宝认字母

第143天胎教方案

摸摸可爱的胎宝宝

抚摸胎教可以锻炼胎宝宝皮肤的触觉，并通过触觉神经感受体外的刺激，从而促进了胎宝宝大脑细胞的发育，加快胎宝宝的智力发展。今天，孕妈妈可以选择在胎动比较频繁的时候，抚摸可爱的胎宝宝，并和他说说话。

孕妈妈要全身放松，呼吸均匀，心平气和，面部呈微笑状，双手轻轻放在腹部的胎儿位置上。双手从上至下，从左到右，轻柔缓慢地抚摸胎儿，感觉好像真的在爱抚可爱的小宝宝，内心充满喜悦和幸福，默想或者轻轻对它说："亲爱的宝宝，妈妈跟你在一起，不要怕啊"，或者夸赞宝宝聪明可爱之类的，心中对你的宝宝有什么美好的期望，都可以想一下或者对他说出来。每次2~5分钟，每日2~3次，当然，配上优美自然的背景音乐，效果会更好。要注意的是，宫缩出现过早的孕妈妈不宜采用这种胎教方法！

小贴士 TIPS　抚摸胎宝宝要有恰当的方法

抚摸和轻拍的时间不宜过长，每天2~3次，每次5分钟左右。而且，抚摸及触压胎宝宝的身体时，一定要动作轻柔，不可用力。

在触摸过程中，要注意胎宝宝的反应，如果胎宝宝轻轻地蠕动，表明还可以继续进行；如果遇到胎宝宝"拳打脚踢"，就应该马上停下来，以免发生意外，因为这很可能是你的胎宝宝感到不舒服了。

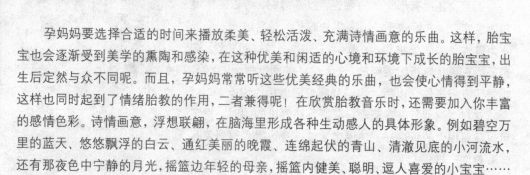

第**144**天胎教方案

想象"音乐形象"

孕妈妈要选择合适的时间来播放柔美、轻松活泼、充满诗情画意的乐曲。这样，胎宝宝也会逐渐受到美学的熏陶和感染，在这种优美和闲适的心境和环境下成长的胎宝宝，出生后定然与众不同呢。而且，孕妈妈常常听这些优美经典的乐曲，也会使心情得到平静，这样也同时起到了情绪胎教的作用，二者兼得呢！在欣赏胎教音乐时，还需要加入你丰富的感情色彩。诗情画意，浮想联翩，在脑海里形成各种生动感人的具体形象。例如碧空万里的蓝天、悠悠飘浮的白云、通红美丽的晚霞、连绵起伏的青山、清澈见底的小河流水，还有那夜色中宁静的月光，摇篮边年轻的母亲，摇篮内健美、聪明、逗人喜爱的小宝宝……胎教中的"音乐形象"，将使您和宝宝沉浸在无限美好的艺术享受之中。

第**145**天胎教方案

注意此周营养

怀孕第21周，孕妈妈要注意合理地安排饮食，有计划地增加富含铁的食物。如果没有贫血等病症，每日所吃的食物应含有20毫克以上的铁；如果已发生贫血，则需要补充40～60毫克。应在医生的指导下服用铁剂。

可以从以下这些含铁丰富的食物中挑选一些适合自己口味的，每天都变着花样做出不同的膳食，以改善自己的营养状况。日常所常见的含铁食物有：猪血、猪肝、猪腰、蛋、黑木耳、红枣、紫萝卜、芹菜、胡萝卜、山楂、桃子、草莓等。丈夫为怀孕的妻子安排合理的膳食，还可以增进彼此的感情，让妻子在甜蜜和谐的情绪中孕育新生命。

小贴士 TIPS　孕妈妈宜少吃猪肝

猪肝富含维生素A。孕妈妈缺乏维生素A就很可能导致胎儿畸形，而服用维生素A过多也同样有此危险，如耳朵缺陷、独眼、胸腹发育不全等。

由于猪肝中维生素A过于丰富，难以掌握摄入量，很容易超过800单位的最大限度，因此并不提倡孕妈妈吃猪肝。孕妈妈所需维生素A宜由胡萝卜、柑橘、西红柿等果蔬来提供。如果要吃猪肝，每周一次就可以了，每次不要超过50克为宜。

第 146 天胎教方案
找个话题和胎宝宝聊聊

　　孕妈妈可以做些自己喜欢的事，一方面可以减轻身心因怀孕而不舒服的感觉，另一方面这些努力与尝试，也将有助于胎教和以后的亲子关系。这个话题可以是从平常聊天里寻找，也可以专门去做某些事情，来与宝宝沟通与交流思想感情。比如，可以整理一下相册，回想那些值得回忆的经历，并通过照片将故事说给腹中的胎宝宝听。在情感的传述中，让胎宝宝在潜意识里能感受到你的爱。

　　通过这些小故事与交流，你和宝宝同时得到了欢乐。甚至可以把你怀孕后的点点滴滴录照下来，留待以后回味，想必更是一件有意思的事。这种交流与愉悦，对宝宝的乐观向上性格的形成是非常有帮助的。

第 147 天胎教方案
胎儿的记忆力与胎教

　　胎儿有记忆力，可能让许多人觉得不可思议。记忆是思维活动的一种形式，目前医学界多数人认为，胎儿不仅具有记忆能力，而且这种能力是随着胎龄的增长而逐渐提高的。因此，母亲应当设法开发胎儿的记忆力，把良好的、积极的、美好的信息传递给胎儿。比如加拿大哈密尔顿乐团的指挥希罗特在一次演奏时，一支从未见过的曲子突然在脑海里出现，而且十分亲切，这使他十分不解。后经了解，原来他的妈妈曾是一位职业大提琴演奏家，在怀孕时曾多次练习、演奏过这支曲子。还有一位名叫海伦的女子经常给她腹中 7 个月大的胎儿唱一支摇篮曲，孩子听了立即就安静下来。这些例子都足以证明胎儿具有一定的记忆能力。

↑胎教的神奇

　　孕妈妈通过播放一些适宜胎儿聆听的轻音乐，或者朗读一些优美的散文、童话故事之类的，从孕中期就开始实施有关刺激胎儿记忆力的胎教方法，相信效果会事半功倍。

第**22**周

综述 ▶

在这周，胎儿的"多动"要求妈妈与自己进行更多的互动交流，因此，妈妈的声音、爸爸的话语、美妙的音乐以及妈妈的情绪等等都是影响胎儿的重要因素，也是对胎儿"因材施教"的一个重要的参照点。

准爸爸要为孕妈妈选好胎教音乐，购买有关书籍，为孕妈妈创造良好的情绪，为孕妈妈解除烦恼。此外，丈夫要注意自身的健康，为了孩子应该主动戒除烟酒，在怀孕初期和末期，要节制房事，要保护孕妈妈不受惊吓，不受悲伤和忧虑情绪的干扰。

母体状况

孕期第22周的孕妈妈身体越来越重，大约以每周增加250克的速度在迅速增长。由于子宫日益增高压迫肺，孕妈妈会在上楼时感到吃力，呼吸相对困难。另外，由于孕激素的作用，孕妈妈的手指、脚趾和全身关节韧带变得松弛，因而会觉得不舒服。

胎儿发育

22周的胎儿身长约为19厘米，体重约为350克，这个时候的胎儿体重开始大幅度增加，看上去已经很像小宝宝的样子了。宝宝由于体重依然偏小的缘故，这时候的皮肤依然是皱的、红红的。当然这褶皱也是为皮下脂肪的生长留有余地。

此外，宝宝的牙齿在这时也开始发育了，这时候主要是恒牙的牙胚在发育。

胎教要点

由于胎儿在母体子宫内开始自由舒展地活动，适当实行触摸或者抚摸胎教，与宝宝进行亲密的接触与了解，对宝宝是非常有益的。

这当中，胎教内容可以交替使用，在进行过程中，母亲可以细细体会胎儿的反应，从而有利于母子情感的交流与互动。这时的胎儿已经可以听到你的声音，如果你为他讲故事、唱歌、播放音乐或者跟他聊天，不用怕宝宝厌烦，他都能听得见。

研究发现，婴儿出生后，如果你播放他在妈妈子宫中经常听到的音乐或故事，婴儿都会有反应，如果他正在哭闹，听到熟悉的声音会很快安静下来，如果他在吃奶，可能会吸吮得更起劲。

专家提示

胎儿尽管生长在母亲子宫里，看似与外界隔绝，其实妈妈的一举一动对胎儿都有影响，包括情绪也是如此。胎儿长到 6 个月以后，神经系统已发育到一定程度，能听到声音，并能做出各种反应，如胎动增加、心跳加快等。

妈妈与胎儿的神经系统本身并没有什么联系，但妈妈受到精神刺激后，自主神经系统活动加剧，内分泌也发生变化，释放出来的乙酰胆碱等化学物质和某些激素可以经过血液由胎盘进入胎儿体内，影响胎儿的正常生长发育。因此，孕妈妈怀着愉快轻松的心情，在温馨和谐的家庭氛围中让胎宝宝接受初步教育，是非常重要的一个环节。

第 148 天胎教方案
记忆游戏

今天孕妈妈可以准备和熟悉将来要与宝宝一起玩耍的游戏。可以找一本有图画的书，随机翻阅，记住几张你喜欢的图画，然后再随机地翻阅，看看能不能再找到它们。玩过几次，肚中的胎宝宝似乎也能领略到这个游戏的趣味性，等他出生后，妈妈就可以拿来做实验。

尤其是学步期的幼儿对图画书中的图画特别感兴趣时，他们常常把注意力集中在每本书里的一两张图画上。对他们来说，看书就像"躲猫猫"游戏一样，孩子会静静地翻着书，直到发现了一张自己喜欢的图画，然后合起来再继续翻阅。

把这种游戏移前，在胎教中实施，可以提高孩子的记忆水平，甚至有些孩子会记得出生前的事情。

↑孕妈妈和胎宝宝玩"记忆游戏"

小贴士 TIPS　孕6月注意事项

孕妈妈在孕期第6个月时应该注意以下方面：

●应该穿上腹部宽松的孕妈妈服装。衣料选用轻软、透气、吸湿性好的真丝、纯棉织品为佳，不宜用化纤类织品。

●由于钙等成分被胎儿大量摄取，你有时会牙痛或患口腔炎，注意补钙和口腔卫生。

●此时有的孕妈妈会出现脚面或小腿浮肿现象，站立、蹲坐太久或腰带扎得过紧，浮肿就会加重。一般浮肿不伴随血压高、尿蛋白，属于怀孕后的正常现象。

●如果浮肿逐渐加重，要到医院检查。

●注意防止便秘，多吃含粗纤维的食物，如绿叶蔬菜、水果等，还应多饮水，每天至少喝6杯开水。有浮肿的孕妈妈晚上少喝水，白天要喝够量。

●妊娠期易患尿道感染。多喝水是保证尿流畅通的有效方法。

●实验证明，妊娠6个月的胎儿已具备了记忆、听力和学习的能力。可以继续音乐胎教。

●保证充足的睡眠，适当的活动及良好的营养补充。最关键的是保持愉快的心情。

第149天胎教方案　● ● ● ● ● ● ●

"音乐浴"

可以进行一次"音乐浴"式的音乐胎教，这对解除疲乏、心胸郁闷、头昏、头痛有立竿见影的效果，同时也让胎儿得到一次音乐的洗礼。

孕妈妈可以坐在带靠背的沙发、椅子或躺椅上，双腿放在前面比坐椅稍高的凳子上，手放在双腿两边，闭上眼睛，全身放松。音响放置在一定距离的地方，音量开到适中，音乐以自己喜爱的为主，节奏较明快为好，太快太慢影响效果，若先舒缓，后明快也可。音乐要连续播放10分钟左右。

随着音乐的奏起，全身自然放松，首先感受到音乐如波浪般一次一次有节奏地向你冲来，冲走了疲乏，冲醒了头脑，血液在全身正随着音乐节奏流动（时间控制在3分钟或以一首乐曲为限）。然后，想象音乐如温热的水流自头顶向下流动，血液也在从头到脚来回有节奏地流动（时间约为5分钟或以一首乐曲为限）。最后睁开眼，随着音乐的节奏，手、脚有节奏地晃动（时间约为2分钟或以一首乐曲为限）。

当音乐停止以后，起身走动走动。享受完音乐浴，一般头脑的昏沉感和身体的疲乏感会一扫而光，变得头脑清醒，心情舒畅。

孕妈妈"音乐浴"胎教→

第**150**天胎教方案
和胎宝宝玩节拍游戏

今天，孕妈妈可以和胎宝宝一起玩一个节拍游戏。首先，要选择有声音的玩具。比如摇铃，或用筷子敲击碗、木头，也可以轻轻用手掌拍击。让胎儿慢慢感受四拍、三拍、二拍的不同节奏。你也可以利用家里的多种器具，组成一个超级随意的打击乐团队，让家里的毛绒玩具与可爱娃娃加入。

发挥你的想象力，尽情地和宝宝一起玩玩"过家家"的游戏，在开心之余，胎教任务也完成了。

第**151**天胎教方案
抚摸加轻压胎教

孕妈妈可以用双手捧着胎儿，从上至下，从左至右，反复轻轻抚摸。然后再用一个手指反复轻压胎儿，心里可想象着你的双手真的爱抚在可爱的小宝宝身上。有一种喜悦感和幸福感，深情地轻轻说出："小宝宝，妈妈真爱你！小宝宝快长大，长成一个聪明可爱的小宝宝"等言语。

在抚摸胎儿时，随时要注意胎儿的反应，如果胎儿对抚摸刺激不高兴，就有可能用力挣扎或者蹬腿，这时应马上停止抚摸。若胎儿受到抚摸后，过一会儿就轻轻蠕动做出反应，这种情况可以继续抚摸，一直持续几分钟再停止，或改为语言、音乐刺激。抚摸的时间一般可在傍晚胎动频繁时，每天1~2次，每次5~10分钟。

第**152**天胎教方案

胎儿的 EQ 教育

能得到父母恰当关爱的孩子一般会养成积极乐观的性格品质,对周围的事物充满信心。因此从孕期开始就要开始对胎儿进行情商教育,EQ 教育要注意以下几个方面:

■听音乐:音乐必须根据孕妇不同阶段的需要来选择,在妊娠早期,孕妇情绪容易波动,还可能产生不利于胎儿发育的忧郁和焦虑,这个时期孕妇适宜听轻松愉快、优美动听的音乐。孕妇最好不要听那种过分激烈的现代音乐。因为它可以使胎儿躁动不安,引起神经及消化系统的不良反应,危及孕妇及胎儿。

■睡眠:因为妊娠阶段孕妇容易疲倦,要多休息,但不能整天躺着不动,应该劳逸结合。

■此外,还可以看看画展,阅读一些轻松乐观、笔调优美的文章,学习插花、摄影等知识,陶冶自己的情操,与胎儿进行情感的交流。

第**153**天胎教方案

吃点小零食

这 周,孕妈妈在正餐之外,吃一点零食可以拓宽养分的供给与吸收。专家提示可以吃一点瓜子,比如葵花子、西瓜子、南瓜子等。葵花子富含维生素E;西瓜子富含亚油酸,而亚油酸可转化成为"脑黄金"(DHA),能促进胎儿大脑发育;南瓜子营养全面,蛋白质、脂肪、碳水化合物、钙、铁、磷、胡萝卜素等应有尽有,而且养分比例均衡,有利于母体的吸收和利用,对宝宝的发育起着很好的作用。

小贴士 TIPS　孕妈妈厨房注意事项

孕妈妈在孕早期反应过去以后,可以做饭,但淘米、洗菜时尽量不要把手直接浸入冷水中,尤其现在更应注意,因为着凉有诱发流产的危险。厨房一定要安装抽油烟机,油烟对孕妈妈尤其不利,它会危害腹中胎儿。炒菜、炸食物时,油温不要过高。烹饪中注意不要直接压迫肚子。

当然,这些厨房里的活儿可以让准爸爸去做,如果准爸爸有时间和精力的话,这样不仅照顾到妻儿,还增进了彼此的感情,共同来维护胎儿的健康成长。

第 **154** 天胎教方案

随时随地与胎宝宝交流

其实胎教并不是非得刻意为之，当它已经成为一种习惯时，其作用反而在潜移默化中达到了。比如，孕妈妈在吃饭前，可以把吃什么饭菜告诉胎儿，吃饭之前深深吸一口气，问胎儿闻到香味了吗？这样有利于胎儿感受摄取的各种营养。散步时，可以把周围环境、花草树木、清新的空气、池塘中的鱼儿，讲给肚子里的宝宝听。

总之，可以把生活中的每个愉快的环节讲给孩子听，和胎宝宝共同生活、共同感受，使母子间的纽带牢固，使胎宝宝对母亲和其他人有信任感、安全感，对生活的适应能力强，产生美妙的幸福感。

↑随时随地和宝宝交流

第 **23** 周

综述 ▶

第23周的胎宝宝手足的活动逐渐增多，身体的位置在羊水中变动，因为胎位还没有固定。胎儿渐渐长大，子宫里的空间变得越来越挤迫，胎动也越来越频繁，母亲能明显感受到胎儿对自己的撞击。在此周，孕妈妈与胎宝宝的交流也更容易得到胎宝宝的反馈。

在妊娠的中期20周以后，胎宝宝生长发育加快，所需各种营养的量也增加，这时孕妈妈尤其应重视营养的摄入，为胎儿的迅速成长提供全面而丰富的营养。

母体状况

这时期，孕妈妈会发现自己的乳房、腹部的妊娠纹增多了，大腿上也出现了淡红色的纹络，甚至耳朵、额头或嘴周围也生出小斑点，下腹及外阴的颜色似乎比以往加深了些。

还会发现自己变成了一个真正的"大肚婆"，肚子不仅大了，而且也变得非常能吃，可能连一些以前本不喜欢的食品都能让自己感到很有食欲。这一点也不奇怪，因为现在是"两人份"了，所以孕妈妈一定要好好利用这段时间，加强营养，增强体质。

胎儿发育

这时胎儿的平均身长约为22厘米。胎儿渐渐长大，子宫里的空间变得越来越挤迫。胎动越来越频繁。孕妈妈能明显地感受到撞击。这个月，胎儿的皮肤是皱起来的。因为太薄了，还是透明的。如果在这个时候能看到胎儿，就会看见骨头、器官和血管。

这周的胎宝宝样子与出生时更相像了，长到了20厘米左右，体重大约为450克；五官越发清晰，具备了微弱的视觉；胰腺及激素的分泌也正在稳定地发育过程中；肺中的血管形成，呼吸系统正在快速地建立。

胎教要点

宝宝也有情绪，会踢母亲的肚子。高兴时会踢，不高兴也会踢，前者较温和而有节奏。对大多数孕妈妈而言，胎动是一件有意义的事情。胎动还标志着孕妈妈和宝宝有了直接的接触。

这个时期的胎教，要针对这些胎儿发育特点，持续进行运动式的胎教是必不可少的。这时期的胎儿可以听到母亲的各种说话声音，母亲心跳的声音和肠胃蠕动的声音及大一些的噪音胎儿也能听到。在此时，仍要以运动胎教、音乐胎教、营养胎教、情绪胎教等交换进行为主，以促进胎儿的全面而健康的成长。

专家提示

在运动胎教中，千万不要操之过急，要循序渐进，要温和而适当，如果觉察到胎儿对妈妈的抚摸、言语等胎教刺激产生烦躁的反应或者感到疲倦的时候，要及时停止。

胎儿发育时期，快速制造着神经细胞，所以，要让胎儿脑部健全发达，有赖于外界提供良好的刺激。这种良好的刺激，指的是母亲每天愉快的生活所带给胎儿的良好刺激。所以，胎教贵在坚持，孕妈妈和准爸爸一定要好好加油！

宝宝在动哦！

280天同步胎教专家方案

小贴士 TIPS　　孕妈妈应注意的日常生活细节

　　为了能更好地适应"日益壮大"的体态，从现在开始，孕妈妈最好就要注意一些生活细节，并把它们养成一种习惯：站立时两腿要平行、两脚稍稍分开，把重心放在脚心上；走步时要抬头挺胸，下颌微低，后背直起，臀部绷紧，脚步要踩实；上下楼时切忌哈腰、腆肚，下楼时一定要扶着扶手，看清台阶踩稳了再迈步，尤其到孕晚期更要注意。

　　坐下时要深而稳地坐在椅子上，后背伸直靠在椅背上，髋关节和膝关节呈直角状，切忌只坐在椅子边上；拾取东西要先屈膝、后弯腰，蹲好再拾，注意不要压迫肚子，不要用不屈膝只前倾上身拾物的姿势；避免做这些动作：站在小凳子上够取高处的东西、长时间蹲着做家务、双手抬重东西，或是做使腰部受压迫的家务等等。

↑孕妈妈要注意生活细节

第 **155** 天胎教方案

去公园看一看

　　美好的景色会给孕妈妈带来欢乐，同时对孕妈妈和胎儿来说也是一种难得的精神享受。在时间充足的情况下，孕妈妈可以去公园里游玩一番。美景作用于孕妈妈的感官，唤起她们的审美心理和愉悦感，使精神境界得以升华。唐朝常建有赞美的诗句："清晨入古寺，初日照高林。曲径通幽处，禅房花木深。山光悦鸟性，潭影空人心。万籁此俱寂，但余钟磬音。"在这种环境中既可陶冶人的情操，又可净化心灵。

　　孕妈妈在公园的青松翠柏中，呼吸着清新的空气，沐浴在温煦的阳光下，观赏着千媚百娇的花草树木，会使心中的杂念尽除，烦恼顿消，喜悦之情，油然而生。与胎儿同享这大好时光，是孕妈妈最幸福的时刻之一了。同时也使腹中的胎宝宝受到熏陶，让宝宝得到美的教育。为了确保安全，准爸爸最好陪在孕妈妈身边。另外，在注意安全的情况下，还可以去游乐场看看。

第**156**天胎教方案

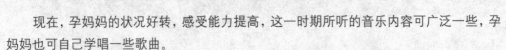

学唱名曲

现在，孕妈妈的状况好转，感受能力提高，这一时期所听的音乐内容可广泛一些，孕妈妈也可自己学唱一些歌曲。

如《摇篮曲》："睡吧！睡吧！睡神来临吧！甜蜜的美梦，它从那亮晶晶的小星那里，轻轻地跳进你的眼睛。花儿都睡着了，菩提树下，风儿早已停息，花园里多静寂。这样的情景真是美妙，一刹那花园里完全无声息。你是全宇宙的美丽皇后。我心爱的宝宝，你是宇宙的皇帝。我怀抱着你，可爱的小宝宝，好像是我怀抱着一个欢乐的世界。"这样，胎儿听着妈妈柔美的歌声，在母爱的包围下沉沉入睡，在音乐中体会母亲的情感。

小贴士 TIPS　准爸爸应该做什么

怀孕中期的第23周，许多孕妈妈会经常觉得腰酸背痛，腿或脚还可能水肿。所以，睡前，让丈夫给自己揉揉后背、揉揉肩，按摩一下腿脚，对于孕妈妈来说，既是身体需要，也是心理需要，可以调节孕妈妈的情绪，沟通夫妻间的感情。

第**157**天胎教方案

教你的胎宝宝来唱歌

通过听轻音乐，让休闲生活中充满优美的乐声，使孕妈妈精神愉悦。

声音有乐音和噪音之分。当然，对胎儿的刺激也就有"有益"与"有害"之分。迪斯科舞曲、架子鼓的声音，在某些时候可以创造欢乐的气氛，但对于您和您腹中的宝宝来说，这种节奏强烈、带有震撼性的声音无异于噪声。所以，孕妈妈不能听这类音乐。舒缓轻柔与欢快相间的E调、C调才是最适宜的。

在这里介绍一种胎教法——母教胎唱法。孕妈妈选好了一支优美快乐的歌曲，伴随着音乐，孕妈妈先自己唱一句，随即凝思胎儿在自己腹内学唱。尽管胎儿不具备唱歌的能力，但通过妈妈的想象力，利用"感通"的途径，使胎儿得到早期教育。

噪音会影响胎儿的大脑发育

↑噪声影响宝宝发育

第**158**天胎教方案
和准爸爸一起想象爱情结晶

父母的好情绪、好心情是胎教的最根本、最朴实的内容。怀孕后，人们常称为有喜了，是件很高兴的事，这个消息会给盼望已久的父母带来无限的欢乐和希望，这种喜悦的情绪是最原始的胎教。

孕妈妈说："噢，这是一个聪明、漂亮的孩子，眼睛会像你，嘴巴会像我，肯定会很漂亮。"年轻的夫妻沉浸在美好的想象之中，因为胎宝宝是他们爱的结晶，生命的延续。于是他们会格外地珍惜这个胎儿，慎起居、美环境；注意营养、戒烟酒，以其博大的爱关注着自己的宝宝的变化。这是一种极好的自然胎教，胎宝宝通过感官得到的是健康的、积极的、乐观的信息，这也是胎教最好的过程。医学专家马斯·瓦格纳曾说："多年来医学忘记了爱情是疾病防治中一个重要因素，是非常不对的。"近年来爱情医学又逐渐受到了人们的重视。所以说诚挚的爱情，夫妻恩爱、感情融洽、家庭和睦，是胎教的重要因素。

第**159**天胎教方案
帮助胎儿运动

孕妈妈可以仰卧在床上，平静均匀地呼吸，眼睛凝视着上前方，全身肌肉彻底放松，用双手从不同方向抚摸胎儿，左右手轻轻交替、轻轻放压，用双手手心紧贴在腹壁上，轻轻地旋转，可以向左，也可以向右，这时胎儿会做出相应的反应，如伸胳膊、蹬腿。

这种胎儿运动做上一段时间，胎儿便会习惯了，形成条件反射，只要妈妈把手放在腹壁上，胎儿就会进入胎内运动，如果再伴随着轻柔的音乐，效果就更理想了。帮助胎儿运动的时间应该固定，一般选在晚上 8 点左右为宜，每次运动 5~8 分钟即可。

第**160**天胎教方案
给你的胎宝宝朗诵

今天，孕妈妈可以充当一下朗诵演员，给胎宝宝朗读一段自己喜欢的优美散文。在音乐伴奏与歌曲伴唱的同时，朗读诗或词以抒发感情，也是一种很好的胎教音乐形式。现代的胎教音乐也正是朝着这个方向发展。

在市场上一般的胎教音乐当中，器乐、歌曲与朗读三者前后呼应，优美流畅，娓娓动听，达到有条不紊的和谐统一，具有很好的抒发感情作用，能给孕妈妈与胎儿带来美的享受。

如果你还不知选择哪段来给宝宝诵读，这里介绍一篇——朱自清的《春》。在朱自清的笔下，春草是如此的天真烂漫、活泼可爱。"园子里，田野里，瞧去，一大片一大片满是的。坐着，躺着，打两个滚儿，踢几脚球，赛几趟跑，捉几回迷藏。"如果作者没有发自内心的由衷的喜爱之情，怎能写出这等精彩之笔！春天显得那么美。风中的柳枝是多么温柔，风中的乐声是多么动听，风

月光光，照地堂……

↑孕妈妈给宝宝朗诵

中的气息是多么令人心旷神怡！还有，那绵绵的春雨像牛毛、像花针、像细丝、像薄烟，表现了飘渺朦胧之美。孕妈妈读着读着，仿佛正在春风中尽情地欣赏一部春天的乐章，一幅春天的写意画。作者对春天真挚的赞美之情，已不留痕迹地融入了景物描写之中，让孕妈妈读来回味无穷。

小贴士 TIPS 缓解孕妈妈的"烧心感"

怀孕中后期的孕妈妈常会有"烧心感"，在弯腰、咳嗽、用力时这种状况更容易发生。所以日常饮食要注意：不要过于饱食，也不要一次喝入大量的水或饮料，特别是不要喝浓茶及含咖啡因、巧克力的饮料，它们都会加重食道肌肉松弛；辛辣、过冷或过热的食物也应少吃，因为它们会刺激食道黏膜，加重"烧心感"；用餐后不要立即躺下。

另外，缓解"烧心感"的方法有：在睡眠时将头部床脚下垫高15～20厘米，抬高上身的角度，这样做可有效减少胃液返流——只垫高枕头是不行的，因为那样不可能使整个上身抬高角度。还要避免腹压增压。排便时不要过于屏气用力，衣带裤带要宽松；得了咳嗽也要积极治疗。

第161天胎教方案
游泳是项好运动

由于妊娠第6个月是胎儿和孕妈妈皆安定的时期，故较宜于运动。柔和的运动，缓慢的深呼吸，有利于全身的血液循环，促进消化和营养的吸收，这对母体和胎儿都是十分有益的。实验表明，在妊娠期适当运动的孕妈妈，其新生儿心脏比一般婴儿大些。此外，适当注意多运动的孕妈妈，还能促进腰部及下肢血液循环，减轻腰酸腿疼及下肢浮肿，有助于促进身体对钙、磷的吸收。

国外专家一直鼓励孕妈妈游泳，认为这是一项有利于孕妈妈舒展身体的全身运动。要注意的是水不能太凉，以免下水后引起腿部肌肉痉挛；游泳的动作要轻柔缓慢，不要太猛；并且要适可而止，不要弄得自己很疲劳。当然，在游泳前，最好咨询一下你的医生，如果再有专门的教练指导，就更加安全了。

↑孕妈妈可以游泳

第6个月 第24周

第24周

综述

这一周胎儿每天都能听见母亲的心跳音、母亲说话时声音的回响、母亲呼吸的声音以及母亲的肠胃所发出的隆隆声，母亲也越来越感到自己的沉重，并能明显感觉到胎动的现象。因此我们说这周是亲情互动的一段日子，孕妈妈要把握好这段时期胎儿的发育特点，进行适宜这个时期的胎教内容。这个阶段，胎儿可能会发生早产。在医生的精心照顾下，早产儿还是可以存活的。但孕妈妈还是要尽量从饮食和运动上避免这种情况的发生，毕竟早产儿的先天条件不如足月儿。

母体状况

此时孕妈妈的子宫已超过肚脐，达到肚脐往上5厘米的地方。孕妈妈还会产生妊娠纹。妊娠纹产生的原因，主要由于腹部急速的扩大，以肚脐为中心，产生向外的放射状的纹路，怀孕期的妊娠纹颜色较浅，产后因为急速收缩，颜色则会变深。孕妈妈的体重也明显增加，其肚子已经大得引人注目，乳房也明显增大、隆起，接近了典型孕妈妈的体形。

从这时起，是孕妈妈身体非常容易疲劳的阶段。由于长大的子宫压迫各个部位，使下半身的血液循环不畅，因而格外容易疲劳，而且疲劳很难解除。母亲感觉到的胎儿心音和胎动更加清楚，甚至自己在腹部可以摸到胎儿的位置。

胎儿发育

此时的胎儿已长到身长约28～34厘米，体重在600～800克左右，身体逐渐匀称，皮下脂肪沉积不多，因此还很瘦。此阶段胎宝宝脑部快速发展，虽仍从胎盘获得氧气，但胎宝宝的肺部也在发展分泌"润滑剂"即肺泡表面活性物质的能力，这种物质可以使我们呼气时，肺部的气囊不致压扁或粘在一起。

由于胎宝宝的内耳已经完全发展成熟，因此宝宝可以分辨自己在羊水中飘浮时是仰躺还是右卧。现在胎宝宝的骨骼已经相当结实，关节开始发育。如果拍射X线照片，可清楚看到头盖骨、脊椎、肋骨及四肢的骨骼。宝宝的心音变得越来越强，把耳朵贴近腹部会听到胎心音（如果用听诊器会听得更清楚）。

我可以飘浮啦!

152

胎教要点

　　现在，胎宝宝的状况稳定了。此时除了母亲可继续做孕妈妈体操、散步、气功，甚至游泳之外，应当积极给胎儿做运动，动作较以前可以稍大些。严格地说，这类运动也是一种通过触觉来进行胎教的活动。还有，现在胎儿对外界声音变得很敏感了，并已具有记忆能力和学习能力。此时可以逐渐加强对胎儿的语言刺激，以语言手段来激发胎儿的智力。当然，胎教要循序渐进地进行，对胎儿的语言刺激也是如此。

　　鉴于这个时期胎儿耳朵听觉功能已初步发展起来，因此首选的语言刺激手段便是采用同胎儿对话的形式进行早期开发。实验研究表明，凡是这时候接受的东西都以一种潜移默化的形式储存在大脑中了，对胎儿进行对话交流将促进其出生后语言和智力的发展。胎儿脑细胞形成，会吮手指，出现听觉。每逢胎动时，孕妈妈可与胎儿作拍腹游戏，引导胎儿作出意识性反应。总之，这时期是母亲与胎儿开始正式的"互动交流"的时期，因此，母亲的语言、抚摸和情感等等都是对胎儿的极好的胎教内容。

专家提示

　　我们所倡导的胎教是一种在自然基础上经过科学的学习加以升华的，胎儿感受到的是幸福。所以说，每位母亲都要有高度责任感和美好的愿望，注意身心的保养，保持良好的情绪，耐心细致地做好胎教。

小贴士 TIPS　孕期营养补充常识

　　孕妈妈应该懂得一些孕期营养的常识，才能让胎宝宝更好地成长：

　　●食品的多样化、各种营养比例要恰当。孕期营养的补充首先就是要保证有足够的热能供给，热能主要由碳水化合物、脂肪、蛋白质提供，三者供热的比例大约分配是 $60\% \sim 70\%$、$20\% \sim 25\%$ 和 20% 左右。不适当的比例会影响营养素的吸收并加重胃肠负担。

　　●掌握不同孕期营养的需要量。一般来说，孕早期胎儿发育缓慢，平均每天增加1克；孕中期胎儿发育加快，平均每天体重增加10克；孕晚期胎儿发育迅速，平均每天体重增加20克。因此从孕中期开始，各种营养物质的需要量都应该增加，尤其要注意优质蛋白质的补充，膳食要荤素兼备，粗细搭配，品种要齐全，质量要好，烹调要科学，减少营养素的丢失。

第162天胎教方案

父母与胎儿互动

怀孕第6个月后，就可以轻轻拍打腹部，并用手轻轻推动胎儿，让胎儿进行宫内"散步"活动，如果胎儿顿足，可以用手轻轻安抚他。如能配合音乐和对话等方法，效果更佳。

妻子对胎儿进行胎教，丈夫不能袖手旁观，应积极参与。当妻子过分热衷于此事，丈夫可以适时制止，在时间上为妻子把握好，并随时提醒胎儿的感觉。如果发现胎儿烦躁，应立即让妻子停止胎教。因为胎儿是在睡眠中长大的，需要更长时间的睡眠和休息。如果一味刺激胎儿，使胎儿得不到很好的信息，会影响到胎儿的生长发育。

第163天胎教方案

"训练"胎儿

母亲在妊娠中后期应定期给胎儿进行宫内训练，抚摸胎儿，轻轻推着胎儿转动，人为地使胎儿在宫内移动，这样有利于胎儿寻找平衡的感觉，很好地促进胎儿脑部的发育，使胎儿更聪明，长大以后对旋转的适应能力更强。

这是因为人的前庭系统位于脑干中央，并与内耳紧密相连。胎儿期最早发育的脑神经系统就是听觉系统，而前庭系统早在母体妊娠第16周就开始活动了。胎教时有规律地缓慢转动胎儿，使孩子耳朵半规管里的液体保持流动。转动刺激了前庭系统的平衡与协调功能，同时也刺激了大脑的发育，使大脑产生更多的树突和联结。经过这种刺激胎教训练的胎儿，出生时大多灵敏，啼哭不多。出生后学站、学走都会快些，身体健壮、手脚灵敏。与未经训练的同龄婴儿比，更显得天真活泼可爱。

第164天胎教方案

营养胎教

孕期第24周时的胎儿体内也开始贮备脂肪。孕妈妈在饮食上对植物油与动物油的摄入量要有适当比例，植物油中所含的必需脂肪酸更为丰富，动物性食品如肉类、奶类、蛋类均含有较高的动物性油脂，孕妈妈可不再额外摄入动物油，在烹调食品时用植物油就可以了。维生素A是生长发育所必需的，但在孕早期摄入大剂量维生素A会导致胎儿先天异常。但维生素A不足时可导致胎儿发育不良、畸形、死胎或出生后抵抗力差，对母体也可以出现易感染、早产、流产和难产、产后恢复缓慢和乳汁分泌不良。所以说适量地补充维生素A是必要的。

此外，妊娠期间各种形式的维生素D均通过胎盘转运给胎儿。鉴于维生素D过多容易发生中毒，我国、美国和日本都推荐每日摄入10微克（400IU）。由于天然食物中维生素D含量很低，并且很多食品没有测定维生素D含量，因此可以适当补充一些维生素D强化奶。

小贴士 TIPS　孕妈妈感冒怎么办

感冒是常见病、多发病，孕妈妈的鼻、咽、气管等呼吸道黏膜肥厚、水肿、充血，抗病能力下降，故易患感冒。而患了感冒的孕妈妈害怕用药治疗会对胎儿产生不良影响，而且又不知道在感冒早期应怎样进行调护，最终使感冒发展严重而致发烧。在孕早期，高热影响胚胎细胞发育，对神经系统危害尤其严重。高热还可使死胎率增加，引起流产。因此，孕妈妈如果患了感冒，一方面可以在产科医生的指导下合理用药；另一方面在感冒早期，也可尝试下列不用吃药打针的方法及时治愈感冒：孕妈妈一旦患了感冒，应尽快控制感染，排除病毒。轻度感冒的孕妈妈，可多喝开水，注意休息、保暖，口服感冒清热的中药如板蓝根冲剂等。感冒较重有高烧者，除一般处理外，应尽快降温，可用物理降温法，如额、颈部放置冰块等。在选用药物降温时，一定要有医生指导，千万不能乱用退烧药。

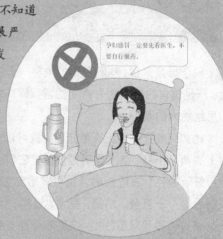

孕妇感冒一定要先看医生，不要自行服药。

↑孕妈妈感冒了，应该去看医生

第**165**天胎教方案

哼唱几首快乐的歌

据澳大利亚堪培拉某产科大夫报道，他曾叫36名孕妈妈每天按时来医院接受音乐胎教，即欣赏音乐。当这些胎儿降生后经检查发现他们的神经系统发育良好、体格健壮、智力优良、反应也特别敏感。10年后追踪观察有7名儿童获得音乐奖，有2名成为舞蹈演员，其他孩子的成绩均为良好。显而易见音乐确实是一种促进胎儿智、体健康的有效方法，在诸多胎教方法中占有重要的位置。

在音乐胎教中，除了给胎宝宝听乐曲外，孕妈妈可以不定期地用柔和的声调唱轻松的歌曲，同时想象胎儿正在静听，从而达到爱子心音的谐振。当孕妈妈在做家务事时，可以哼唱几首儿歌或轻松欢快的曲子，让胎儿不断地听到母亲怡人的歌声。这样既可传递爱的信息，又有意识地播下艺术的种子。哼歌时，声音不宜过大，以小声说话的音量为标准；不能大声地高唱，以免影响子宫中的胎儿。歌曲可选择《妈妈的吻》、《早操歌》、《小宝宝快睡觉》等这类歌，唱这些歌曲时可边唱边加以描述，将自己对歌曲的理解描述给宝宝听。

第166天胎教方案
给胎宝宝上常识课

对于母亲来说，喃喃自语般地将一天中看到的、听到的和经历的事情讲述给腹中的宝宝，既是语言胎教中很有意义的常识课内容，又是牢固母子之间感情、培养孩子感受能力和思维能力的基础。

比如：当孕妈妈正在散步时，就可以一边走，一边给腹中的胎宝宝上课："宝宝，看，树上的两只小鸟。鸟儿是有翅膀的，它们可以在天空中飞翔，它们有的还特别会唱歌，歌声可好听啦！"在吃饭时，也可对胎宝宝这样说："宝宝，你看，餐桌上有什么？让妈妈来告诉你——有鱼、鸡翅、豆角，还有一盘水果沙拉，这些都是妈妈最爱吃的，这些可都是爸爸为你和我准备的哟！"虽然只是一些平时的一些小事，但是，在你娓娓道来的同时，腹中的宝宝却在感受着你对他的这份关爱，可以明显提高胎宝宝的感受能力。

小贴士 TIPS　"感情雷达"

加拿大精神病医生托马斯·弗尼认为孕妈妈要注意自己的感情，孕妈妈所想的、说的、感觉的和希望的都对腹中的胎儿有影响。因为他发现6个月的胎儿就有一种"感情雷达"，使自己能感觉到母亲的情绪并做出反应。平时，胎儿在子宫内只能听到低沉而单调的心跳声和沙沙的血液流动声。孕妈妈爽朗的笑声、愉快的谈话声或歌唱声，会引起胎儿的特别注意和精神兴奋，久而久之，不仅使胎儿记住了母亲的声音，而且对胎儿的智力发育与心理健康发展有良好的启迪作用。

第167天胎教方案

带着胎宝宝去散步

散步是非常适合孕妈妈的运动，不仅能够促进胎儿的大脑发育，而且还兼有胎教的功用。孕妈妈散步比坐着的时候，氧气的供给量要高出2～3倍，散步还能让心情变得愉悦和放松。观看大自然的景色、聊天，对于孕妈妈来说无疑是一种美的精神享受。而孕妈妈的心情愉快、头脑清醒，不仅有利于消除疲劳，更有利于胎儿的健康成长。医学研究表明：孕妈妈愉悦的情绪可促进大脑皮层兴奋，使孕妈妈血压、脉搏、呼吸、消化液的分泌都处于相互平稳、相互协调的状态。从而有利于孕妈妈身心健康，同时改善胎盘的供血量，促进胎儿的健康成长。

散步应选择风和日丽的天气，有雾、下雨、刮风及天气骤变时不宜外出，以免感冒。还应选择在道路平坦、环境优美、空气清新的地方散步，有丈夫和家人陪同则更好。散步时，无论看到什么景象，都可以将其变成有趣的话题讲给胎儿听，这样，和语言胎教结合起来，效果就更好了。散步的时间最好是在上午10点到下午2点左右为宜，因为这个时间段是一天之中母体子宫最放松的时间。

"和妈妈去散步！"

第168天胎教方案

轻拍游戏胎教

现在是胎动最明显的时候，所以孕妈妈可以针对这个特点，来做轻拍游戏。胎儿一般而言需要8～12小时的睡眠，所以如果在饭后1～2小时陪胎儿玩耍，母亲可以明显地感受到胎动，胎儿的手脚也会随着母亲的动作，而产生不同的反应。首先，找一个舒服的坐姿或卧姿，然后孕妈妈有节奏地拍打肚子，感觉胎儿的反应，通常重复几次下来，胎儿会有反射动作。也可以用两、三拍的节奏轻拍腹部，如果你轻拍肚子两下，宝宝会在你拍的地方回踢两下，如果轻拍三下，宝宝可能会回踢三下。

游戏胎教对许多人来说是新名词，甚至会有人怀疑游戏胎教对胎儿是否有帮助，但经过科学研究证明，事实上，游戏胎教对胎儿没有害处，借着听音乐、运动、游戏对宝宝有好的刺激，可以增加宝宝动作的敏感度，但有一点值得注意，通过游戏胎教，使胎儿的胎动明显，说明胎儿很健康，如果胎儿不爱动、不活泼，就要特别注意。

第七章

充满喜悦的 第7个月

胎儿在妈妈的腹中待到第7个月了，已经开始具备刚出生时婴儿的种种生理特征了。这个时期，胎儿眼睑打开，已经有眼睫毛。胎儿的大脑也发达起来，感觉系统也显著发达起来。胎儿的眼睛对光的明暗开始敏感，听觉也有发展，不过，听觉发育完成还要到妊娠第8个月的时候。

妈妈的腹部也越来越大，越来越感觉到胎儿与自己的共存，习惯了怀孕的生活后，孕妈妈完全沉浸在当妈妈的喜悦之中了，可以跟胎儿进行更密切的交流了，胎宝宝可以感应得到妈妈的喜悦心情，从而让胎宝宝也在快乐和温馨的亲情氛围下健康成长。

第25周

综述 ▶

这时候胎儿几乎占满了整个母体子宫空间。宝宝的身体比例也开始匀称。进入本周，孕妈妈会因身体笨重而行动不便，因此注意好休息，营养调节，再加上营造一个轻松愉悦的心境，相信对胎宝宝来说这也是一种潜移默化的胎教方式。

孕妈妈对胎儿进行胎教，准爸爸应积极参与。若发现胎儿烦躁，应立即停止胎教。因为孩子是在睡眠中长大的，胎儿需要更长时间的睡眠和休息。如果一味刺激胎儿，会影响到胎儿的生长发育。

母体状况

在这个阶段，孕妈妈的腹部变得更大，下腹部与上腹部都变得更为膨隆。子宫底上升至脐上三横指处，子宫底的高度为21～24厘米。子宫也越来越大，可压迫到下腔静脉的回流，出现静脉曲张，有的孕妈妈还会出现便秘和痔疮、腰酸、背痛等症状。随着胎儿的不断增大，孕妈妈的身体越来越沉重，手脚也会出现酸痛的状况。

此时孕妈妈会发现肚子上、乳房上会出现一些暗红色的妊娠纹，脸上的妊娠斑也明显起来。有的孕妈妈还会觉得眼睛发干、发涩、怕光，这些都是正常现象。

胎儿发育

孕期第25周的胎儿，坐高大约22厘米，体重约700克。胎儿7个月出现打嗝似的规律性胎动，眼球开始转动，出现味觉。此时胎儿的传音系统完成，神经系统发育到相当程度，声音、光线及母亲的触摸都能引起胎儿的反应，这时胎儿已有疼痛感、刺痒感，喜欢被摇动，能分辨母亲和其他熟人的声音。胎儿眼睑的轮廓较清楚，眼睛能睁开了，但眼珠上还蒙着一层薄膜。

胎儿的内脏器官发育，除心脏外已趋向成熟，大脑的知觉已开始发达起来。胎儿皮下脂肪较少，皮肤还很薄而且有很多小皱纹。全身皮肤上都有胎毛，头发眉毛已长出。指（趾）甲均未达到指（趾）尖。男性胎儿的睾丸已下降到阴囊内，女性胎儿的阴唇已经发育，这时胎儿的神经系统进一步完善，胎动变得更加协调，而且更多样了，不仅能手舞足蹈，而且会转身。如果胎儿此时出生，能啼哭、能吞咽，但生活力弱，必须在良好的条件及特殊的护理下才能生存。

胎教要点

此时期,父母对于孩子诞生之后的生活已经大体有了初步的规划,感觉起来就像空气中已开始有了新生儿的气息那般地令人雀跃!

宝宝快出生喽!

胎宝宝这一周的许多身体功能都开始完善起来,对此,孕妈妈和准爸爸可以采取前面已提到的音乐胎教、语言胎教、情绪胎教、抚摸胎教等胎教内容,交替地适当给胎儿"上课",让胎儿在母亲的期待与喜悦之情中快乐成长。

专家提示

第25周的胎儿基本上是个完整的小人儿了,孕妈妈的一些生活习惯会潜移默化地影响胎儿。因此,注意日常习惯的好与坏对胎儿来说是至关重要的。瑞士小儿科医生舒蒂博士调查发现,胎儿在出生前就与母亲之间存在着"感应",所以,要充分利用好这种"感应",不仅要养成好的生活习惯,而且还要注意对胎儿进行交互式多样化的胎教。

第**169**天胎教方案
通过数胎动与胎宝宝交流

孕妈妈有一个每天都要完成的任务，就是要数胎动。其实，孕妈妈还可以通过数胎动直接与胎儿交流情感。妈妈在数着胎动的时候，可以发挥自己的想象力，想象着和宝宝对话，对宝宝的美好祝福与愿望都可以在胎动时说出来，因为，胎动时也是胎儿比较活跃的时刻，他会感应或者记住妈妈对他说的话。

由于胎儿对男性低沉的声音较为敏感，准爸爸则起着举足轻重的作用，因此孕妈妈也可以让丈夫扶摸着自己的肚子，和胎儿说说话，让未来的宝宝也熟悉一下爸爸的声音。也可以念儿歌，讲童话，或者给宝宝唱歌。慢慢地，胎儿在妈妈腹内就会活跃起来，甚至"主动"要求玩耍。

↑ 孕妈妈数胎动并和宝宝交流

第**170**天胎教方案
让准爸爸参与睡前胎教

胎宝宝在妊娠第7个月起，孩子的听力基础已初步形成，能听到周围世界的声音，所以爸爸妈妈每天都应与胎儿谈话，继续实行语言胎教的方式。

就寝前可以由准爸爸通过孕妈妈的腹部轻轻地抚摸腹中的胎儿，并实施对话："哦，小宝宝，爸爸来啦，这是小脚丫，这是小手，让爸爸摸摸。啊！会蹬腿了，再来一个……"。胎儿特别喜欢父亲的声音，因为男性的声音低沉、浑厚。心理学家特别指出，让准爸爸多对胎儿讲话，这样不仅增加夫妻间的恩爱，共享天伦之乐，还能将父母的爱传到胎儿那里，这对胎儿的情感发育有很大的好处。

第171天胎教方案
给胎宝宝讲故事

讲故事也是语言胎教的一个重要内容。这一周，孕妈妈在给胎儿讲故事时，也要注意语气，要有声有色，要富有感情，传递的声调信息会对胎儿产生感染效果。故事的内容最好是短小精悍、轻快和谐、欢乐幽默。不要讲些恐惧、伤感、压抑的情节。如在讲《卖火柴的小姑娘》等故事时，要倾注孕妈妈的真挚感情，将人间的真善美用生动简单的语言表达出来，从而让宝宝感应到爱和文学的熏陶。在讲故事时，最好找一个舒适的环境，自在的位置。精神集中、吐字清晰，表情丰富，声音要轻柔，千万不要高声大气地喊叫。

生活在母亲子宫里的胎儿是个能听、能看、能感觉的小生命。孕妈妈对外界事物的感受都能通过某种途径巧妙地转化为教育因子，直接作用于胎儿。所以给胎儿讲故事就是一项不可缺少的胎教内容。

第172天胎教方案
"无为而治"

研究发现，胎宝宝能对母亲相当细微的情绪、情感差异做出敏感的反应。胎宝宝在那黑暗的母腹之中，母子之间不但血脉相连，休戚相关，而且情感相通，心灵互应，母亲与胎儿在彼此传递着情感……同时也向母亲发出各种信息。因为在胎教过程中，最为关键的莫过于母亲的爱心——这就是我们所提倡的"无为而治"。

胎儿妊娠6个月以后，开始明确自我，能把感觉转换为情绪。这时，胎儿的性格逐渐根据母亲的情感信息得以形成。胎儿不断接收母亲传递的信息。最初，他只能接受极简单的成分，但是随着记忆和体验的加深，胎儿的性格变得越来越复杂。胎儿的精神世界由无意识的存在，发展为能够记忆和理解复杂情感与情绪的存在。所以每一天，孕妈妈保持良好的心态和豁达开朗的心境，就是一种"无为而治"的胎教方式。

第**173**天胎教方案

营养胎教

　　这个时期，母体基础代谢率大大增加，而且胎儿生长速度也达到高峰。孕妈妈要尽量补足因胃容量减少而减少的营养，继续保持一日多餐，均衡摄取各种营养素，防止胎儿发育迟缓。要特别注意这时胎儿大脑细胞迅速增殖分化，体积增大，这标志着胎儿的大脑发育将进入一个高峰期。这时孕妈妈可以多吃一些核桃、芝麻、花生之类的健脑食品，为胎儿大脑发育提供充足的营养。

　　唐代药王孙思邈的《千金要方》中也谈到了每个月的胎教。其中，关于七月的营养胎教是"居处必燥，饮食避寒。常食稻粳，以密腠理，是谓养骨而坚齿。"也就是说，孕妈妈饮食要忌寒食，要常吃粳米。这样，才能养好胎儿的骨和齿。

小贴士 TIPS　胎儿也会做梦

　　据最新研究表明，胎儿还在母亲子宫里等待降临人世时就已经会做梦了，并且以这种方式进行"脑部体操"。科学家们借助脑电图等记录手段发现，母亲子宫里的胎儿在睡眠时也有快速眼动睡眠阶段。

　　此前研究已证实，成人的快速眼动睡眠阶段常伴随着做梦行为的发生，科学家因此认为胎儿也有梦境。他们猜测，胎儿的梦境可能并没有什么具体内容，但这种梦境中的思维活动有助于胎儿脑部神经网络的发育形成。

第**174**天胎教方案

给胎儿讲画册故事

　　为了培养孩子丰富的想象力、独创性以及进取精神，最好的教材莫过于幼儿画册。你可以将画册中每一页所展示的幻想世界，用你富于想象力的大脑放大并传递给胎儿，从而促使胎儿心灵健康成长。可选那些色彩丰富、富于幻想的内容；可以是提倡真、善、美的；只要适合胎儿成长的主题都可以采用。

　　利用画册作教材进行胎教时，一定要注意把感情倾注于故事的情节中去，通过语气声调的变化使胎儿了解故事是怎样展开的。单调和毫无生气的声音是不能唤起胎儿的感受性的。一切喜怒哀乐都将通过富有感情的声调传递给胎儿。而且，不仅仅是朗读，对这些语言要通过你的想象使它形象化，以便更具体地传递给胎儿，因为胎儿对你的语言不是用耳而是用脑来接受的。

第175天胎教方案
安排规律性胎教

孕妈妈应该明白，胎宝宝现在已经有记忆功能了，所以，可以安排一些规律性的胎教，让胎宝宝形成一种良好的胎教习惯：先以信号提示胎儿，可用手轻压3下胎儿的肢体或者轻拍胎儿告诉胎儿现在要上课了，宝宝要静静地听；一般早上醒来以讲话的形式为主，下班回家和晚上临睡前则采用文字训练或音乐训练的形式。这样的训练一般5～10分钟一次，每天进行3次就好了。

胎宝宝的记忆能力尽管还很微弱，但却是存在，并足以形成胎儿的个性。胎宝宝的记忆使胎宝宝能在胎内学习。有些儿童对胎儿期母亲反复接触的事情明显地表现出接受力很强，甚至有人能记起胎儿时的情景，可见妊娠期安排规律性胎教的作用。注意，除了时间固定外，胎教内容也要相应固定，比如固定听一两首音乐或歌曲。

↑每天晚上固定胎教

第26周

综述 ▶

这一周的胎儿大脑更加发达，神经系统进一步完善，肌肉发育快，体力增强，越来越频繁的胎动表明了他的活动能力。胎动更加协调，而且多样，不仅会手舞足蹈，而且还能转身。由于子宫内的胎儿经常活动，因此胎位常有变化也是正常的，孕妈妈大可不必过于担心，好好享受和胎宝宝同为一体的喜悦和开心。

此时，胎宝宝大脑的发育已经进入了高峰期，大脑细胞迅速增殖分化、体积增大，孕妈妈可以多吃些健脑的食品，如核桃、芝麻、花生等。

母体状况

母亲的心脏会有相应的变化：随着子宫的增大而使横膈上升，心脏被推向上方，靠近胸部并略向左移；心脏的工作量增加，原因是心率加速和心搏量加大。随着子宫的扩张，孕妈妈的腹部常常感到针扎一样的疼痛。

此阶段孕妈妈会觉得心神不安，睡眠不好，经常做一些记忆清晰的噩梦，这是即将承担母亲的重任感到忧虑的反应。孕妈妈此时应该为了胎儿的健康发育而保持良好的心境。

胎儿发育

现在胎儿的体重在800克左右，坐高约为22厘米。胎儿的味觉神经乳头在孕期第26周形成，胎儿从第34周开始喜欢带甜味的羊水，而在孕妈妈体内胎儿用不上的是嗅觉，但他一出生，马上就会用上了。这时皮下脂肪开始出现，体形较瘦，全身覆盖着一层细细的绒毛。胎儿开始有了呼吸动作，因肺部尚未发育完全，不会吸入空气。胎儿的大脑对触摸已经有了反应，视觉也有了发展，眼睛已能够睁开了，如果这时候孕妈妈用手电筒照自己的腹部，胎儿会自动把头转向光亮的地方，这说明胎儿视觉神经的功能已经开始起作用了。

胎教要点

音乐胎教能使孕妈妈心旷神怡，浮想联翩，从而使其情绪达到最佳状态，并通过神经系统将这一信息传递给腹中的胎儿，使其深受感染。此外，胎儿对外界有意识的激励行为和感知体验，将会长期保留在记忆中直到出生后，而且对婴儿的智力、能力、个性等均有很大的影响。因此关于记忆训练的胎教是必不可少的。

动作刺激就是适量地对胎儿进行抚摸和拍打等刺激，以激发胎儿运动积极性，促进胎儿的身心发育。这个时期胎儿对光的感应也具备了，可以顺带进行一些光照胎教的内容。

专家提示

这一周，虽然孕妈妈已经大腹便便，但也应该进行适当运动，多运动可以控制体重的增长，减少脂肪，还可起到给胎宝宝"减肥"的作用。这样，既可防止生出巨大儿，有利于自然分娩，又为避免肥胖症、高血压及心血管疾病奠定了良好的先天基础。

这阶段散步是最好的运动方式之一，建议每天散步1个小时左右，这对孕妈妈和胎儿都是非常有益的。这个时期也可以做一些简单的孕妈妈瑜伽，总之根据孕妈妈自己的身体状况作一些运动是有益的也是必要的。孕妈妈应该做一次血液检查，如此时发生孕期糖尿病或贫血病，应该根据医生的建议进行防治。在饮食上除了应该注意多吃一些含铁丰富的食物外，还应注意多吃一些含维生素C较多的食品，以帮助身体吸收更多的铁。

孕妈妈要控制体重→

小贴士 TIPS　进行尿糖测试

孕期第26周的时候孕妈妈应当考虑进行尿糖测试，以预防糖尿病。怀孕期间孕妈妈患糖尿病的很多，但是不必太惊慌，只要你在医生的指导下适当从饮食或药物来控制病情的话，也可以生一个健康的小宝宝。

第176天胎教方案
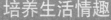
培养生活情趣

孕产科专家经常告诫孕妈妈们，要保持身心健康和胎宝宝的聪明健康，就要丰富孕妈妈们的精神活动。例如听音乐、看书、读诗、旅游或欣赏美术作品等，这些美好的情趣有利于调节情绪、增进健康、陶冶情操。

胎儿和母亲之间有着微妙的心理感应，母亲的一言一行都将对胎儿产生潜移默化的影响。相传在我国古代有一位神童能将从未见过的几篇文章和诗句倒背如流。这个孩子怎么会有如此先知先觉的本领呢？原来这些作品都是他的母亲在怀孕时候喜欢读的，并经常朗诵的。

科学家们还发现，广泛的情趣对改善大脑的功能有着极为重要的作用。有人认为乐队指挥、画家、书法家等生活情趣较丰富的人，他们之所以具有创造力，与他们经常交替动用大脑左、右半球，促进左、右大脑的平衡，提高大脑的功能有关。因此母亲的生活情趣无疑对胎儿大脑左、右半球的均衡发育起着很关键的作用。

第**177**天胎教方案

光敏感训练

↑在阳光下的孕妈妈

在胎宝宝的感觉功能中，比起听觉和触觉，视觉功能的发育较晚，在孕妈妈怀孕7个月时，胎宝宝的视网膜才具有感光功能，对光有反应。光照胎教可以在孕妈妈怀孕6～7个月以后时开始。实验证明，适当的光照对胎宝宝的视网膜以及视神经有益无害。可以拿手电筒作为光照胎教的工具。手电筒紧贴孕妈妈的腹壁，光线透入子宫，羊水因此由暗变红。而红色正是胎宝宝比较偏爱的颜色。用手电筒进行光照胎教正可谓投其所好。光敏感训练的具体步骤：孕妈妈每天定时用手电筒微光紧贴腹壁反复关闭、开启手电筒数，一闪一灭照射胎宝宝的头部位置，每次持续5分钟。手电筒的光亮度比较合适，不要用强光照射，而且时间也不宜过长。当用光源经孕妈妈腹壁照射胎儿头部时，胎头可转向光照方向，并出现胎心率的改变，定时、定量的光照刺激是这个时期的一个胎教内容。

不要在胎宝宝睡觉时进行光照胎教，以免打乱胎宝宝的生物钟。光照胎教还是要配合宝宝的作息时间，仍然要在胎动明显时，即胎宝宝醒着的时候做光照胎教。孕妈妈经过这么长时间和宝宝的相处，也应基本知道胎宝宝的作息规律。当然也有作息不太规律的胎宝宝，这就需要孕妈妈细心体察了。只要是不太刺激的光线，皆可给予胎儿脑部适度的明暗周期，刺激脑部发达。孕妈妈利用晴朗天气外出散步时，也可让胎儿感受到光线强弱的对比。

小贴士 TIPS　避免夜晚开灯睡觉

电灯光对人可产生一种光压，长时间照射会引起神经系统功能紊乱，导致情绪焦躁不安。如果是日光灯，可与睡眠时室内门窗关闭产生的污浊空气，产生含臭氧的光烟雾，形成室内污染；尤其是荧光灯发出的光线带有看不见的紫外线，能使人体细胞发生遗传变异，诱发胚胎畸变。另外，开灯睡眠干扰生物钟，不利于孕妈妈与胎宝宝形成规律的生活。因此，孕妈妈在睡眠时一定要将灯关闭，并且在关灯之前，先把窗户打开10～15分钟，将室内有害空气清除出去。即使是白天在各种灯光下工作的孕妈咪，工作一段时间后，也不要总呆在房间里，懒于出去呼吸新鲜空气。

第178天胎教方案
游戏胎教训练

胎宝宝喜欢玩游戏，所以，孕妈妈和准爸爸要尽量满足胎宝宝的需要。通过胎儿超声波的荧屏可以看到胎儿在母体内的活动情况，胎儿在某一天醒来伸了一个懒腰，打了一个哈欠，又调皮地用脚蹬了一下妈妈的肚子，感觉很满意的样子。一个偶然的机会使胎儿的手碰到了漂浮在旁边的脐带，"这是什么东西？"很快脐带成了他的游戏对象，一有机会便抓过来玩弄几下，有时还抓住脐带将它送入嘴边，这个动作让宝宝感觉很快乐。

从胎儿这些动作和大脑的发育情况分析，专家们认为胎儿完全有能力在父母的训练下进行游戏活动。和前面提到的运动胎教、抚摸胎教等类似，今天可以继续进行游戏胎教训练，这种通过动作刺激来达到胎教目的的方式是值得采用的。

为了提高趣味性，准爸妈可以从简单的抚摸与拍打提升为有内容的游戏，比如藏猫猫游戏：让准爸爸轻轻拍打胎宝宝，然后对胎宝宝说："爸爸要藏起来了，小宝宝找找看。"然后把脸贴在另一边的腹壁上，让宝宝寻找。如果胎宝宝正好踢到爸爸的脸颊，一定要对宝宝给予表扬。如果宝宝没有找到，也要耐心轻抚宝宝，鼓励他继续。相信通过这样的游戏，胎宝宝肯定会对爸爸妈妈记忆深刻的。这种游戏胎教训练，不但增进了胎儿活动的积极性，而且有利于胎儿智力的发育。

小贴士 TIPS　给准爸爸的建议

准爸爸要在定期检查的时候与妻子一起去医院。通过超声波检查，与妻子一起观察胎动，倾听心脏的搏动声，并且与妻子一起分享怀孕的喜悦，从心底里感受即将出生的婴儿。妻子腰痛或腿肿的时候要给妻子按摩。要给妻子准备营养价值高的食物，因为孕妈妈吃得好，胎宝宝才会健康。

第179天胎教方案
学习图形

图形的学习与数的学习一样，以闪光卡片上描绘的图形为基础，将其视觉化后传递给胎儿。不论教什么，重要的是将学习内容与生活紧密地联系在一起，也就是说胎儿出生后，用周围的东西进行实物教学是最有效的。

例如学习正方形时，孕妈妈说："这个图形是由四条直线围起来的，并且四个角都呈直角。"讲法是对的，但是这种从平面几何的角度进行的解释是很难引起胎儿兴趣的，所以就要找出你身边呈正方形的实物来进行讲解。"和卡片上的图形一样的东西在哪儿呀？"先提出问题，然后和胎儿一起寻找，"有了，坐垫、桌子。"这时可以一个个拿在手里，一边讲"这是正方形"，一边用手描这个图形的轮廓，通过这种"三度学习法"进行胎教。学完正方形、长方形、正三角形、圆形、半圆形、扇形、梯形、菱形等平面图以后，再告诉胎儿什么是立方体、长方体、球体等。在学习这类图形时，最系统的教具可以说是积木，孕妈妈可以把积木和日常生活用品联系在一起穿插着教。

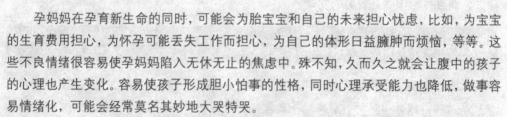

第 **180** 天胎教方案
克服不良的胎教情绪：担忧

孕妈妈在孕育新生命的同时，可能会为胎宝宝和自己的未来担心忧虑，比如，为宝宝的生育费用担心，为怀孕可能丢失工作而担心，为自己的体形日益臃肿而烦恼，等等。这些不良情绪很容易使孕妈妈陷入无休无止的焦虑中。殊不知，久而久之就会让腹中的孩子的心理也产生变化。容易使孩子形成胆小怕事的性格，同时心理承受能力也降低，做事容易情绪化，可能会经常莫名其妙地大哭特哭。

最好的方法自然是孕妈妈随时调整自己的情绪，一旦发现自己正在陷入忧郁焦虑的泥潭，应立刻想办法疏导或转移注意力，可以通过看书和电视来缓解紧张的情绪，让自己开朗起来。

第 **181** 天胎教方案
编织也是一种胎教

胎教的实践证明，孕期勤于编织艺术的孕妈妈，所生孩子"手巧而心灵"。运动医学研究证明，如用筷子夹取食物时，会牵动肩、胳膊、手腕、手指等部位30多个关节和50

多条肌肉，尤其是"右利者"更是如此。而这些关节和肌肉的屈伸活动，只有在中枢神经系统的协调配合下才能完成。管理和支配手指活动的神经中枢在大脑皮层占面积最大。手指的动作精细、灵敏，可以促进大脑皮层相应部位的生理活动，提高人的思维能力。

利用这种原理，开展孕期编织艺术，通过信息传递的方式，可以促进胎儿大脑发育和手指的精细运动，"手巧而心灵"。

孕妈妈选择编织的种类可以是给胎宝宝织毛衣、毛裤、毛袜或线衣、线裤、线袜等；也可以用钩针织婴儿用品；或者是绣花。不管编织的东西样式是否好看，只要是用心去做，带着好心情去做，那么胎教目的也就达到了。

小贴士 TIPS　孕妈妈的正确休息姿势

当孕妈妈的肚子渐渐膨胀起来后，难免会感到压力沉重，累了时记得要稍事休息，不管是在什么场合，一定要告诉自己："我一定要休息。"不管孕妈妈是采取什么姿势，哪怕是紧闭双眼几分钟养养神都行。

坐下来休息后，尽量动动双脚，脚趾头也趁机伸展一下，或是甩甩手，耸耸肩，转转脖子，都会让你舒服许多。

如果你可以躺下来，仰躺时，可在膝盖和脚下垫个软垫子，若是侧睡时，就在左腿或右腿的膝盖下垫个软垫子。

第182天胎教方案

形体美学与胎教

形体美学主要指孕妈妈本人的气质。首先，孕妈妈要有良好的道德修养和高雅的情趣，知识广博，举止文雅，具有内在的美。其次，颜色明快、合适得体的孕妇装束，一头干净、利索的短发，再加上面部恰到好处的淡妆，更显得人精神焕发。

据日本《每日新闻》报道：有关研究结果证明，孕妈妈化妆打扮也是胎教的一种，可使胎儿在母体内受到美的感染而获得初步的审美观。

↑剪短发穿宽衣的孕妈妈

第 **27** 周

综述 ▶

随着胎宝宝长得越来越结实，他的踢腿和敲打也越来越有力，比起以往更顽皮了。27周的胎儿开始会做梦了，大脑活动已经非常活跃。大脑皮层表面开始出现特有的沟回，脑组织快速增长。

所以这时候孕妈妈和胎宝宝说说话、做做游戏等等，凡是适合逗弄胎宝宝活跃和开心的胎教方式都可以采用。准爸爸要积极参与胎教，每天与孕妈妈一道进行胎教，帮助妻子克服掉一些不良的习惯和毛病，用自身的信心和持之以恒的精神带动妻子把胎教进行到底。

母体状况

本周，孕妈妈腹部明显隆起，无论以前是否怀过孕，腹部隆起的程度与孕妈妈的身高体重、体格及包围胎儿的羊水量有关。这时能听到强烈的胎动。孕妈妈对胎动的感觉程度是因人而异的，因此，不必过多考虑胎动的次数和强度。一般来说，胎动频繁表示胎儿很健康。

此外，这个时期，孕妈妈的血压会略有上升，不过不用太担心，只有当出现体重突然增加等症状，才有患病的可能。

胎儿发育

此时的胎儿体重900克左右，身长34～38厘米，坐高约25厘米。胎儿眼睑重新睁开，外耳道开通，视网膜分化完成，有轻度视觉能力。这时胎儿的听觉神经系统已发育完全，对外界声音刺激的反应更为明显。胎儿的听觉透过母亲腹壁及子宫和里面的羊水来接收外界讯息。胎儿的气管和肺部还未发育成熟，仍在羊水中呼吸，这对他将来真正能在空气中呼吸是一个很好的锻炼。大脑也继续迅速发育，大脑皮层表面开始出现特有的沟回，脑组织快速增长，此时胎儿的脑波图像和那些足月出生的婴儿的脑波相像。

胎教要点

这段时间孕妈妈要继续经常给胎宝宝讲故事或者给他听音乐，有趣的故事和轻松的音乐可以使孕妈妈和胎儿心情平静而愉快。同时对胎儿未来的语言能力和音乐能力的发展也非常有意义。

第27周，由于孕妈妈的身体越来越重，也说明胎儿一天天长大，此时，做别的运动，对妈妈来说也许比较困难，因此，持续地进行抚摸胎教是应该提倡的，抚摸胎教，不仅使妈妈得到放松，胎儿也得到活动，从而培养胎儿的活动能力和健康体质。

此外，有一种"品格养胎"也是可以提倡的胎教方法，即孕妈妈在日常生活中的行为也能达到胎教的效果，切莫以为这些是不能直接影响胎儿的因素。当然营养胎教的内容每周都不一样，每周都有应该特别注意的事项。

专家提示

从现在开始到分娩，孕妈妈每天应该增加谷物和豆类的摄入量，因为胎儿需要更多的营养。这些富含膳食纤维的食品可以预防便秘，比如：全麦面包及其它全麦食品、豆类食品、粗粮等，都可以多吃一些。

孕妈妈此时应该多看一些有关分娩知识的书籍或录像，以便更多地了解分娩过程，有条件的话可以参加一些机构组织的分娩指导课，以帮助孕妈妈消除对分娩的恐惧。

↑应参加孕妈妈学习班

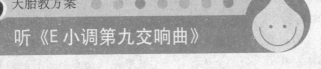

第183天胎教方案

听《E小调第九交响曲》

《E小调第九交响曲》是德沃夏克最著名的一首交响乐作品，用"也许没有一个乐队没有演奏过它，也没有一个指挥没有指挥过它"来评说，大概并不为过。作品表现了德沃夏克对美国这个新大陆的印象和感受，并倾注着对遥远的祖国和家乡的思念。全曲共分4个乐章：

第1乐章，音乐开始，是一段慢板序奏，为整个交响曲的戏剧性叙述做了铺垫，同时又给人们以丰富的联想：仿佛作曲家正在体验着初到美国时的感受，他站在甲板上凭栏望岸，那里是他心目中怎样的一个新世界呢？第2乐章，非常感人，有的评论家把它视为所有交响曲慢乐章中最动人的一个。它充满奇异的色彩和神妙的情趣，沁人肺腑，体现了一种黑人歌谣风与斯拉夫民族气质结合的独特韵味。第3乐章具有舞曲性质，据说是受到舞蹈场面的启发。全曲的几个主题，充满内在的对比，或热烈欢愉，或温文尔雅，或思念祖国，或幽默欢趣。第4乐章是一个激动人心的乐章，它气势宏大而雄伟，充满活力与热情，是整首交响曲戏剧发展的高潮，也是全部乐思发展的总结。

　　这首乐曲适合孕妈妈在怀孕中、晚期听，乐曲表现出的深邃的意境、沉思的韵味、鲜明的民族色彩、感人至深的旋律，不仅能让孕妈妈陶醉，而且还给孕妈妈以独特的美感，尤适合美育胎教中。

小贴士 TIPS　　音乐胎教六忌

● 一忌：过度嘈杂或不当的音乐；不要给胎宝宝聆听过度嘈杂或不当的音乐，他不喜欢听到高振动频率之音波。

● 二忌：音乐的节奏太快；太快的节奏会使胎儿紧张。

● 三忌：音量太大；太大的音量会令胎儿不舒服。

● 四忌：音乐的音域过高；因为胎儿的脑部发育尚未完整，其脑神经之间的分隔不完全；因此，过高的音域会造成神经之间的刺激串连，使胎儿无法负荷，造成脑神经的损伤。

● 五忌：音乐当中有突然的巨响；因为这样会造成胎儿受到惊吓。

● 六忌：胎教音乐过长；5～10分钟的长度是较适合的，而且要让胎儿反复地聆听，才能造成适当的刺激；等到胎儿出生之后听到这些音乐就有熟悉的感觉，能够令初生婴儿有如待在母体内的安全感，对于安抚婴儿情绪有相当好的功能。

第184天胎教方案
和胎宝宝交流时说什么

　　孕妈妈要常给胎儿讲故事，讲小白兔、金鱼、小猫、鲜花、森林、大海，尽管胎儿听不懂，但清晰的话语和声调，可使胎儿感受到美妙和谐的意境、美丽多彩的世界，使胎儿心智得到启迪。

有些准妈妈会产生这样的疑问"孩子那么小，我该给他说点什么呢？"实际上，语言胎教并不是要孩子听懂什么，而是要培养胎宝宝"听"语言的意识和能力，让胎宝宝对语言产生感觉。如在孕中后期，准妈妈一般都会感觉到明显的胎动，可通过描述胎宝宝的形象和动作训练胎宝宝的听力，比如说："这是宝宝的小拳头吗？昨天往左边伸，今天向右边伸，左三拳，右三拳，看来比你爸爸喜欢锻炼。"

准爸爸也可以选一首浅显的古诗、一首明快的儿歌，一段动人的童话讲述给胎儿听。

一般来说，胎动在晚上进行的比较多，这时，孕妈妈就可以对胎宝宝说："宝宝，你看，满天的星斗多美啊！"准爸妈丰富、生动的语言，承载着浓浓的爱意，唤起孩子对外界的好奇，一定能对胎儿的智力发展起到积极促进作用。

宝宝你看满天的星斗多美啊！

↑ 孕妈妈与胎宝宝交流

第185天胎教方案

听名曲《月光》

《月光》又名《明月之光》，是德彪西早期代表作《贝加马斯卡组曲》中的第3曲，创作于1890年。"贝加马斯卡"为意大利北部贝加摩地区流行的曲调。德彪西曾于留学罗马期间，游历了风光秀丽的贝加摩地区，《贝加马斯卡组曲》就是根据这一印象所作。

乐曲为行板，一开始，明亮的旋律以缓慢的速度向下浮动，宛如月亮正把银色的光芒洒向人间。接着，在连续的和弦进行中，上声部轻轻地奏出优雅如歌的"月光曲"。中间部分由3个段落组成，是一个富于抒情意味的部分，好似抒写了人们在银色月光下浮想联翩、舒心歌唱的情绪。乐曲的再现部分，把淡淡的月色描绘得更加富于诗意。

由于这首乐曲的旋律清新并富于浪漫情调，较通俗易懂，因而流传较广，成为脍炙人口的标题钢琴小品。在这首钢琴曲里，作者采用了色调柔和而明净的和声与钢琴体，着意描绘了月夜幽静的景色，令人心旷神怡，它尤其适合于孕妈妈心情烦躁时听，以起到镇静和催眠作用。

小贴士 TIPS　性格不同应选择不同的胎教音乐

　　每个人都有不同的性格，不同性格的孕妈妈，进行音乐胎教时应选择曲调、节奏、旋律、响度不同的乐曲。如果孕妈妈情绪不稳，性情急躁，胎动频繁不安，则宜选择一些缓慢柔和、轻盈安详的乐曲。如二胡曲"二泉映月"、民族管弦乐"春江花月夜"等。这些柔和平缓，并带有诗情画意的乐曲，可以使孕妈妈及胎儿逐渐趋于安定状态。

　　如果孕妈妈性格阴郁迟缓，胎动比较弱的，则宜选择一些轻松活泼，节奏感强的乐曲。如"春天来了"、"江南好"及施特劳斯的"春之声圆舞曲"等，这些乐曲旋律轻盈优雅，曲调优美酣畅，起伏跳跃，节奏感强，既可以振奋孕妈妈的精神，也给胎儿增添生命的活力。对于音乐胎教来说，就和中医治病讲究"辨证论治"一样要因人制宜。绝对不可以用恒定的胎教乐曲，让所有孕妈妈去聆听。

第 186 天胎教方案

注意夫妻关系

　　夫妻感情融洽是家庭幸福的重要条件之一，同时也是胎教和优生的重要因素。在美满幸福的家庭中，胎儿会安然舒畅地在母腹内顺利成长，生下的孩子往往聪明健美。倘若夫妻感情不和睦，彼此间经常争吵，长期的精神不愉快，过度的忧伤抑郁，会导致孕妇大脑皮层的高级神经中枢活动障碍。可引起内分泌、代谢过程等发生紊乱，并直接影响到胎儿。如果在怀孕早期，夫妻之间经常争吵，孕妇情绪波动太大，可导致胎儿发生兔唇等畸形，并能影响出生后婴儿情绪的稳定；如果在怀孕中晚期夫妻不和而致孕妇精神状态不佳，则会改变胎动次数，影响胎儿的身心发育，并且胎儿出生后往往烦躁不安，易受惊吓，哭闹不止，不爱睡觉，经常吐奶，频繁排便，明显消瘦等等。可见，夫妻感情直接影响着胎教。国外某研究机构的观察试验，发现孕妇在争吵后，第3周以内仍情绪不宁，此间的胎动次数也较前增加一倍。有些女性在怀孕时丈夫脾气不好或精神病发作，所生的婴儿也多有消化功能不良等现象，据统计，这类感情不和睦的父母孕育的胎儿在心身缺陷方面的概率比那些美满和谐、感情融洽的父母所生的孩子要高1.5倍，出生后婴儿因恐惧心理而出现神经质的机会也比后者高4倍，这类儿童往往发育缓慢，怯懦胆小。

第 *187* 天胎教方案
好品格亦养胎

目不视恶色, 耳不听恶声
口不出放言

↑好品格养胎

　　胎教起源于古代，在很多书籍中已有记载，并得到了现代科学的验证。无论你是不是有意去做，都能把所见所闻及所想到的一些事情不知不觉地传递给胎儿，对胎儿产生着影响，换句话说，每个孕妈妈在日常生活中都会自觉不自觉地教育着腹中的胎儿，这就是胎教的自然性。

　　孕妈妈品格对胎儿的影响这一点上，古人经过长期的观察和经验积累，总结出了一些经验，古人认为，孕妈妈的为人处世、日常生活起居的方式，会通过气血运行的规律对胎儿产生不小的影响。

　　汉代王充谈胎教说："性命在本，故礼有胎教之法，子在身时，席不正不坐，割不正不食，非正色目不视，非正声耳不听，受气时母不谨慎，心妄虑邪，则子长大，勃不善，形体丑恶。"《史记》说周文王之所以成为一代明君，就在于他的母亲太任是一位品行"端一诚庄"、"惟德之行"的妇女。她怀文王时，因"目不视恶色、耳不听淫声、口不出傲言"，从而使文王"生而明圣，太任教一而识百"，人们都夸赞"太任为能胎教"。

　　所以，孕妈妈注重自己的人格道德修养，注意培养自己的正气，为人处事追求仁义、礼貌、信誉，对胎儿良好人格的形成及胎儿的容貌都有好作用。

第 *188* 天胎教方案
胎教想象法

　　这一周，胎动明显增多，孕妈妈一方面可以自己数胎动次数，以实行简易的自我监护、记录；另一方面也是进行胎教的机会。

　　数胎动时，孕妈妈可专心致志地注视着自己的腹部，集中思想地想着胎儿，对胎儿每

一次动作加以丰富的想象与欣赏。

通过联想翩翩，孕妈妈的这些意念，既可以对胎儿的正常发育产生良好的影响，也可以加深母子之间的情感信息联络。这无疑对将来形成母子依恋和孩子健康的心理发展起着积极的作用。

小贴士 TIPS　胎儿可以学到什么

胎儿在子宫内是不停地运动生活，它已经具有各种能力，为胎儿在子宫内学习打下了良好的基础。现在国内外胎教专家正在探索各种宫内学习内容，一般有以下几种：

●语言的学习。主要通过父母和胎儿温情对话，让胎儿熟悉父母的声音，接受父母的温情。

●行为的学习。主要通过父母触摸胎儿，引起胎儿的积极反应，例如伸拳、踢腿、转身子等，寻找在宫中运动的感觉。同时，应满足胎儿的皮肤饥饿需要。通过动作的触摸形成身体语言，以达到父母和胎儿的相互交流。

●音乐和辨识音响的学习。现在人们生活提高、现代化音响齐备、胎儿通过听优美的音乐，能够较好地理解音乐，同时也可刺激听觉器官更好地发育。

●学知识。主要通过父母讲童话、神话故事和生活常识，使胎儿的大脑里贮存一些信息，开发他的记忆能力。

第 **189** 天胎教方案

营养胎教

这一周，胎儿体重增加得非常快，胎儿的牙齿、骨骼钙化加速，因此，更需要母体大量供给钙。据国内的营养专家报告，我国人口的每日膳食，所含钙量不足500毫克，与孕妈妈所需要钙的摄入量相差甚大。因缺钙，有些孕妈妈发生肌肉疼挛和手足"抽筋"。中国营养学会推荐，孕中期，孕妈妈应该每日补钙1500毫克。

每日的饮食中，应选用牛奶、虾皮、海带、大豆、豆腐、银耳、油菜、榨菜等。骨头含钙最多，烹饪时最好加醋，使钙溶解到汤里。或制成糖醋排骨来吃，容易被机体吸收利用。

怀孕后期，每日进食大米 400 克、牛奶 250 克、鸡蛋 100 克、石膏制豆腐 100 克、猪排骨 100 克、青菜 400 克、紫菜 10 克、虾皮 10 克，其含钙总量可达 1500 毫克，可基本满足钙的需求。

小贴士 TIPS　孕妈妈腿抽筋的原因

半数以上的怀孕妈妈在孕期尤其在晚上睡觉时会发生腿部抽筋。究其原因，孕妈妈在孕期中体重逐渐增加，双腿负担加重，腿部的肌肉经常处于疲劳状态；另外，怀孕后，对钙的需要量明显增加。怀孕后，尤其在孕中、晚期，每天钙的需要量增为 1200 毫克。

如果膳食中钙及维生素 D 含量不足或缺乏日照，会加重钙的缺乏，从而增加了肌肉及神经的兴奋性。夜间血钙水平比日间要低，故小腿抽筋常在夜间发作。

一旦抽筋发生，只要将足趾用力扳向头侧或用力将足跟下蹬，使踝关节过度屈曲，腓肠肌拉紧，症状便可迅速缓解。

↑孕妈妈因缺钙而发生抽筋

第 28 周

综述 ▶

此时胎儿已经占满子宫，要是现在出生，有很好的存活率。他的手现在可以有力地抓握。随着胎宝宝越来越活跃，孕妈妈的睡眠有时会被胎宝宝的不安静打断。这时候的胎宝宝具有出色的学习能力，他将利用一切可能的机会学习，他学习吞咽、吸吮、运动、呼吸……

对准爸爸来说，孩子无论是男是女，都是自己的心头肉，千万不能因为孩子的性别而烦恼，继而怨恨妻子与腹中的胎宝宝。准爸爸要让自己在胎教过程中发挥重大的作用，鼓励、激发妻子适时进行胎教。

母体状况

　　从现在到第36周，孕妈妈应至少每两周做一次产前检查。在过去的一个月里，子宫增大约4厘米，现在，向上升至胸廓的底部，使胸廓下部的肋骨向外扩张，感到有些不舒服。这时，孕妈妈胳膊、腿等部位也可能会出现肿胀和浮肿。此外，这时期也开始在乳房内形成初乳，初乳中有免疫成分，同时也含有各种营养元素。

　　因为即将进入孕晚期，孕妈妈腹部迅速增大，会感到很容易疲劳。一些孕妈妈则出现脚肿、腿肿、痔疮、静脉曲张等等令人不适的症状，这些症状在产后会很快消失。

胎儿发育

　　胎儿体重已有1100～1400克，坐高约为26厘米，身长约35厘米。这一时期胎儿的最大特征就是脑组织更加发达，头部明显增大，脑组织的数量也有所增加，大脑特有的皱褶的凹槽形成，同时，脑细胞和神经循环系统的连接更加完善。此时胎儿的肺叶尚未发育完全，但是如果现在早产，胎儿借助一些医疗设备能够进行呼吸。

　　胎儿的鼻孔能与外界相互沟通。但是，由于胎儿被羊水所包围，所以胎儿虽然已经具备了嗅觉，却无法体验各种气味，自然其嗅觉功能也就不能得到较大的发展。此时的胎儿体内有2%～3%的脂肪。皮下脂肪增多，皮肤皱纹消失，皮脂形成，肌肉的紧张度逐渐提高。总之，重要的神经中枢，如呼吸、吞咽、体温调节等中枢已发育完备。

胎教要点

　　孕妈妈此阶段应该注意学习和了解分娩的知识了，并开始为孩子的出生做一些准备。胎教方面的事情主要还是按时与胎儿进行语言和音乐方面的沟通。这个阶段胎儿活动比较频繁，有的胎儿比较调皮，他时而用小手、时而用脚在母亲的肚子里又踢又打，有时还会翻身，使孕妈妈的肚子此起彼伏；有的胎儿相对比较安静，可见胎儿的性格在此时已有所显现。其实胎儿还是个小小的"心理学家"，通过母亲传递过来的一切信息揣摩着母亲的心绪，有一种心电感应。鉴于胎儿这时候的潜在学习能力很强，孕妈妈宜强化与胎儿的交流。

专家提示

孕妈妈此时应记录每一次有规律的胎动。还应该坚持称体重：从妻子怀孕28周开始，可每周测量一次体重，一般每周可增加500克。孕妈妈体重过重或不增加，都是不正常的表现，孕妈妈应到医院请医生检查，帮助找原因。当孕妈妈笑、咳嗽或用力提起东西时，骨盆肌肉也许不能防止小便失禁，因此要时常排空膀胱。

此外，要密切注意发生早产的问题。早产时，孕妈妈感觉到有比较频繁的子宫收缩，开始10分钟左右1次，以后逐渐变频繁。往往有少量阴道流出血。有些孕妈妈没有明显子宫收缩，但往往阴道流水。在合并胎膜早破以后，常不能继续保胎。妊娠不能继续，是不可避免的早产。

小贴士 TIPS　孕妈妈正确的站姿

需要久站的孕妈妈，常会忽视保持正确的站立姿势，而使骨盆底肌肉松弛。如果能保持正确姿势，凸出的小肚子比较不明显，看起来不仅姿态优雅，而且还能预防怀孕期最容易引起的腰酸背痛、肩部僵硬、头痛等毛病。所以，孕妈妈最好常常站在镜子前面练习，养成时时刻刻都保持正确姿势的好习惯。

更要注意的是，不要一个姿势站到底，换个姿势会舒服些，比如耸耸肩、转转头会让孕妇的筋骨放松许多。孕妈妈的正确站姿：

●挺直站立，抬头挺胸，两腿平行，双脚稍微打开，把重心落在脚板上。

●缩紧小腹和臀部，下腭往内收，将背部肌肉伸展开来。

●若是站立时间长，最好每隔几分钟就调整一下脚的位置。

第190天胎教方案
欣赏古筝曲《渔舟唱晚》

古筝曲《渔舟唱晚》，标题取自唐代王勃《滕王阁序》里"渔舟唱晚，响穷彭蠡之滨"中的"渔舟唱晚"四字。乐曲以歌唱性的旋律，形象地描绘了晚霞斑斓、渔歌四起、渔夫满载丰收的喜悦荡桨归舟的欢乐情景，表现了作者对生活和美丽河山的赞美和热爱。

全曲大致可分为3段：第1段，用慢板奏出悠扬如歌的旋律，展示了优美的湖滨晚景，抒发了作者内心的感受和对景色的赞赏。第2段，音乐速度加快，其旋律是从第1段的音调中发展而来，形象地表现了渔夫荡桨归舟、乘风破浪前进的欢乐情绪。第3段，快板，形象地刻画了荡桨声、摇橹声和浪花飞溅声。随着音乐的发展，速度逐渐加快，力度不断增强，展现出渔舟近岸、渔歌飞扬的热烈情景。在高潮突然切住后，尾声缓缓流出，出人意外又耐人寻味。这首乐曲适合于孕妈妈在睡眠不好时听，它乐声悠扬如歌，意境旷达，能促使孕妈妈的情绪恢复宁静，同时，也带给胎宝宝以安静祥和的氛围。孕妈妈在临睡前听此曲，可让自己的思绪沉静到傍晚的水波上，在渔舟的轻摇慢曳中静静入睡……

第 **191** 天胎教方案
给胎宝宝讲故事的原则

在孕妈妈与胎儿的心灵沟通上，给胎儿讲故事就是一项不可缺少的胎教内容。孕妈妈把腹中的胎儿当成一个大孩子，用亲切的语言将信息传递给胎儿，使胎儿接受客观环境的影响，在文化氛围中发育成长。

讲故事时孕妈妈应取一个自己感到舒服的姿势，精力集中，吐字清楚，声音要和缓，既要避免高声尖叫，又要防止平淡乏味的读书。

喜欢听故事是孩子的天性，讲故事的方式一是由孕妈妈任意发挥，另一种是找来图文并茂的儿童读物讲。内容宜短，轻快平和。不要讲那么容易引起恐惧的和伤感、压抑感情的故事。此外，还可以给胎儿朗读一些轻快活泼的儿歌、诗歌、散文以及顺口溜等等。给胎儿讲故事、猜谜语。可以提高胎儿的想象力、创造力。母亲可以将画册的精彩画面加以展示，想象并用嘴说出来，这对胎儿大脑健康发育是一个促进过程。

第 **192** 天胎教方案
家务劳动与胎教

"劳动是最好的医生"。这是流行在欧洲的一句名言。适当的体力劳动能使人气血和畅、经络疏通、精神愉快，它对孕妈妈也是一种很好的活动。孕妈妈可以在家里擦擦桌子、洗洗菜、洗洗碗，步行去买点菜，做点饭菜或织毛衣等等。实践证明，爱活动的孕妈妈生的孩子远比不活动或很少活动的孕妈妈生的孩

↑适当的家务也是胎教

子更有活力、健康。

　　孕妈妈大腹便便，所以做家务时要确定姿势平稳、正确，尤其不能打滑，否则后果会很严重。比如扫地，应双脚前后站，后脚弯曲，尽量不弯腰，只是将重心前后移动就可以了。

小贴士 TIPS　　胎教趣闻

　　坚持给胎儿做操的孕妇还有利于顺利分娩，在某一妇产医院有一位产妇分娩时发生难产，经医生检查后发现胎儿心跳减慢，心律不齐，决定产妇要进行剖宫手术时，这位产妇突然想起已经到"做操"时间了。于是她立即抚摸胎儿为胎儿做操，之后，奇迹发生了，胎儿很快安定下来了，而且自然分娩，胎儿平安出生。

　　子宫对话是目前最流行的胎教法之一，某演员在怀孕时，朋友教她胎教法，她就如法炮制一番，从怀孕第5个月开始，就每天和肚子中的胎儿述说自己当天发生的事，并且和她玩游戏、唱歌。现在她的女儿妮妮4岁了，语言表达能力很强，在3岁时就会说很长的句子了，不仅喜欢也很会唱歌。

第 193 天胎教方案
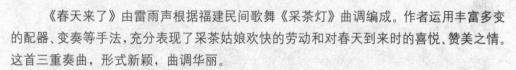
欣赏民乐《春天来了》

　　《春天来了》由雷雨声根据福建民间歌舞《采茶灯》曲调编成。作者运用丰富多变的配器、变奏等手法，充分表现了采茶姑娘欢快的劳动和对春天到来时的喜悦、赞美之情。这首三重奏曲，形式新颖，曲调华丽。

　　此曲的引子是节奏自由的散板，好似春回大地，万物苏醒。主部：以福建民歌《采茶扑蝶》为主部的、轻快活泼的旋律，歌唱春天的到来。第1插部：转为抒情的慢板。抒发了采茶姑娘们怡然自得的喜悦之情；接着是主部的第1次再现，更增添了音乐的欢快气氛。第2插部：与主部的对比更强烈，它以云南民歌《小河淌水》的音调为主题，鲜明地刻画了春回大地的动人意境。尾声中速度不断加快，力度不断加强，最后在高潮中结束全曲。

　　这首乐曲适合孕妈妈在情绪忧郁时听。而孕妈妈在倾听音色丰富、配器多样、色彩华丽、形式新颖的乐曲时，要努力营造出自己内心的欢快喜悦之情，排解忧郁。

第**194**天胎教方案

欣赏圆舞曲《蓝色多瑙河》

↑ 孕妈妈听音乐

圆舞曲《蓝色多瑙河》全名《在美丽的蓝色的多瑙河畔》，是约翰·施特劳斯所作170首圆舞曲中最具代表性的一首。

1866年，奥地利在普奥战争中惨败，维也纳陷入了深深的消沉之中。为振奋人心，作者受维也纳男声合唱协会领导人赫贝克的委托写作象征维也纳生命活力的圆舞曲。曲名和创作动机源自德国诗人卡尔·贝克题献给维也纳城的诗句，"在多瑙河旁，美丽的蓝色的多瑙河旁"。半年后，作者把它改编成为管弦乐曲，在巴黎万国博览会上公演，获得了极大的成功，并很快被介绍到英国、美国及其他国家，被誉为奥地利的"第二国歌"。而后合唱曲也开始流行，歌词由诗人格尔纳特重新创作。

这支著名的圆舞曲旋律优美动人，节奏富于动感，适合孕妈妈在怀孕中、晚期听，孕妈妈在欣赏这首作品时，通过想象能感受鲜明的音乐形象，从而进一步理解奥地利人民热爱生活、热爱故乡的深厚感情。

第**195**天胎教方案

欣赏书法《上阳台帖》

《上阳台帖》为李白书自咏四言诗，也是其唯一传世的书法真迹。孕妈妈可以在许多书法集粹上看到它的影踪。李白生活于盛唐，有诗仙的美誉。他为人洒脱飘逸，正谓字如其人，《上阳台帖》用笔纵放自如，快健流畅，于苍劲中见挺秀，意态万千。结体亦参差跌宕，顾盼有情，奇趣无穷。

帖后有宋徽宗赵佶一跋，跋文为："太白尝作行书，乘兴踏月，西入酒家，可觉人物两望，身在世外……字画飘逸，豪气雄健，乃知白不特以诗鸣也。"元代张晏跋曰："谪仙（李白）尝云：欧、虞、褚、陆真奴书耳。自以流出于胸中，非若他人极习可到。观其飘飘然有凌云之态，高出尘寰得物外之妙。尝遍观晋、唐法帖，而忽展此书，不觉令人清爽。"由此可知，"诗仙亦有传世作，诗书双绝留人间"。

看着如此飘逸的作品，孕妈妈是否可以感受到浓浓的书卷气息扑面而来，那么，此次胎教的目的就达到了。

第196天胎教方案
读抒情诗《再别康桥》

"悄悄的我走了，正如我悄悄的来；我挥一挥衣袖，不带走一片云彩。"《再别康桥》是一首优美的抒情诗，宛如一曲优雅动听的轻音乐。

1928年秋，作者再次到英国访问，旧地重游，勃发了诗兴，将自己的生活体验化作缕缕情思，融汇在所抒写的康桥美丽的景色里，也驰骋在诗人的想象之中。孕妈妈今天的胎教内容就是为胎宝宝读这首抒情的诗。

全诗以"轻轻的""走""来""招手""作别云彩"起笔，接着用虚实相间的手法，描绘了一幅幅流动的画面，构成了一处处美妙的意境，细致入微地将诗人对康桥的爱恋，对往昔生活的憧憬，对眼前的无可奈何的离愁，表现得真挚、浓郁、隽永。诗人闻一多20世纪20年代曾提倡现代诗歌的"音乐的美"、"绘画的美"、"建筑的美"，《再别康桥》一诗，可以说是"三美"兼备，堪称徐志摩诗作中的绝唱。所以，在胎教选文中，此文是最佳读本之一。

小贴士 TIPS　胎儿对不同音乐有不同的反应吗？

英国听力学家威克里蒙兹以胎儿为试验对象，播放莫扎特等古典音乐给胎宝宝们听，结果大部分的胎儿都有安静、稳定、轻松的反应。相反的，若是改放巴赫、勃拉姆斯或贝多芬等较长的交响曲，胎儿的心跳次数及踢肚子的次数就会增加，这表示胎儿正处于不安定的状态。而播放摇滚音乐或电钻的噪声，胎儿也会有相同的反应。

可见，节奏适度的古典音乐能够使孕妈妈的情绪得到松弛，从而帮助孕妈妈做想象训练，得到美的启迪，另一方面，让胎儿感受到安详的气氛，并且刺激脑细胞的成长。

第八章

感觉与思考充分交流的第 **8** 个月

8个月的胎儿有冷热感、会觉察明暗变化，对光线、声音、味道和气味更敏感。此时，胎儿成长较迅速，胎宝宝此时对外界刺激反应也更为明显，如果你在这时候给胎宝宝放些音乐，胎宝宝会对不同的音乐做出不同的反应。每过一天，胎宝宝就更接近降临世间的日子，也更接近胎儿发育期阶段完成的日子。

到了这个孕月，孕妈妈就似长途旅行者，千辛万苦已经走完了一大半路程。眼看就要到达终点了，更不能掉以轻心，提防胎宝宝"提前报到"，养育不足月的小宝贝可不是一件容易的事情。在饮食营养安排上，应少吃多餐。这一段日子同时也是胎宝宝和父母在感觉和思考上进一步加深交流的日子。

第 29 周

综述 ▶

胎儿越长越大，在母体内的活动空间相对会越来越小，胎动也会逐渐减弱，但现在胎儿还是比较好动的。可能在孕妈妈想睡觉的时候，胎儿醒来了，在那里动个不停，搞得妈妈无法入睡；等孕妈妈醒来时，他却睡着不动了，非常顽皮和"不听话"。

这时，孕妈妈需要保持耐心和爱心，慢慢适应胎宝宝的作息时间，在胎宝宝活动的时候和他一起来进行情感交流和思考，把自己乐观的心态、期待的心情传递给胎宝宝。

母体状况

进入妊娠后期，胎动逐渐多起来。胎儿的"拳打脚踢"有时候会让妈妈吓一跳，继而产生疼痛感。孕妈妈这时会觉得肚子偶尔会一阵阵地发硬发紧，这是假宫缩，是这个阶段的正常现象。

要注意休息，不要走太远的路或长时间站立。这时你可能需要每两周做一次体检了，最后一个月还将变成每周做一次体检。为了孕妈妈和胎儿的健康和安全，这是很有必要的。

胎儿发育

孕期第29周的胎儿身长，如果加上腿长，大约已有43厘米了。体重有1300克左右。这时的宝宝，如果是男孩，他的睾丸已经从腹中降下来；如果是女孩，则可以看到宝宝微微突起的阴唇。这时胎儿的皮下脂肪已初步形成，看上去比原来显得胖一些了。手指甲也已很清晰。

这时候的胎宝宝会自己调整位置，很不老实。有的孕妈妈因自己的胎儿现在还是头朝上而担心临产时胎位不正，其实，这时的胎儿可以自己在孕妈妈的肚子里变换体位，有时头朝上，有时头朝下，还没有固定下来，大多数胎儿最后都会因头部较重，而自然头朝下就位的。如果需要纠正的话，产前体检时医生会给予适当指导的。

胎教要点

与胎儿对话是训练听觉能力和建立母子（或父子）亲情的最主要的手段。有计划分阶段地进行对话胎教，结合实际生活内容，不断扩大对话的内容和范围，这对胎儿和孕妈妈来讲都是有很大好处的。

人的性格早在胎儿期就已经基本形成。在整个第8个月中，是胎儿性格形成的最重要的时期。因此，准父母应该注意胎儿性格方面的培养。此外，孕妈妈的情趣、音乐、环境、营养等也是必不可少的胎教内容，还得坚持进行下去。

专家提示

孕妈妈在饮食上除了营养要丰富外，口味上不要吃得太咸。同时，孕妈妈要定期到医院接受产前的检查，偶有出现阴道血性分泌物，要预防早产及胎盘前置的可能。

此外，孕妈妈睡眠上一定要充足，一般孕妈妈睡觉胎儿也在睡觉。因为，胎儿生长所需的激素是通过下丘脑垂体部位制造的，只有在充足的睡眠情况下，才能使胎儿正常生长。

↑孕妈妈每两周要体检一次

小贴士 TIPS　孕晚期胎盘早期剥离怎么办

　　胎盘早期剥离是孕晚期严重的并发症之一，它是指正常位置的胎盘于妊娠20周到胎儿娩出前的任何时间，部分或全部从子宫壁剥离。根据胎盘剥离面的大小和出血量的多少可分轻型和重型两种。轻型者多发生在分娩期，常以外出血为主，腹痛轻微或无腹痛；重型者以急性出血为主，伴有持续性腹痛，可出现休克。摸腹部呈板状，宫缩无间隙，压痛明显，胎心听不到。

　　胎盘早期剥离多发生于妊娠第20周以后，有高血压或血管病变的，以及有外伤、脐带过短、子宫腔内压力骤减等情况的孕妈妈，尤其要注意。有胎盘早剥症状的孕妈妈应立即送往医院，中止妊娠，否则可致胎儿死亡、产后出血、肾功能衰竭，为保护大人有时也要进行剖腹产。

第**197**天胎教方案
尝试国画与书法

　　广泛的情趣对改善大脑的功能有着极为重要的作用。有人认为：乐队指挥、画家、书法家等生活情趣较丰富的人，他们之所以具有创造力，这与他们经常交替动用大脑的左、右半球，促进左、右大脑的平衡，提高大脑的功能有关。因此孕妈妈的生活情趣无疑对胎儿大脑左、右半球的均衡发育起着很关键的作用。

　　今天推荐孕妈妈们在闲暇的时候熟悉一下中国的传统文化：国画与书法。准备好用具后，就可以开始了。先画几副泼墨山水画，或者写写书法（当然，不会书法绘画的妈妈可以用其他的生活情趣和爱好来弥补），边画边讲，比如画竹时可以对胎宝宝说："宝宝，妈妈在画竹，先画一个圆圆长长的竹身，竹是一节一节的……"相信，胎宝宝在腹中也会跟着孕妈妈一起来学习新知识。

第**198**天胎教方案
给胎宝宝读《登鹳雀楼》

　　"白日依山尽，黄河入海流。欲穷千里目，更上一层楼。"王之涣的这首《登鹳雀楼》

可谓家喻户晓。今天，孕妈妈就可以为宝宝有感情地朗读一下这首诗。

"白日依山尽，黄河入海"，是写诗人登楼远眺落日之景，远眺天际仿佛感到天边像是从山那头渐渐消失；俯瞰黄河，滚滚流入东海，中华大地山河是何等辽阔壮美。虽是写景，却抒发了诗人内心的感慨与想象力。

"欲穷千里目，更上一层楼"，从字面上看，是说要想看得更远，必须登上更高一层楼。"穷"是极尽的意思。但从意境上却有更深远的意思。古人好登高，是民俗是习惯更是为抒发内心的感慨，因此常常把追求事业新高度与登高作比。然而要取得更大成就必须更尽一把劲，再往高处走，再高些，更高些，才能达到一种新的眼界，新的意境。

此句与杜甫"会当凌绝顶，一览众山小"的才情有异曲同工之妙，只是少一分霸气，多几分默默攀登的谦逊和探询真理的志向。因此它一直被当作一种追求崇高境界的象征，千百年来为人们所传诵。孕妈妈可以耐心为胎宝宝解读此诗，再加上自己的思索与体会，就可以让胎宝宝感受到此诗的意境了。

第199天胎教方案
给胎宝宝讲《乌鸦喝水》的故事

既然胎宝宝已经长大到可以聆听和感受到孕妈妈的声音和感情了，那不妨在这段时间把与宝宝听觉有关的语言胎教摆在重要的位置上。孕妈妈睡觉之前躺在床上，或者平时坐在椅子上休息时，可以平静一下纷繁的心情，让身心都处于宁静的状态，开始给胎宝宝讲故事，你就想象着自己的胎宝宝在腹内津津有味地听自己讲故事。

在这种轻松的状态下，孕妈妈可以用娓娓动听的声音讲《乌鸦喝水》的故事：一只乌鸦口渴了，到处找水喝。乌鸦看见一个瓶子，瓶子里有水。可是瓶子里水不多，瓶口又小，乌鸦喝不着水。怎么办呢？乌鸦看见旁边有许多小石子。想出办法来了。乌鸦把小石子一个一个地放进瓶子里，瓶子里的水渐渐升高，乌鸦就喝着水了。

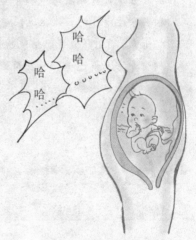

↑8个月的胎儿可以听到外界的声音了

这样的小故事短小精悍，孕妈妈一边讲还可以一边问胎宝宝小问题，以达到沟通和互动的效果，把胎宝宝当作就站在你身旁的小人儿一样对待，相信，胎宝宝一定有兴趣听孕妈妈讲的故事。

第**200**天胎教方案

教胎宝宝认汉字

今天，孕妈妈可以教胎宝宝学习汉字。首先可以自制识字卡，也可以去书店买些识字卡片（这些卡片将来都是有用途的）。卡片要求一面是文字，一面是图画。

教胎宝宝认汉字要本着先易后难、循序渐进的原则。就像是真正地在教一个幼儿学汉字一样，先从"人"、"口"、"手"开始。孕妈妈要先看着文字慢慢发音几次，再转到卡片背后的图画上，慢慢重复发音几次。注意，要把汉字的形状与图片想象在脑海里传递给胎儿，让胎儿感受到这些信息，今天的胎教才达到了目的。有理由相信，通过这样的学习，将来孩子学识字的成效一定会令人刮目相看的。

小贴士 **TIPS** 胎位的矫正

胎位是指胎儿在子宫内的位置与骨盆的关系。正常的胎位应该是胎头俯曲，枕骨在前，分娩时头部最先伸入骨盆，医学上称之为"头先露"，这种胎位分娩一般比较顺利。除此以外的其他胎位，就是属于胎位不正了，包括臀位、横位及复合先露等。

通常，在孕7个月前发现胎位不正，只要加强观察即可。因为在妊娠30周前，胎儿相对子宫来说还小，而且母亲宫内羊水较多、胎儿有活动的余地，会自行纠正胎位。如果在妊娠第30～34周还是胎位不正时，就需要矫正了。

第**201**天胎教方案

母爱胎教

到了孕晚期，孕妈妈的母爱在此时更显重要。胎宝宝的身体已经发育比较完全，各种感知能力也大大提高，此时的母爱，可以促进胎宝宝的生长与发育，塑造良好的性格。

母爱对于胎儿来说更是至关重要的。是母亲以极大的爱，用自己的身体和体液孕育了胎儿。在几百天的等待过程中，母亲倾听着胎儿的蠕动，关注着胎儿的成长，祈求着胎儿的平安，并积极地把爱付诸行动，用自己的心血精心周到地疼爱、照料着腹中的生命：增加营养，锻炼身体，避免有害因素的刺激，创造良好的孕育环境，施行胎教，最后又在痛苦中把胎儿降生到了人世间。

在整个孕育过程中，母亲的情感逐步得到爱的升华，产生出一种对胎儿健康成长极为重要的母子亲情。正是这种感情，使意识萌发中的胎儿捕捉到爱的信息，为形成热爱生活，乐观向上的优良性格打下基础。可以说，母爱是最美也是最有效的胎教。

第202天胎教方案

听莫扎特的《春泉》

音乐是情趣转化的产物，音乐胎教不仅可促进胎儿的身心发育，还能培养儿童对音乐的兴趣。在这一天里，孕妈妈不妨静下心来听听莫扎特的音乐，感受一下音乐给自己带来的感官上的享受和放松的心情。莫扎特的音乐清明高远，乐天愉快，淳朴优美，真挚温暖，有如天籁一般，常常被誉为"永恒的阳光"。"春泉（Spring Spring）"就是其中比较有代表性的一首曲子。莫扎特在严酷命运的摧残之下默默地承受着、孕育着、奉献着……像殉道的使徒般唱着温馨甘美的音乐安慰着自己，安慰着整个世界。他的音乐有人性的关怀，有真、善、美。沐浴在这样的音乐光芒里，胎儿和孕妈妈应该能感受到平静和祥和。

第203天胎教方案

营养胎教

妊娠第8个月的孕妈妈，在饮食安排上应采取少吃多餐的方式进行。应以优质蛋白质、矿物质和维生素多的食品为主。特别应摄入一定量的钙，在摄入含钙高的食物时，应注意补充维生素D。维生素D可以促进钙的吸收。在使用维生素D制剂时，不要过量，以免中毒。含维生素D的食品有动物肝脏、鱼肝油、禽蛋等。随着腹部的膨大，消化功能继续减退，更加容易引起便秘。多吃些薯类、海藻类及含膳食纤维多的蔬菜为宜。

由于在妊娠前7个月里，胎儿吸收了孕妈妈体内的许多营养，孕妈妈体内的各种营养素可以说都处在最低点，在此时，吃些翠绿欲滴的西瓜是大有好处的。因为西瓜中含有维生素B_1、维生素C、糖、铁等大量营养素，可以补充孕妈妈体内的损耗，满足体内胎儿的需要。同时，西瓜还可以利尿消肿，降低血压，对于保护孕妈妈的身体也是有益的。西瓜还有一个神奇的功效，就是可以增加乳汁的分泌。可见西瓜对孕妈妈来说是不可缺少的佳品，孕妈妈应注意在孕期尤其是第7、8个月多吃西瓜。

小贴士 TIPS　孕妈妈要谨防患肾盂肾炎

肾盂肾炎是女性妊娠期最常见的泌尿系统并发症。它的发病率为1%～6%,多发生在妊娠后期。肾盂肾炎发生后,急性期患者可有高热、腰痛、尿急、尿频等症状。如发生在妊娠早期可引发流产,发生在妊娠晚期可引起早产。此病可反复发作,并可引起高血压。

孕妈妈应注意预防肾盂肾炎,在妊娠期多喝水,保持大便通畅;加强体育锻炼,增强体质。如发现有尿急、尿频症状及早彻底治疗。

第**30**周

综述 ▶

此时胎儿的位置相对固定了,不像以前一直是自由转动的胎儿,现在胎头较重,自然趋向头朝下的位置。由于胎儿长大,孕妈妈的腹壁和子宫都被撑得很薄,外界的声音很容易传到胎儿耳中,因而可以多与胎儿对话,让胎儿多听听母亲的声音,待出生后,婴儿很快就能辨认出妈妈的声音了。

胎教不仅直接是孕妈妈的责任,而且也是准爸爸的责任。如果说孕妈妈是胎教的主角,那么准爸爸也是胎教的主角,在整个胎教氛围和良好的环境中,要调节好孕妈妈的胎教情绪,照顾好孕妈妈的生活起居。

母体状况

子宫越来越大,子宫底的高度上升到肚脐和胸口之间,压迫胃和心脏,使其不能很好地发挥各自的功能,于是,孕妈妈就会出现发闷、胃部难受等症状,有时就像食物堵在胸口一样。呼吸也会变得急促,如同在氧气不足的环境中一样。

这种现象的原因就是子宫太大而压迫了横膈膜。因此孕妈妈睡觉时最好在头部和肩膀部位垫上枕头或软垫。

胎儿发育

　　胎儿体重约1500克左右，头至脚长约44厘米。男孩的睾丸这时处于从肾脏附近的腹腔，沿腹沟向阴囊下降的过程中，女孩的阴蒂已突现出来，等到出生前的最后几周都能被小阴唇所覆盖。胎儿头部继续增大，大脑发育非常迅速，大脑和神经系统已发达到了一定程度。胎儿的皮下脂肪继续增长。胎儿的骨骼、肌肉和肺部发育正日趋成熟。

　　这周的胎儿眼睛可以开闭自由，大概能看到子宫中的景象，胎儿还能辨认和跟踪光源。通常胎儿在刚出生的时候只能看到很近距离的东西，逐渐才能看到远处的物体和人。胎儿在子宫中被羊水所包围，随着胎儿的增长，胎动会逐渐减少。

胎教要点

　　大多数胎儿此时对声音都能有所反应，对噪音和音乐有明显的反映。所以，孕妈妈仍然要坚持给胎儿讲故事或听音乐，用心体会胎宝宝的反应，因为此时胎儿已经非常熟悉妈妈的声音了。还应该继续让准爸爸参与胎教，让胎儿也熟悉一下爸爸的声音。

　　由于胎儿大部分体表神经细胞已发育，有接受触摸信息的初步能力，可以通过触觉神经来感受到母体外的刺激，逐渐接受，渐渐灵敏。相关的运动胎教、环境胎教等也是在这基础上进行的。

↑爸爸也要参与胎教

专家提示

　　孕妈妈现在身体变得沉重，特别懒得活动，但缓慢的动作并不要紧，主要麻烦是不易看清脚下。因此，步行和上、下楼梯时要格外注意，一定要踩扎实了再走；你如果感到了子宫收缩腹痛或发胀，就要赶紧休息；并且睡眠要充分，平常抓紧一切时间休息，以保住自己的精力。此外，要做好迎接宝宝的准备。

小贴士 TIPS　孕晚期的饮食安排

妊娠晚期胎儿发育极快，细胞体积速增，大脑增殖到达高峰。此时孕妈妈的营养至关重要，尤其对脑发育影响最大。故妊娠8～9个月时饭量最大，但由于子宫更加增大，升至上腹，并向上顶压胃和膈肌，一次不能饱餐，进餐次数每日可增至5餐以上，每次以少餐为原则，以免胃部涨满、横膈上升、使心脏移位。应选择体积小、营养价值高的食物，如动物性食品等；减少营养价值低而体积大的食物，如土豆、红薯等。

对于一些含能量高的食物，如白糖、蜂蜜等甜食宜少吃或不吃，以防降低食欲，影响其它营养素的摄入量。有水肿的孕妈妈，食盐量应限制在每日5克以下。同时，还应避免辛辣等刺激性强的食物。

第**204**天胎教方案

准爸爸的对话胎教

对话使胎儿对母亲、父亲和其他人有信赖、安全感，生活适应能力强，会感到人间的幸福。面对着分娩即将来临的特点，准爸爸和孕妈妈应该主动进行沟通。尤其准爸爸更应该多些关注胎宝宝。准爸爸要轻轻地抚摸胎儿，同时与胎儿对话"哦，小宝宝，爸爸来了，起来活动活动吧，对啦，小手在哪里，小脚丫在哪里呢？让爸爸摸一摸。啊会蹬腿了，再来一个……"，最好每次都以相同的词句开头和结尾，这样循环反复，不断强化，效果比较好。

可以适当增加对话的次数，可以围绕父母的生活内容，逐渐教给胎儿周围的每一种新鲜事物，把所看到的、所感觉到的东西对胎儿仔细说明，把美好的感觉反复传授给胎儿。比如可以告诉胎儿："我的小宝宝，不久以后你就要出来了，爸爸好盼望这一天。你一定很想和爸爸见面了，是吗？"这些都能促进胎儿和父母情感的建立和心灵的沟通。

宝宝，爸爸在这哦！

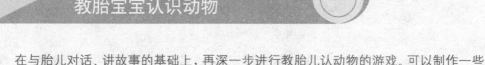

第 **205** 天胎教方案

教胎宝宝认识动物

在与胎儿对话、讲故事的基础上，再深一步进行教胎儿认动物的游戏。可以制作一些简单的图像卡片，或是去书店买些动物卡片（这些卡片在宝宝出生后还都可以继续使用）。通过深刻的视觉印象将卡片上描绘的图像、形状与颜色传递给胎儿。

比如，孕妈妈可以拿出一张画有小猫的卡片，读给胎宝宝听，教胎宝宝辨认，再拿出一张画有小狗的卡片，也读给胎宝宝听。最后抚摸着肚皮问胎宝宝，"认得小猫小狗了吗？说说看，小猫小狗哪个更可爱？"这样，寓教于乐，达到了母子间感情的充分交流，对胎宝宝的身心发展大有益处。

第 **206** 天胎教方案

听《动物狂欢节组曲》

《动物狂欢节组曲》又称《动物园狂想曲》，是一部形象生动、充满幽默谐趣的管弦乐组曲。常采用2架钢琴和小型管弦乐队的形式演奏。是法国音乐大师卡米尔·圣－桑的代表作之一。在这部新颖的组曲中，作者以漫画式的笔调，运用各种乐器的音色和表情特征，惟妙惟肖地描绘出动物们滑稽的动作和可爱的情态，其中的大提琴独奏《天鹅》尤为动人。

乐曲一开始，钢琴以清澈的和弦，清晰而简洁地奏出犹如水波荡漾的引子。在此背景上，大提琴奏出舒展而优美的旋律，描绘了天鹅以高贵优雅的神情安详地浮游的情景。中间调性的变化，为音乐增添了色彩。

它所表现的感情更加内在而热切，犹如对天鹅端庄而高雅的形象的歌颂，把人带入一种纯净崇高的境界。随着音乐力度的渐弱、速度减慢，使人感到美丽的天鹅向着远方渐渐地离去。

这首曲子特别适合孕妈妈在孕中、晚期时听，也适合给胎儿听，因为它描绘了各种动物的形象，能让孕妈妈引发很具体的想象。

第 **207** 天胎教方案

持之以恒做胎教

怀孕晚期，孕妈妈常常动作笨拙、行动不便。许多孕妈妈因此而放弃孕晚期的胎教训练，这样不仅影响前期训练对胎儿的效果，而且影响孕妈妈的身体与生产准备。因此，孕妈妈在孕晚期最好不要轻易放弃自己的运动以及对胎儿的胎教训练。因为，适当的运动可以给胎儿躯体和前庭感觉系统自然的刺激，可以促进胎儿的运动平衡功能。

为了巩固胎儿在孕早期、孕中期对各种刺激已形成的条件反射，孕晚期更应坚持各项胎教内容。胎教的方法很多，从始至终坚持胎教对孕妈妈不是件容易的事情。

胎教要持之以恒。如果孕妈妈怕坚持不下来，可请准爸爸帮忙，让丈夫时时提醒自己，鼓励自己。有理由相信，计划要小孩的夫妇，都会为了自己的孩子付出爱、耐心与时间，别人能做到的事情，你们也一定能做到。

妈妈开始给你讲第108次胎教了哦

↑胎教贵在坚持

🐣 小贴士 TIPS　孕妈妈的正确坐姿

孕妈妈想要坐下时，要先确定椅子是否稳固，可不要眼不看就一屁股往后坐。不妨以手作为探测器，确定椅面后慢慢地由椅边往里靠，直到后背笔直地倚靠在椅背上，而股关节和膝关节最好成直角，大腿要保持水平状态。一屁股猛然就坐下，或长时间坐在软绵绵的沙发上都是不好的。

●坐在椅子上的正确坐姿：坐在差不多是椅面的1/2处，再慢慢地挪动下半身，直到背部紧紧地靠在椅背上，并把背部的肌肉伸展开来。腿部要并拢，以免腰酸背痛。

●坐在地板上的正确坐姿：当孕妈妈腹部越来越大，坐在地板上时，一定要在臀下放个软垫，保持良好的平衡感，也比较舒服。若是侧坐时，要使腰骨平行，并于倾斜的一方垫个软垫。

第**208**天胎教方案

听《欢乐颂》

　　音乐是情感的表达，是心灵的语言。它能使人张开幻想的翅膀，随着优美的旋律翱翔于海阔天空，音乐可唤起胎儿的心灵，打开智慧的天窗。孕妈妈不妨来听听《欢乐颂》这样的音乐，它所表现的不是缠绵的情意，而是歌颂仁爱、欢乐、自由的伟大理想："欢乐女神圣洁美丽，万丈光芒照大地，我们心中充满热情，来到你的圣殿里。你的力量能使人们消除一切分歧，在你光辉照耀下面，人们团结成兄弟"。这表现的是一种崇高、圣洁的美。孕妈妈除可产生欢乐之情外，还可增添信心和勇气。

　　总之，音乐还可以促进孩子性格的完善。不同的乐曲对于陶冶孩子的情操起着不同的作用。有的乐曲能促进孩子恬静、稳定；有的能促进孩子欢乐、开朗的性情；有的能激发孩子的热情和奔放等，久而久之可影响孩子的气质的形成。

第**209**天胎教方案

英语启蒙教育

　　孕妈妈为了对胎儿进行英语启蒙教育，应选用温柔舒缓的英语歌曲，但不能选用摇滚乐。要进行英语启蒙教育，孕妈妈应学会观察胎蠕动，在确定胎儿是醒着的时候，才能打开录音机，而且，音量应该适当，决不能过大，因为胎宝宝怕噪音。

　　有专家认为："在胎儿期接受了英语启蒙教育的孩子，在学校学习英语只不过是一次简单的饭后散步，轻而易举。他们的发音好极了，比那些其父母精通两种语言的孩子们还要好。""如果在接受了产前英语启蒙教育之后，又继续接受正规教育的话，这个在母腹中就开始上学的孩子，其前途不可限量。"

　　如果希望自己的孩子将来成为精通两种语言的人才，最好在胎儿期给孩子进行英语启蒙教育，

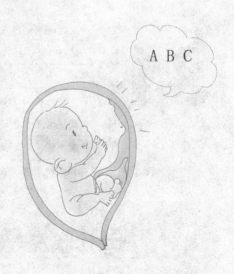

A B C

↑经过启蒙教育的胎儿接受英语的能力强

并作为胎教的一个内容。最好选择每天进行2或3小时，但一次决不要超过45分钟。因为超过这个时间，就会使腹内的胎宝宝产生厌烦情绪。

第**210**天胎教方案
运动胎教注意事项

怀孕后期，也就是8～10个月，尤其是临近预产期的孕妈妈，体重增加，身体负担很重，这时候运动一定要注意安全，既要对自己分娩有利，又要对胎宝宝健康有帮助，还不能过于疲劳。这时候最好不要在闷热的天气里做运动，每次运动时间最好别超过15分钟。这一时期的运动突出个"慢"字，以稍慢的散步为主，过快或时间过长都不好，时间上以孕妈妈不感觉疲劳为度。

在散步的同时，孕妈妈还要加上静态的骨盆底肌肉和腹肌的锻炼，不光是为分娩做准备，还是让渐渐成形的胎宝宝发育更健全，更健康，增强他的活力。所以，这个时期在早上和傍晚，做一些慢动作的健身体操是很好的运动方法。比如简单的伸展运动；坐在垫子上曲伸双腿；平躺下来，轻轻扭动骨盆，身体仰卧，双膝弯曲，用手抱住小腿，身体向膝盖靠等简单动作。每次做操时间在5～10分钟左右就可以，动作要慢，不要勉强做动作。

第**31**周

综述 ▶

这一周的胎儿的肺部和消化系统已基本发育完成，身长增长减慢而体重迅速增加。胎宝宝的眼睛时开时闭，能辨别明暗并能跟踪光源。如果孕妈妈适当地在明亮的光线下袒露腹部，可以刺激胎儿的视觉发育。

孕妈妈由于激素的分泌会使胃与食道间的贲门变得较为松弛，易造成胃酸逆流至食道；再加上子宫上顶压迫到胃，使得胃中食物向肠道移动的速度变慢，胃液被压迫往上而造成心灼热。可少量多餐；进食后1～2小时内勿立即平躺，或可将上半部垫高靠卧；在医师的指导下使用制酸剂。

母体状况

这时子宫底已上升到了横膈膜处，孕妈妈会感到呼吸更加困难。孕妈妈此时吃下食物后会总觉得胃里不舒服，这种情况以后会有所缓解。再过两周，胎儿的头部将开始下降，进入骨盆，到达子宫颈，准备来到这个世界。那时孕妈妈这会觉得呼吸和进食舒畅多了。孕妈妈本月的体重增加了，在最后几周中孕妈妈的体重可能会增加很多，这是因为胎宝宝这时候生长的速度很快。孕妈妈可能会发现自己变得非常健忘，这是正常的现象。

胎儿发育

孕期第31周的胎儿身体和四肢继续长大，直到和头部的比例相当。胎儿现在的体重约为1600克左右，皮下脂肪开始丰满，皱纹减少，看起来更像一个婴儿。

胎儿的主要器官已初步发育完善，肺和肠胃接近成熟，可以有呼吸能力和分泌消化液。胎儿喝进去的羊水，经过膀胱排泄在羊水中，这是在为出生后的小便功能进行锻炼。胎儿的大脑开始复杂化，如果他此周就出生，就能看、听、记忆和学习。

胎教要点

孕妈妈要为胎宝宝创设良好的宫内环境和精神世界，应保持豁达乐观情绪，这有助小生命的健康发育，也有助于出生后活泼开朗性格的形成。光照胎教能促进胎宝宝视觉功能的建立和发育，并通过视神经刺激大脑视觉中枢。光照胎教成功的胎宝宝出生后视觉敏锐、协调、专注力、记忆力也比较好。

当然，也不能忽视其他方面的。总之，一切胎教模式和内容都是围绕着适合本阶段胎儿的发育情况来实行的，不能盲目地、一股脑儿地把所有胎教方式都不加选择、不分场合而施加给胎宝宝，也不能懈怠，还是要科学地进行下去，有不明白的地方，问产科医生，或者多收集这方面的知识和信息。

专家提示

到了孕后期，孕妈妈要谨防妊娠高血压综合征。妊娠高血压综合征的主要表现有：浮肿、蛋白尿、高血压。控制体重，保持营养平衡和足够的睡眠是预防该症的有效措施。可以利用胎动对宝宝进行家庭监护。每天早中晚各测一小时，三次数字相加乘以4即为12小时的胎动数，正常的在30～100次之间。如胎动每小时低于3次或比前一天下降一半以上，说明胎儿在宫内有缺氧现象，应到医院急诊。

为了防止以后哺乳时发生乳头破裂，孕妈妈应经常擦洗乳头，然后涂一些油脂。对哺乳充满自信的心态将是产后母乳喂养成功的基本保证。

孕妈妈应多吃营养价值较高的蛋白质，含有矿物质和维生素的食物。要控制脂肪和淀粉类食物的摄入，以免胎儿过胖，给分娩带来困难。腹部应擦液体维生素E或油脂，以增加腹部皮肤的弹性，减少妊娠纹的出现。切忌慵懒，随意打发日子。

第211天胎教方案
听《土耳其进行曲》

↑ 孕妈妈和胎宝宝一起听音乐

《土耳其进行曲》的作者是莫扎特。在莫扎特的钢琴奏鸣曲中，这首作品最为著名。

莫扎特的音乐充满热情和乐观的情绪，音乐语言通俗易懂，朴素亲切，不乏深邃的情感，他十分强调音乐的自然、和谐、均衡，因此他的音乐又具有典雅、含蓄的特点。

正像莫扎特1781年9月给他父亲的信中所说："因为感情——不论是否激烈——永远不可以令人厌恶的方式表现，所以即使在最惊心动魄的场面中，音乐也永远不能引起耳朵的反感，而仍应当令人入迷，换句话说，要始终成为音乐。"这就是莫扎特的音乐。

这首乐曲适合孕妈妈在妊娠中、晚期听，也适合给胎儿听。《土耳其进行曲》能使胎儿在追逐乐曲奇幻般音符时，脑部流动活跃，促使其脑部的"网路"联结迅速，对智力发育大有好处。因此，也有人说，莫扎特的音乐是"提高智力"的音乐。

第212天胎教方案
赏名画《向日葵》

孕妈妈与胎儿不仅血肉相连，而且在心理上也有着天然联系。孕妈妈的一言一行、一举一动都将对胎儿产生潜移默化的影响。

在我国古代就十分重视并强调孕妈妈个人的修养，主张"自妊娠后，则需行坐端严，性情和悦，常处静室，多听美言，目不观严事，如此则生男女福寿敦厚，忠孝贤明，不然则生男女卑贱不寿而愚顽。"

　　一个具有良好文化修养和生活情趣、生活态度的女性与一个经常打麻将、跳舞、听摇滚乐、喝烈性酒的女性孕育出的胎儿，必然会有很大的差别。所以，孕妈妈不妨让腹中的胎儿"看一看"一些艺术作品，今天可以看看世界名画《向日葵》。

　　《向日葵》是凡·高的代表作之一，是在阳光明媚灿烂的法国南部所作的。画家内心像闪烁着熊熊的火焰，满怀炽热的激情令具有运动感的、仿佛旋转不停的笔触是那样粗厚有力，色彩的对比也是单纯强烈的。然而，在这种粗厚强烈中却又充满了智慧和灵气。观看的人，无不为那激动人心的画面效果而感应，心灵为之震颤，激情也喷薄而出，无不跃跃欲试，共同融入到凡·高丰富的主观感情中去。总之，凡·高笔下的向日葵不仅仅是植物，而是带有原始冲动和热情的生命体。这种热情与美，可以使孕妈妈和胎宝宝共同得到心灵的滋养与欢愉。

第213天胎教方案
数字的学习

　　今天孕妈妈可以教给胎宝宝认识数字，可以间接地奠定胎宝宝的数学基础。可以制作漂亮好看的卡片，上面写上数字，也可以买儿童识数卡片。有了这些图形做基础，就可以将其视觉化后传递给胎儿。

　　然后孕妈妈可以找个舒适的地方坐下，面带微笑，心中想象胎儿认真学习的样子，手抚摸胎儿，用清晰的声音从"1"念到"8"，数和量一起念，如："一个草莓"。还可以用形象的比喻来告诉胎宝宝："1"像一个手指头，"2"像小鸭水上漂等等，并把这种形象想象成画面，映射给胎儿。总之，不论教什么，重要的是将学习内容与生活紧密地联系在一起，也就是说胎儿出生后，用周围的东西进行实物教学是最有效的。

第214天胎教方案
来个大合唱

　　俄罗斯一家名为"新医学"的产科医院，发明了一种胎儿保健新方法，即定期组织孕妈妈进行大合唱。实践证明，这一做法有益于胎儿和新生儿的机体和智力发育。

医学胎教专家认为，孕妈妈在唱歌和朗诵诗词时，腹中的胎宝宝也会学着"歌唱"和"咏诗"，这能改善母体－胎儿的血液循环，从而降低胎内感染，并预防胎儿窒息及缺氧症的发生。参加合唱的人数常为8～10人，也可以家为单位进行合唱。合唱的歌曲有摇篮曲、褓褓曲、游泳曲等。据对已降生的近50名新生儿进行的测验表明，他们的身体健康程度和智力水平等许多方面的指数，均超过在出生前未曾接受音乐熏陶的同样大小的新生儿。

小贴士 TIPS　积极的情绪对胎儿产生哪些影响

孕妈妈积极乐观的情绪对胎宝宝的影响非常大，看看下面的好处，孕妈妈肯定会更坚定情绪胎教的信心：

● 积极乐观的情绪能产生有益物质，让孕妈妈的身体处于最佳状态，十分有益于胎盘的血液循环供应，促使胎宝宝稳定地生长发育，不易发生流产、早产及妊娠并发症。

● 使胎宝宝的活动缓和而有规律，器官组织进行着良好分化、形成及生长发育，尤其是对脑组织发育。

● 小宝贝出生后，性情平和，情绪稳定，不经常哭闹，能很快地形成良好的生物节律，如睡眠、排泄、进食等，一般来讲智商、情商都较高。

第 215 天胎教方案

看书与胎教

书是知识的源泉，是孕妈妈文化修养的基础，也是胎教必不可少的精神食粮。孕妈妈宜选择一些趣味高雅，使人心境平和，有益于身心健康的书籍。此外也可选择一些有关胎教、新生儿和婴幼儿营养和早期教育的书，以便积累知识，为将来培养孩子之用。

书是生活中必不可少的，孕妈妈在怀孕后半段时间，把手头的工作丢下，全心全意地把精力放在胎宝宝的身上，一切围绕胎儿来进行。看书也必然要看一些与胎教、与幼儿教育有关的。当然孕妈妈也可以根据平时的爱好，看一些自己喜欢的文学作品和其他书籍，只要不太费神，不要看得时间太久而影响视力和休息就好。

第**216**天胎教方案

听《摇篮曲》

从生理上来说，悦耳怡人的音响效果能激起母亲植物神经系统的活动，由于植物神经系统控制着内分泌腺使其分泌许多激素，这些激素经过血液循环进入胎盘，使胎盘的血液成分发生变化，有利于胎儿健康的化学成分增多，从而激发胎儿大脑及各系统的功能活动，来感受母亲对他的教育。

在妊娠晚期，因接近临产，孕妈妈有些急躁，这时期可多听些摇篮曲、幼儿歌曲，以增加母爱，使孕妈妈感受到为人之母的幸福。例如勃拉姆斯的《摇篮曲》："安睡吧！小宝贝，你甜蜜地睡吧！睡在那绣着玫瑰花的被里；愿上帝保佑你，一直睡到天明。"这类歌充满母爱，充满做母亲的自豪感，语言优美，旋律轻柔，是孕妈妈和胎儿都能接受的。

第**217**天胎教方案

营养胎教

怀孕后期的孕妈妈，容易受便秘之苦，所以应多摄取富含膳食纤维的蔬菜水果，以降低便秘的发生。这个阶段的孕妈妈，应开始为生产贮存体力做准备。少量多餐，增加水分和膳食纤维的补充：一天可进食5~6次；进食后1~2小时不要立即躺下来，可以先将身体上半部垫高靠卧；在医生的指导下使用制酸剂。

孕妈妈在怀孕后期经常吃鱼可以加速胎宝宝的成长，减少新生儿体重不足的几率。因此，孕后期要注意在营养上摄取多种营养素，多吃鱼。

小贴士 TIPS 孕晚期饮食和营养

孕妈妈=在怀孕的最后3个月里，每天的主食需要增加到800克，牛奶也要增加到2瓶，荤菜每顿也可增加到150克。勿需大量进补，孕妈妈在怀孕期的体重增加12公斤为正常，不要超过15公斤，否则体重超标极易引起妊娠期糖尿病。

新生婴儿的重量也非越重越好，六至七斤为最标准的体重。五斤是及格体重，从医学角度看，超过八斤属于巨大儿，巨大儿产后对营养的需求量大，但自身摄入能力有限，所以更容易生病，此外巨大儿母亲产道损伤、产后出血概率也比较高。

第**32**周

综述 ▶

第32周的时候孕妈妈会发现胎儿的胎动越来越少了，不像原来那样在妈妈肚子里翻筋斗了。但是你不用担心，你只要感到胎宝宝在您腹中偶尔的活动，就说明他很好。原因很简单，胎儿越来越大了，他活动的空间在减少，他的手脚不能自由伸展了。即使如此，胎儿还要继续长大，而且在出生前至少还要长1000克呢！

沉重的腹部会让孕妈妈不愿意走动，但是，如果孕妈妈想要在生产时候更加轻松些，还是应该适当地活动。与宝宝见面的时间就要到了！

母体状况

妊娠到这个时候，孕妈妈的胸部疼痛加剧，呼吸更加费力，当胎儿下降到骨盆之后，症状会有所减轻。随着胎儿的快速成长，孕妈妈的体重继续增加，子宫的顶端已上升到最高点，到达肚脐以上12厘米处，孕妈妈腹中几乎没有多余空间了。

这时，孕妈妈的体重每周增加0.5千克左右，胎儿的体重约为新生儿的1/3或1/2左右。余下的体重将在往后的7周时间内增长。到了孕晚期，胎儿在腹中的位置在不断下降，使孕妈妈感到下腹坠胀。孕妈妈的消化功能也可能变得差了，同时，还可能伴有便秘、尿频、水肿等症状。

胎儿发育

32周的胎儿身长约42厘米，体重约1800克。如果宝宝是男孩，他的睾丸可能已经从腹腔进入阴囊。但是有的胎宝宝可能会出生后当天才进入阴囊。如果是女孩，她的大阴唇明显隆起，左右紧贴。这说明胎宝宝的生殖器发育接近成熟。宝宝四肢和头部大小的比例适中，具备即将出生的婴儿的模样。

除此之外，胎儿已经长出一头的胎发，但头发稀少，不过，宝宝出生后头发的浓密会改变的。这个月孕妈妈的体重可以增加1300~1800克，在孕期最后阶段，孕妈妈的体重每周可以增加500克左右，这也是胎儿生长发育加快的原因。

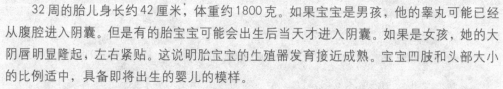

胎教要点

对于即将要结束孕期生活，孕妈妈的内心将会有许多复杂的情绪，此时，孕妈妈应延续之前进行过的胎教方式，增进与胎儿的互动，做好所有的准备，迎接胎儿的到来。

胎教实际上是对胎儿进行良性刺激，主要是通过感觉的刺激发展胎儿的视觉，以培养其观察力；发展胎儿的听觉，以培养其对事物反应的敏感性；发展胎儿的动作，以培养其动作协调、反应敏捷，心灵手巧。

由于胎儿在子宫内的特殊环境里，胎教必须通过母体来实行，对胎儿的感官刺激，通过神经可以传递到胎儿未成熟的大脑，对其发育成熟起到良性效应，一些良性刺激可以长久地保存在大脑的某个功能区域中，一旦遇到合适的机会，惊人的才能就会发挥出来。

专家提示

到了妊娠后期，孕妈妈应尽量避免坐车远行。妊娠晚期，孕妈妈生理变化很大，对环境的适应能力也降低，长时间坐车会给孕妈妈带来诸多不便，包括：长时间坐车，车里的汽油味会使孕妈妈感到恶心、呕吐、食欲降低；长途颠簸必然会影响孕妈妈休息，出现睡眠少，精神烦躁，疲劳等情况，从而影响食欲；由于坐车时间长，下肢静脉血液回流减少会引起或加重下肢浮肿，导致孕妈妈行动更不方便；乘车人多，一般较拥挤，晚期妊娠腹部膨隆，容易受到挤压或颠簸而致流产、早产；车内空气污浊，各种致产、早产等意外，将会给孕妈妈及胎儿带来生命危险。

小贴士 TIPS　　胎儿喜欢什么声音

有些孕妈妈会对"婴儿是否有声音的喜好？"这问题产生怀疑。其实成长至7个月的胎儿，对区别声音的能力会逐渐发达。有种测验胎儿听力的方法，称为"听觉性诱发电位"，也就是用电波的变化来观察对声音的反应。从第31周开始，把测定结果做成图表，则脑波变化的图表会突变为复杂。这表示胎儿会对各种不同的声音，做出各种不同的反应。胎儿喜欢的声音除了母语和心音外，其它如鸟鸣声、大自然的风声，以及轻柔安静的乐音。胎儿讨厌如摩托车的引擎声、汽车的噪音或闹钟的铃声等。

第**218**天胎教方案

"推、推、推"的游戏

针对这个时期已经"成熟"的胎宝宝，准父母可以和胎宝宝做做游戏，增进与胎宝宝的感情，同时也活跃胎宝宝的身心。准爸妈可以通过轻轻从不同方位推动胎宝宝（动作一定要轻柔），感觉一下胎儿的反应，通常只要反复几次之后，胎儿就会有所响应，例如：当你轻轻推动胎宝宝，胎宝宝就会做出反应，或是转身，或是踢腿舞拳。这样的互动，实在相当有趣！准爸爸可以一同参与孕期胎教，当准爸爸给孕妈妈在涂抹妊娠霜时，可以和妻子与胎儿对话，增加彼此互动的机会。

需要注意的是，游戏胎教进行的时间不宜过长。以免胎宝宝产生厌倦，打扰胎宝宝的正常休息。为了增加乐趣，准爸妈在和胎宝宝做游戏的同时，还可以说说胎教小歌谣之类的，胎宝宝更能感受到和父母互动的温馨氛围。

第**219**天胎教方案

听民乐《百鸟朝凤》

《百鸟朝凤》是唢呐曲，原是流行于山东、安徽、河南、河北等地的民间乐曲。它以热情欢快的旋律，生动描绘了百鸟和鸣、气象万千的自然景象，表现出人们对大自然的赞美和热爱之情。全曲共分8段，是一首循环体结构的乐曲：

■山雀啼晓。乐曲开始是一段散板。在唢呐奏出清新、悠扬的乐句之后，随即模仿鸟叫声，由伴奏乐器笛子与之相对答呼应，互相竞赛，展现出山雀啼晓的意境。

■春回大地。这是一段具有浓郁乡土气息和北方民间音乐粗犷、爽朗风格的曲调，优美而流畅。这段音乐的特点是造成一种欢乐的情绪和变化多端的气氛，为下一段落模拟音调的出现提供了心理上的准备。

■莺歌燕舞。唢呐自由地模拟各种鸟叫声，伴奏声部以舒展的节奏和优美如歌的旋律作陪衬，加强了音乐性。

■林间嬉戏。短句替代前面悠长的乐句，音乐显得活跃起来，犹如人们在山林中嬉戏的欢快情景。

■百鸟朝凤。这是第2次出现的模拟各种禽鸟的叫声，充分发挥了唢呐所特有的演奏技巧，惟妙惟肖表现了百鸟争鸣的情景。

■欢乐歌舞。随着速度的转快，乐曲的情绪不断向前推进。当乐队戛然停止之后，唢呐出人意料地用花舌音发出蝉鸣声，非常真切喜人。特别有趣的是模拟蝉被捉住时，发出的阵阵挣扎声和最后长鸣一声远飞而去的一段，绘声绘色，充满了欢快热烈的气氛。

■凤凰展翅。随着乐曲速度的加快和短小音型的反复推进，音乐进入了高潮，之后又出现了唢呐的华彩段，它使得欢腾的情绪达到极点。

■并翅凌空。这是高潮段落的继续，音乐情绪越加热烈，再次出现百鸟齐鸣的场面。最后以一个短小的尾声结束全曲。

这是一首特别适合于孕妈妈在怀孕中、晚期以及给胎儿听的乐曲，因为它不仅描绘了大自然中百鸟和鸣的景象，有助于孕妈妈舒畅心情，还模拟了林中各种禽鸟的叫声，把人仿佛带入了大自然中。这种原声的模拟给胎儿听，能直接刺激胎儿的听觉，有助于胎儿的智力发展。孕妈妈在与胎儿共同欣赏这首乐曲时，若能一边听一边给胎儿描述林中百禽的叫声和欢快的场面，则对胎儿智力发展更有利。

小贴士 TIPS　胎儿的味觉、吸吮手指

科学家证实，胎儿在6个月后，就能品尝各种味道，能够分辨出苦味、甜味或者酸味。而这一时期的胎儿，味觉器官发育得更好，在功能上更强。研究表明，未出生的胎儿对甜味有一种天生的偏爱。如果孕妈妈平时不吃辣，却偶尔吃了很辣的一餐，腹中的胎儿甚至会用做鬼脸来表示不满。如果孕妈妈喝了一杯浓咖啡，胎儿的呼吸和心跳可能就会因此而加快。

吸吮手指是一种本能，胎儿发育所需要的一切营养都是通过脐带传送的，因此，在子宫内胎儿不需要有进食的技术。但胎儿却花很多时间吸吮拇指，这不仅是为胎儿日后的第一餐做好了准备，而且帮助他发现自己身体上有趣的东西，比如皮肤的感觉和拇指的大小。因此，胎儿在子宫内吸吮拇指的行为也是其探索世界的开始。

第220天胎教方案

触摸胎教

孕妈妈应该每天坚持对胎宝宝进行抚摸胎教，前面已经讲了许多抚摸方法，今天再介绍一种——孕妈妈用食指或中指轻轻触摸胎儿，然后放松即可。开始时，胎儿一般不会做出明显反应，待母亲手法娴熟并与胎儿配合默契后，胎儿就会有明显反应。如遇到胎儿"拳打脚踢"强烈反应，表示胎儿不高兴，这时，孕妈妈应停止动作。

280 天同步胎教专家方案

另外，孕期第 8 个月时，胎儿的头和背已经分清，准爸妈可以轻轻地抚摸胎儿的头部，有规律地来回抚摸宝宝的背部，也可以轻轻地抚摸孩子的四肢。当胎儿可以感受到触摸的刺激后，会促使宝宝做出相应的反应。触摸顺序可由头部开始，然后沿背部到臀部至肢体，要轻柔有序，有利于胎儿感觉系统，神经系统及大脑的发育。触摸着胎宝宝日益明显的身体轮廓，感受着胎动的时候，可以和胎宝宝说说话，讲讲故事，或者唱首歌，这样，胎宝宝更能直接感受到父母的爱抚，胎教效果才能明显。

触摸胎教应定时做，一般在每天睡觉前（晚上9～10 点钟）胎儿活动频繁时做，可以促进胎宝宝的脑神经的发育和协调。

↑孕妈妈在抚摸胎宝宝

第 221 天胎教方案
教胎宝宝学拼音

虽然不一定通过教胎宝宝学习都能培养出天才，但实践证明，经过这种训练的胎宝宝出生后在学习语言、文字等方面，比普通孩子学得更快更好。所以，孕妈妈还是应该经过这种努力，为胎宝宝的将来打好基础。今天，可以教胎宝宝学学拼音。孕妈妈可以这样：在教"a"时，一面要正确地反复发好这个音，一面用手指写它的笔画。要将 a 的视觉形状和发音深深地印在脑海里。这样一来，母亲发的"a"这一个信息，就会以最佳状态传递给胎宝宝，从而利于胎儿用脑去理解并记住它。

第 222 天胎教方案
形象意念与胎教

怀孕第 32 周，孕妈妈可能已经把腹中小宝宝的模样想象了千万遍，圆圆的小脸，大大的眼睛、胖乎乎的脚丫，十分可爱。还有不少的孕妈妈，买来闪亮明星的巨幅画像，挂在家里每天盯着看半天，就是希望未来的宝宝长得像明星一样好看。还会看着邻居或者别人家的小孩来做参照，会不会和小男孩一样聪明淘气呢？还是和小女孩一样文静而可爱呢？看到别人家的孩子总是会不由自主地产生联想。

其实，在某种程度上说，将要出生的胎儿真的能与母亲想象中的样子比较相似。因为母亲与胎儿具有心理和生理上的沟通，从胎教的角度上看，孕妈妈想象是通过母亲的意念构成胎教的重要因素，转化、渗透在胎儿的身心感受之中。

想象你的宝宝→

第 223 天胎教方案

听名曲《鳟鱼》

《鳟鱼》是舒伯特写的一首富于戏剧性的艺术歌曲。作于1817年，当时他才20岁。歌词取材于诗人舒巴尔特的一首浪漫诗，它以叙述式的手法向人们揭示了善良和单纯往往被虚诈和邪恶所害。借对小鳟鱼不幸遭遇的同情，抒发作者对自由的向往和对迫害的憎恶，是一首寓意深刻的作品。1819年，舒伯特又采用这首歌的曲调，作成A大调钢琴五重奏，使得这首《鳟鱼》更为著名。

在歌声出现之前，有6小节活泼、轻快的前奏。它还一直贯穿在整个第1、第2部分的伴奏音乐之中，旋律流畅而活跃，形象地描绘了潺潺流水以及小鳟鱼在水中畅游的神态。歌曲第1部分由5个乐句组成，音乐活跃而又灵巧，体现了小鳟鱼天真活泼的动态。第2部分的旋律是第1部分的重复，但歌词不同，它描述了渔夫在思忖如何引鱼上钩，表达了作者暗中的期望：希望河水又清又亮，他别想用那鱼钩把小鱼钓上。第3部分先渲染了河水被搅浑和鳟鱼上了钩的痛苦挣扎的情景，最后表达了作者看到鱼儿受骗上钩的不平而惋惜的复杂心情。尾曲与前奏、间奏基本相同，全曲前后呼应，完整统一。

第 224 天胎教方案

给胎宝宝读《龟兔赛跑》的故事

今天可以给胎宝宝读《龟兔赛跑》的故事，故事里小白兔和小乌龟的活泼可爱的形象，与童趣十足的对话，一定会让胎宝宝感到有趣极了。要注意，如果没有太多的时间，只能匆匆地念故事给胎儿听，至少也要选择一页图画仔细地告诉胎儿，尽量将书画上的内容"视觉化"地传达给胎儿。"视觉化"就是将鲜明的图画、单字、影像印在脑海中的行为。研究发现，每天进行视觉化的行为，会逐渐增强将讯息传达给胎儿的能力。

第九章

面临最后"冲刺"的第9个月

妊娠第9个月，距预产期越来越近，腹中的小宝贝就要降临人世，已经到了最后"冲刺"的关键时期。孕妈妈一方面会为宝宝即将出世感到兴奋和愉快，另一方面又对分娩怀有紧张的心理，面对这一现实，从胎教的角度来说，千万不能不闻不问，一定要倍加关注。让孕妈妈始终保持一种平和、欢乐的心态，直接关系到胎儿的健康成长。

孕妈妈面临分娩，可能有些思想压力，有些烦躁不安的情绪，丈夫除了给予宽容、理解外，还要给予关心和照顾。准爸爸要从精神上、体力上支持和关心妻子，这也是做丈夫的义不容辞的责任。要为妻子分娩、为宝宝的到来做好经济上、物质上、环境上的准备。

第33周

综述 ▶

这一周的胎宝宝各个方面都发育很好：大脑发育良好，听觉发育已经健全并且能够表现出喜欢或厌烦的表情。而且皮肤显得红润，身体浑圆，像个初生婴儿。如果胎儿在此时早产，也比较容易存活，因为胎儿各个系统发育比较完善了，生存能力较强。

此阶段胎儿的胎动反应会逐渐减少，孕妈妈乳房变得更加丰满，尿频、便秘、气喘、腰酸背痛的感觉更为严重，容易出现产前忧郁症。因此孕妈妈一定要注意好营养保健和情绪调节。

母体状况

妊娠9个月的时候，宫底已升至心窝正下方，子宫高约28～30厘米，胃和心脏受压迫感更为明显。有时感到气喘、呼吸困难，胃饱感。由于子宫压迫膀胱，排尿次数增加，尿频明显。有的人会感到有时有轻度子宫收缩，这些都是正常的生理过程。如果这是第一个宝宝，他可能转为头朝下的姿势，为出生做好准备。一旦宝宝的头朝下了，孕妈妈的呼吸会容易些，消化不良的症状也会得到改善。

如果在清晨起床后，发现头一天肿起来的脸、手、脚、腿或其他身体部位还是没消肿，这时要及时向医生反应，同时要特别注意水的摄入量。沉重的腹部会让孕妈妈不愿意走动，并且感到疲惫，这些都是正常现象，但至少要坚持每天的散步活动。

胎儿发育

现在胎儿体重大约已有2000克了，身长约为48厘米。孕妈妈子宫里的空间已显得很拥挤，胎儿的活动余地也小多了。这时胎儿皮下脂肪已较前大为增加，皱纹减少，身体开始变得圆润。胎儿的呼吸系统、消化系统发育已近成熟。

有的胎儿头部已开始降入骨盆。有的胎儿已长出了一头胎发，也有的头发稀少，前者并不意味着将来宝宝头发就一定浓密，后者也不意味着将来宝宝头发就一定稀疏，所以不必太在意。胎儿的指甲已长到指尖，但一般不会超过指尖。

胎教要点

已经到了孕妈妈最后"冲刺"的阶段，孕妈妈难免会产生这样或那样的担心。所以从这一周起，着重情绪的调节和做好产前良好的心理准备是十分重要的，也是比较重点的胎教内容。孕妈妈根据自己的爱好和性格特点，通过一些放松身心的活动比如唱歌、绘画、看电影等等，一方面达到胎教的效果，一方面也有助于分散孕妈妈的注意力，消除身心的消极情绪，比如害怕难产，担心胎儿不健全等。

当然，平时运动一下，对分娩是会有好处的，还要注意这个时期的营养，这才是胎儿和母亲健康的基础。

专家提示

随着妊娠天数的增加，尤其是到了妊娠后期，孕妈妈开始盼望孩子早日降生。越往后孕妈妈的这种心理越是强烈，临到预产期，有的孕妈妈会变得急不可待。

要知道，新生儿所具有的一切功能，产前的胎儿已完全具备。一条脐带，连接了母子两颗心，无论是在感情上，还是在品性上，孕妈妈都会影响着胎儿心智的发育。孕妈妈着急，心境不好，也会影响到胎儿，在最后

↑孕妈妈情绪影响胎宝宝智商

一段时间里生活不宁，这实在是不可取的。

再有就是怀孕第9个月时，孕妈妈妊娠高血压综合征的危险系数加大，应注意控制体重的快速增长。同时还要注意，如出现突然出血，羊水流出的情况应立即上医院。

小贴士 TIPS　给快出生的小宝宝准备衣物

婴儿的衣服不用准备得太多，因为孩子很快会长大。婴儿在出生以后的几个月内很怕冷，因此无论是在夏天出生还是冬天出生，都应该准备毛织品。给孩子用的毛织品应选购质量好的毛线，以防多次洗涤后会发硬、失去弹性。

婴儿的衣服应该肥大，料子要纯棉的，颜色要浅，应该非常柔软。孩子的内衣接触皮肤的一面不要缝针脚，不要用带子或纽扣，可选用尼龙搭扣。

第**225**天胎教方案
映像传递训练

孕妈妈每天选择一个固定的时间，利用5～10分钟，在胎儿睡醒的时候，每张图画进行5天（即5次），晚上7～9点之间最好。打开优美的音乐，眼睛看着眼前美丽的图片（这就是映像图），想着胎儿和你一起看，想象胎儿头脑里也有这幅画。面带微笑，手摸胎儿，语调适中，以清晰的语言朗诵"描述"内容，重复3遍，闭上眼睛，进行"映像传递"5分钟左右，结束后，双手搓搓脸，再听会儿音乐。这样的训练是为了培养胎儿思维联想能力。

第**226**天胎教方案
听名曲《水上音乐》

《水上音乐》由著名作曲家亨德尔所作。它以优美的旋律、轻巧的节奏而流传于世。全部组曲演奏时间长达1小时，目前已很少演奏它的全部，而只演奏其中的一部分。《G大调第一圆号组曲》常被演奏，这个组曲由于只使用圆号这一种铜管乐器而得名，其实主要的演奏乐器是木管和弦乐。

今天孕妈妈可以在疲劳时听听这首名曲。音乐中既有碧波荡漾的泰晤士河的韵味，又朴实优美，富有个性。音乐虚实相辉，意境深远，明快的节奏和清晰的旋律线条，具有豪爽自信的气质；中间部分柔美抒情，木管和弦乐主奏，弦乐器清淡的音色与前后形成鲜明的对比。而在曲目的最后，又给人一种坦然自若，逍遥自在的感觉。

这首巴比克风格的乐曲特别适合孕妈妈在疲劳时听，它虚实相辉的音乐和意境深远的画面能使疲劳了一天的孕妈妈尽快消除疲乏，充分体验轻松柔美的音乐境界。

第227天胎教方案
讲幽默小故事

情绪胎教，是通过对孕妈妈的情绪进行调节，使之忘掉烦恼和忧虑，创造清新的氛围及和谐的心境，通过妈妈的神经递质作用，促使胎儿的大脑得以良好的发育。我国传统医学经典《黄帝内经》中率先提出孕妈妈"七情"（喜、怒、忧、思、悲、恐、惊）过激会致"胎病"理论。现代医学研究也表明，情绪与全身各器官功能的变化直接相关。不良的情绪会扰乱神经系统，导致孕妈妈内分泌紊乱，进而影响胚胎及胎儿的正常发育，甚至造成胎儿畸形。

孕妈妈闲暇时不妨放松一下心情，读一些笑话或幽默小故事，给胎宝宝听，也给自己听，心情好了，胎宝宝在腹中也会怡然自得。

第228天胎教方案
营养胎教

在这一周，孕妈妈应该吃一些营养丰富的海洋食物。海洋动物食品被营养学家称为高价营养品。它们富含脂肪、蛋白质、维生素 A 和维生素 D，与眼睛、皮肤、牙齿和骨骼的正常发育关系非常密切。据研究，海鱼中含有大量的鱼油，而且这种鱼油具有有利于新陈代谢正常进行的特殊作用。海鱼还可以提供丰富的矿物质，如镁、铁、碘等元素，它对促进胎儿生长发育有良好的作用。

除此之外，海洋动物食品还具有低热量高蛋白的特点。100克鱼肉可提供成人蛋白质供应量的1/3～1/4，却只提供低于100千卡的热量，因此对于高脂肪的海洋动物食品，多吃是有益无害的。

小贴士 TIPS　哪些食物可以预防妊娠后期的便秘

孕妈妈在孕晚期可以多吃以下这些食物，可以预防便秘：

● 含纤维素的食物：各种蔬菜，如芹菜、扁豆、白菜、油菜等。

● 含水多的食品：如果汁、牛奶、清凉饮料、酸奶等，也可多饮水。

● 润肠食品：含油食物，如植物油、蜂蜜、核桃仁等。

● 含镁的食品：如香蕉。

● 其他食品：蘑菇类、豆制品、水果、柑橘、果酱、鱼、花生米等。

第**229**天胎教方案
听民乐《金蛇狂舞》

　　《金蛇狂舞》是聂耳根据民间乐曲《倒八板》整理改编的民族器乐合奏曲，表现了在我国传统民间节日中人们舞动巨龙、锣鼓喧天的欢乐场景。聂耳将其定名为《金蛇狂舞》，反映了他对新中国的坚定信念和革命的乐观主义精神。乐曲短小精悍、欢快流畅。演奏形式生动活泼，铿锵有力的锣鼓，有时作间奏、有时与丝竹乐队对奏、有时与曲调同时奏鸣，渲染了热烈欢腾的气氛。

　　乐曲一开始，以昂扬、奔放的引子揭开了序幕。接着，由鼓、钹奏出激越的音响作为过渡，引出明快、流畅的主题乐句。主题旋律具有强烈的内在推动力，赋予乐曲热情、兴奋、欢乐的色彩。第2段上、下句对答呼应，并将对答的双方处理成领与合、吹与弹、锣与鼓、强与弱等对比关系，情绪逐层高涨，达到了全曲的高潮，巧妙地描绘出民间喜庆时人们舞动巨龙、锣鼓喧天的欢乐场景。第3段是第1段的再现。乐曲从头反复了一遍，紧接着，在经过第2段的展开和对比之后，又一次出现第1段的旋律，随着速度逐渐加快，力度逐渐增强，情绪更加红火，再度把乐曲推向高潮。最后在锣鼓齐鸣中，以短促有力的3个音结束全曲。这首乐曲适合孕妈妈精神萎靡时听，它活泼生动的表现和铿锵有力的旋律渲染了热烈欢腾的气氛，能振奋孕妈妈的精神，感染孕妈妈沉浸到乐观的情绪中来。

第**230**天胎教方案
写下你的期待

　　胎宝宝就要出世了。今天，孕妈妈可以写下自己对胎儿的期待。内容越详细越好，如做事认真负责、长得活泼可爱、懂得关心别人、怀着一颗感恩的心等等。做这样一个计划表，准备在胎儿出生后，把你的期待融入你对宝宝的教育计划当中去，让他能够在各方面都有优异表现。在写下这些期待时，一定要怀着美好的情绪，想象着孩子正如你期待的那样，这种潜意识里的期待就一定会让胎宝宝感受到，从而对他的大脑起到很好的促进作用。

第 231 天胎教方案

做放松运动

妊娠的最后两个月，不宜参加剧烈运动，以免早产，尤其是有过流产史的孕妈妈更应注意，但运动胎教仍要进行。所以，这一时期，就可以做做放松运动。学会放松，有助于孕期健康、顺利分娩，并享受与胎儿共处的每一刻。

每天拿出约 20 分钟的时间，找出肌肉紧张和放松的区别。不妨做做下面这几项放松身心的运动：

■戴上耳机，调暗灯光，坐在舒适的椅子上或躺下（孕晚期不能平躺，可用垫子支撑着腹部而侧卧着）。

■用一段时间平静下来，脑子中什么都不想。

■伸展脚趾，感到牵拉力，然后慢慢放松，再摇动数下。

■用力绷紧两膝和大腿肌，保持几秒钟，然后放松，让大腿向两侧摆动。

■绷紧腹肌，给胎儿一个大的紧缩力，然后尽量放松，使胎儿的活动空间加大。

■握拳，保持一段时间，然后松开手指。

■尽量向上提肩，保持一段时间后再放下，反复进行，使双肩得到放松和舒适。

■深呼吸，体会身体的感觉，让胎儿在越来越拥挤的空间里得到更多的氧气。

小贴士 TIPS　散步是孕晚期最好的运动

日本妇产科专家伊藤认为：要想分娩无痛，孕妈妈每日最好步行 20 分钟。若是快步行走则以 60 米短距离为宜。心跳控制在 135／分左右为好。散步可以促进小腿及脚的肌肉收缩，促进血液循环，减轻下肢水肿，减轻便秘，增进食欲，锻炼体力，活动关节和肌肉，有利于分娩。

但孕妈妈散步的时间不能太长，以不感到疲劳为宜。妊娠晚期的孕妈妈不能站立时间太长和坐的时间太长，以免影响血液循环或引起疲劳，太疲劳易引起早产。除散步外，孕妈妈也可做一点力所能及的家务，适当的慢慢活动有利于顺利分娩，缩短产程。

第**34**周

综述 ▶

这一周的胎宝宝是躺在妈妈的子宫壁上，而不是浮在一个充满液体的空间。当然，胎宝宝还是浸泡在羊水里的，各器官均已充分发育。如果此时宝宝出生，他已经能适应子宫外面的世界了。

胎宝宝的眼睛在白天活跃的时候睁开，睡觉的时候闭上。虽然胎宝宝的眼睛现在就能处理视觉信息，但他们的聚焦能力还很弱。而胎儿大脑发育的关键时期就是怀孕的最后这几个月，因此，孕妈妈一定要注意营养和胎教。

母体状况

孕妈妈的腹部负担非常重，会常常出现痉挛和疼痛，有时还会感到腹部抽搐，一阵阵紧缩。同时，你也会发现你的脚、脸、手肿得更厉害了，脚踝部更是肿得老高，特别是在温暖的季节或是在每天的傍晚，肿胀程度会有所加重。

即使如此这时也不要限制水分的摄入量，因为母体和胎儿都需要大量的水分。相反，令人惊奇的是，摄入的水分越多，反而越能帮助你排出体内的水分。但是如果某一天你发现自己的手或脸突然肿胀得厉害起来，那就一定要去看医生了。

胎儿发育

胎儿现在体重大约2300克，坐高约为44厘米。此时胎儿应该已经为分娩做好了准备，将身体转为头位，即头朝下的姿势，头部已经进入骨盆。这时起医生会格外关注胎儿的位置，胎位是否正常直接关系到你是否能正常分娩。如果胎儿是臀位（即臀部向下）或是有其它姿势的胎位不正，医生都会采取措施进行纠正。

胎儿的头骨现在还很柔软，而且每块头骨之间还留有空间，这是为了在分娩时使胎儿的头部能够顺利通过狭窄的产道。但是现在身体其它部分的骨骼已经变得结实起来，胎儿的皮肤也已不再那么又红又皱了。

胎教要点

孕妈妈与胎儿息息相关。他们之间不仅有着肉体的联系，而且还存在着各种信息间的沟通，所以，以前所实施的各种各样的科学胎教方式，对胎儿的成长来说是十分必要的，也是行之有效的。本周的胎教重点除了以前所提到的音乐、运动、文学等胎教外，还要着重消除孕妈妈对分娩的恐惧，从而达到快乐胎教、快乐生产的目的。

专家提示

　　孕妈妈睡眠时应左侧卧位，养成有规律的睡眠习惯。尽量避免饮用含咖啡因的饮料，如汽水、咖啡、茶。而且临睡前不要喝过多的水或汤，晚饭要少吃，有利于睡眠。睡觉前不要做剧烈运动，应该放松一下神经，比如洗15分钟的温水澡，喝一杯热的、不含咖啡因的饮料（加了蜂蜜的牛奶等）。午间可睡上30～60分钟以弥补晚上失眠所造成的睡眠不足。如果由于腿抽筋从睡梦中醒来，请用力将脚蹬到墙上或下床站立片刻，这会有助于缓解抽筋。当然还要保证膳食中有足够的钙。

小贴士 TIPS　孕晚期的注意事项

　　●由于有早产可能，所以应做好一切准备，包括去医院要带的物品：保暖厚袜子、睡衣、外衣、喂奶大罩衫、内衣内裤、授乳胸罩、卫生巾、拖鞋、洗漱用具、润口糖、小食品等。

　　●手边要有去分娩医院的联系电话、乘车路线以及孕期所有检查记录，住院分娩要事先预约好。

　　●缩短定期检查的间隔，从这时起每2周去检查一次。

　　●平时最好穿后跟低而平稳的鞋，防止笨拙的身体不稳损伤腰部。

　　●每星期或每次检查时，注意观察体重增长情况，如果每周增长500克以上，应及早告诉医生。

　　●注意观察早产征象，如伴随着腹部阵痛有无阴道流血。早产时阴道流出血的颜色大多像月经血，但只要腹部发硬就应提高警惕。

第 **232** 天胎教方案

熟悉常用招呼用语

　　如果孕妈妈有时还是不知和宝宝说些什么好，那么今天就向你介绍一些常用招呼用语：

■一般用语："宝宝"、"你好"、"早安"、"再见"、"你早，小宝宝"、"晚安，我的宝贝"等。

■复杂一些的用语：起床时："早上好！可爱的小宝贝"等；早上打开窗户时："太阳升起来了……"；吃饭时："小宝宝，吃饭喽，妈妈做了好多好多好吃的东西"等；开门回家时："我们回家啦，小宝贝"等；下班时："乖乖，爸爸回来了"等。

■带情节的用语："小宝宝，现在是早晨，天气晴朗，一会儿爸爸去上班了，你跟着妈妈要听话，下班爸爸再给你讲故事。""今天是星期天，是休息日，爸妈带你去公园，呼吸新鲜空气，看看绿绿的草地，红红的花朵，好吗？""宝宝，爸妈喜欢你，无论你是男孩，还是女孩都喜欢，放心睡觉吧！"

第**233**天胎教方案
教胎宝宝玩扑克牌

今天，孕妈妈可以教胎宝宝玩扑克牌，还可以请准爸爸一起参加游戏。首先要教给胎宝宝的是接龙游戏。先拿出一种花色的牌，摆在床上由小到大或由大到小依次排队。然后将所排顺序花样牢牢记住，然后再重新打乱，再来排列，并给予胎宝宝适当的解说。这个游戏可以加深胎宝宝对数字的递增和递减的规律的感知，可以说是一个好办法。

另外，也可用扑克牌来计算加减法，为提高胎宝宝对计算的兴趣、促进胎宝宝计算能力的发展打下了基础。

第**234**天胎教方案
哼唱《小燕子》

有的孕妈妈认为，自己五音不全，没有音乐细胞，哪能给胎儿唱歌呢。其实完全没有必要把唱歌这件事看得过于神秘。要知道，给胎儿唱歌并不需要什么技巧和天赋，要的只是母亲对胎儿的一片深情。只要带着对胎儿深深的母爱去唱，歌声对胎儿来说一定是十分悦耳的了。因此，未来的妈妈不妨经常哼唱一些自己喜爱的歌曲，把自己愉快的心情通过歌声传递给胎儿，使胎儿分享喜悦的心情。唱的时候尽量使声音往上腹部集中，把字咬清楚，唱得甜甜的，胎儿一定会十分欢迎。

孕妈妈唱一些儿歌，可以让胎宝宝提早感受"童年"的乐趣。比如，轻轻哼唱《小燕子》："小燕子穿花衣，年年春天来这里。我问燕子你为啥来，燕子说这里的春天最美丽。

小燕子，告诉你，今年这里更美丽。我们盖起了大工厂，装上了新机器，欢迎你长期住在这里……"一边唱可以一边给胎宝宝即兴编一段小燕子的童话故事，这样，和胎宝宝的互动和交流就会更密切了。

小贴士 TIPS　孕晚期胎教简明提示

● 8月：帮助胎儿运动，准爸爸、孕妈妈多与宝宝沟通，随时告诉胎宝宝一些身边的有趣的事情，并告诉胎宝宝你快要出生了。你将降生在一个和谐、幸福的家庭，一个文明、昌盛的时代。

● 9月：帮助胎儿运动和胎儿一起欣赏音乐，较前几个月胎教时间可适当延长。胎教内容可适当增加，孕妈妈应少吃多餐，以多营养、高蛋白为主，限制动物脂肪和盐的过量摄入，多吃富含微量元素和维生素的食物，少饮水。

● 10月：在各种胎教活动正常进行的同时，孕妈妈应适当了解一些分娩知识，消除害怕心理，保持企盼、愉快的心态。要养精蓄锐，避免劳累，早晚仰卧，练习用力与松弛方法，为分娩做准备。

第 **235** 天胎教方案
讲《狼来了》的故事

胎宝宝有34周了，妈妈可以正常自如地和胎宝宝"对话"了。不要以为他听不懂，这种胎教形式已经被反复证实很有效。在和胎宝宝谈话的时候尽量把声音放柔一些引起胎宝宝的注意和兴趣（表现在胎动上），每天可以和胎宝宝讲一个好听的故事，一方面锻炼自己以后给幼儿讲故事的能力，另一面也让胎宝宝接受文学故事的熏陶。比如给胎宝宝讲《狼来了》的故事：

有个放羊娃，赶着他的羊群到村外很远的地方去放牧。他老是喜欢说谎，开玩笑，时常大声向村里人呼救，谎称有狼来袭击他的羊群。刚开始两三回，村里人都惊慌得立刻跑来想要帮助他打跑狼，来了以后才知道，他在说谎，没有这回事。于是村里人被他嘲笑后，没趣地回去了。后来，有一天，狼真的来了，窜入羊群。牧羊娃对着村里拼命呼喊救命，村里人却认为他又在像往常一样说谎，开玩笑，所以没有人再理他。结果，他的羊群全被狼咬死了。这故事说明，那些常常说谎话的人，即使再说真话也很难让人相信。

第**236**天胎教方案

编首儿歌给胎宝宝

胎宝宝在母体中不断接受语言波的信息，使其在空白的大脑上增加"音符"。优美的语言像花朵一样美丽，它不但可以刺激胎儿大脑的生长发育，而且可使孕妈妈自我调节，进入愉快和宁静的状态。所以，当胎宝宝已经进入第10个月时，准爸妈更应该抓紧时间给胎宝宝做胎教。有资料表明，10个月的胎宝宝的智力发育已和新生儿相差不多了。今天，孕妈妈可以编首儿歌给胎宝宝听：

春天到，春天到，

妈妈肚里真热闹；

花儿乐得哈哈笑，

鸟儿笑得喳喳叫；

宝宝弯腰屁股翘，

妈妈春意上眉梢。

孕妈妈安详地坐在椅子上，一手抚摸着肚子，慢声细语地对腹中的胎宝宝念着这首自编的儿歌，这是多么美丽的一幅图画！画中的孕妈妈好像是一个人自言自语，实际上，还有一个忠实的听众在那里配合着孕妈妈手舞足蹈呢！真是一个人的图画，两个人的世界。

第**237**天胎教方案

情绪调适

孕妈妈要做好产前的心理准备，分娩前的心理准备远远胜过了学习各种知识及练习。然而许多准妈妈并没有意识到面对的问题，因此，一旦面对分娩的紧张问题时就会很无助。但是，在医生的指导下，做过妊娠和分娩相关的心理准备后，便会得到更大范围的心理保护，有助于安抚孕妈妈的情绪，从而也起到安抚胎宝宝的良好作用。

第 **238** 天胎教方案

营养胎教

孕晚期由于胎儿的增大，孕妈妈肠道受压，很容易发生便秘而诱发痔疮。因此，孕妈妈应该多吃富含纤维素的绿叶根茎类蔬菜。同时，不要过多地吃脂肪或淀粉类食品，以免胎儿过胖而造成难产。

妊娠第8个月以后，胎儿在母体内发育基本完善，还需要进一步成熟。此期孕妈妈应适当控制蛋白质、脂肪的摄入量，以免胎儿生长过快给分娩带来一定困难。所以在妊娠的后期，食物以少量多样化为好。此期孕妈妈的体重以每周增加0.5公斤为适宜。

↑食品要多样化

总之，在这一周，要坚持孕晚期的营养原则：食品多样化、量适当、质量高、易消化、低盐（食盐量应控制在7克／日以下）、低脂；适当控制饮水量，但饮水次数不能减少；注意晒太阳，可促进合成维生素，有利于钙的吸收。

第 **35** 周

综述 ▶

由于胎儿增大，并且逐渐下降，相当多的孕妈妈此时会觉得腹坠腰酸，骨盆后部附近的肌肉和韧带变得麻木，甚至有一种牵拉式的疼痛，使行动变得更为艰难。日益临近的分娩会使孕妈妈感到忐忑不安甚至有些紧张，和丈夫、朋友或自己的妈妈聊一聊，可以稍缓解一下内心的压力。

如果孕妈妈的阴道突然有大量液体流出，有可能是胎膜早破，会引起上行感染，也可能是脐带脱垂，会危害胎儿的生命。此时，准爸爸应冷静，马上让妻子平卧，并马上打电话通知医院，让妻子去医院做好待产准备。

母体状况

进入妊娠第35周，子宫底达到最高位置，上升到了胸口的位置，压迫胃、肺、心脏，因此，孕妈妈的呼吸困难和心脏疼痛程度最为严重。腿部感到刺痛，骨盆部位会出现麻木痉挛现象,这是因为胎儿的重量压迫了腿和骨盆的神经。另外,孕激素松弛素及胎宝宝的体重作用引起骨盆连接部扩张,为分娩做准备,这时孕妈妈可能感觉到这些部位有些不舒服。

胎儿发育

现在的胎儿一般已有2500克重了,身长达到了50厘米左右。他越长越胖,变得圆滚滚的。胎儿的皮下脂肪将在他出生后起到调节体温的作用。胎宝宝的头转向下方,头部进入骨盆。此外,胎宝宝的两个肾脏已经发育完全,肝脏也可以自行代谢一些东西了。这时的胎宝宝指甲长长了,有的可能会超过指尖。

绝大多数的胎儿如果在此时出生都能够成活,而且大多也不会发生什么大的问题,尽管胎儿的中枢神经系统尚未完全发育成熟,但是现在他的肺部发育已基本完成,存活的可能性为99%。

胎教要点

第35周时,胎儿的听力已经充分发育,如果准爸妈到现在都还没有和胎儿说过话,那现在马上就开始吧。要用孩子的语气与胎儿说话,不要觉得这些可笑,时不时的和胎儿对话,进行交流和沟通是十分必要的。事实上,实验证明细而高的音调更能吸引胎儿或婴儿的注意。总之,语言胎教不仅可以加深与胎儿的感情,同时也能训练胎儿的大脑思维。

这一周还可以实施光照胎教,当然,音乐胎教等内容也不可偏废,这一周,主要是以孕妈妈和胎儿得到身心放松的胎教形式为主。准爸妈可以根据自己的情况,制定相应的胎教计划,并每天都坚持进行,相信,不久的将来,将会受到意外的成果。

专家提示

从这一周开始,孕妈妈要每周做一次产前检查。由于胎动开始减少了,孕妈妈要向医生询问和学习如何测胎心和胎动。医生可以通过B超测量出胎宝宝的体重,不过,在未来几周中,胎宝宝的体重还会发生变化。同时,孕妈妈在这几周中身体会越来越感到沉重,因此要注意小心活动,避免长期站立等。

这段时间内,孕妈妈的体能水平变化不定。大多数孕妈妈感觉疲劳。但这个月,可能发现疲惫与体力充沛交替出现的情况。体力充沛时做一些必须要做的事，为分娩和产后做准备。不要劳累过度，要为分娩时期保存一点体力。

小贴士 TIPS　预防早产

　　常见的早产是在胎儿第7～8个月，即孕期第28～36周时发生的。孕妈妈遇到有腹痛和阴道流血(即早产先兆)等情况，应卧床安静休息，必要时入院观察治疗。如果腹痛得厉害，出血量很多，早产的可能性很大，应马上去医院，做好分娩的准备。预防早产除了进行疾病防治外，尤其应当注意避免外部造成的伤害，因为这通常是导致早产的重要原因。有许多早产的孕妈妈就是在怀孕后期，因不慎被挤、被撞或是跌倒，引起早产的。

　　因此，孕妈妈到了怀孕后期，要注意休息，避免过度劳累和精神紧张，外出时一定要注意安全，或者尽量减少外出和乘车的次数，不要到人多拥挤的地方去；如若去外地生产，尽可能早点动身，选择颠簸小和速度快的交通工具，有多胎或早产史的孕妈妈需要提前入院。

第 **239** 天胎教方案

为宝宝制作"见面礼"

　　宝宝就要出生了，想必有些衣物已经添置齐备了。但是，在今天，喜欢自己动手的孕妈妈可以亲手"DIY"宝宝的衣物、棉被、枕头，来表达自己对宝宝的喜爱之情。

　　可以多多参考有关杂志，或用自己的巧思，亲手为宝宝布置一个独一无二的"小窝"，一边制作宝宝的见面礼，一边期待着宝宝的出生，这必定是每个孕妈妈觉得最浪漫的事了。

↑孕妈妈可以为宝宝准备衣物

第 **240** 天胎教方案

习惯与胎教

　　良好的习惯是良好的精神修养的外在形式，在孕晚期，虽然孕妈妈的形象已经很笨重

了，但在孕晚期内，也一定要服饰整洁，言谈文雅，声调柔和，举止要端庄，不抽烟喝酒。人的素质高低虽然与文化程度有一定的关系，但并不是绝对的。夫妇琴瑟和谐，公婆姑嫂满意，邻里和睦，同事团结，爱劳动，爱清洁，做事干净利索，不张狂，为人处事得体大方，给人留下贤妻良母的印象，对胎儿的健康也十分有益。

以孕妈妈的饮食习惯为例，胎儿出生后的生活与饮食习惯，也深受胎教的影响。现在有许多母亲都曾为孩子"不爱吃青菜、正餐，喜吃饼干、糖果、汉堡、可乐"烦恼过，当然习惯的养成很重要，但如果孕妈妈在怀孕时也尽量多吃原始食物，如五谷、青菜、新鲜水果……烹调的方式以保留食物原味为主，少用调料，少吃垃圾食品，让胎宝宝还在肚子里时就习惯此类的饮食模式，加上日后的用心培养，相信在培养孩子合理健康的饮食习惯上一定能事半功倍。

小贴士 TIPS　良好的饮食习惯能预防孩子弱视

要调节饮食，保证营养。孕妈妈的营养直接关系到胎儿的视觉器官发育，如果孕妈妈偏食、挑食、厌食，会导致营养不良，使某些微量元素缺乏，则影响胎儿的发育，甚至导致畸形。如微量元素锌是胎儿眼球生长发育和视觉功能不可缺少的必需元素，如果孕妈妈体内锌缺乏，就可能导致胎儿弱视的发生。

孕妈妈要使自己身体健康和胎儿发育良好，则必须保证充足的营养，要主动做到膳食平衡，不偏食，不挑食，食物以清淡、富有营养为主，不要过量食用辛、辣、酸及咖啡等刺激性的食品，而应该多吃一些含锌丰富的食品，如肉类、鱼虾等。

第241天胎教方案

全脑思维训练

全脑思维是一个新的概念，是利用孕妈妈的思维来开发胎宝宝大脑的一种形式。孕妈妈可每周进行一次，每次画一页。

可以先放一些优美的音乐，用手抚摸胎儿，面带微笑对胎儿说："宝宝，我们来画画，你帮妈妈想这幅画该怎么画好呢？"然后根据主题，努力想象要画的画面，想好了，创作一幅画，画好了，讲述画面给胎儿听。这样做可以开发胎儿用左右脑思考问题的能力。

全脑思维训练后孕妈妈画出图画→

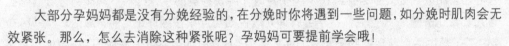

第242天胎教方案
做些分娩准备运动

大部分孕妈妈都是没有分娩经验的，在分娩时你将遇到一些问题，如分娩时肌肉会无效紧张。那么，怎么去消除这种紧张呢？孕妈妈可要提前学会哦！

■浅呼吸——像分娩时那样平躺着，嘴唇微微张开进行吸气和呼气所间隔相等的轻而浅的呼吸。此法用于解除腹部紧张。

■短促呼吸——像分娩那样双手握在一起，集中体力连续做几次短促呼吸，为的是集中腹部力量使胎儿的头慢慢娩出。

↑分娩准备运动

■肌肉松弛法——肘和膝关节用力弯曲，接着伸直放松。这是利用肌肉紧张感的差异进行放松肌肉的练习。

以上方法每天练习半小时，会收到很好的效果！

第243天胎教方案
教胎宝宝堆积木

今天，孕妈妈可以教胎宝宝来堆积木。堆积木是儿童最喜欢的游戏之一，用来提高学龄前儿童的手脑互动能力。现在选堆积木为胎教课程，一样可以起到刺激胎脑良性发展的作用。

选择颜色鲜艳，形状简单的积木作为道具，试着把积木排成长长的一列，然后再打乱，重新再排，并在脑海里把所看的信息形象化，并把信息传递给胎儿。也可以往高处堆，但要避免积木落地的声音，因为这种突如其来的声音，会惊吓到肚子里的胎宝宝，从而影响到胎教效果。

第 **244** 天胎教方案
教胎宝宝背儿歌

在孕晚期，父母就可以开始教胎宝宝背诵简单的儿歌。儿歌背诵要押韵，多次重复才能有印象。先背一首，重复7~10天，然后背第二首，背诵第二首时也要经常重复第一首。只要有1~2首经常重复背诵就足够了，不要过多，也不要背得过快。要一个字一个字说清楚，特别把押韵的字重读。

儿歌之所以易于上口就是因为押韵，押韵有节律就起到与音乐相仿的作用。准爸妈经常给胎儿背诵儿歌，婴儿会背诵儿歌的时间也相应提前，在1岁4个月时就会讲儿歌，在未经语言胎教的婴儿中，要到18~20个月时才会说押韵的字，到24~28个月才会背诵整首儿歌，几乎慢4~6个月。孩子会背诵儿歌说明能连续按顺序记忆4句短话，12~14个字。孩子学讲话之前要在脑子里背诵许多单词，从最开始会称呼爸爸妈妈后，到能用单音说出一个词来表达想要的东西。通过背诵，渐渐把词连成短句。所以背诵是讲话之前必经的一个阶段。由于儿歌押韵，朗朗上口，易于背诵，所以无论古今中外，儿歌都普遍存在。

第 **245** 天胎教方案
父子对话

准爸爸同胎儿说话，是父爱的具体表现，使胎儿通过听觉和触觉，感受到父爱的温暖，这对胎儿的心智发育十分有益。父子对话这种做法，对孕妈妈来说也是一种极大的安慰和鼓励，不仅加深了父子感情及对胎教的共识，而且还创造了良好的实施胎教的家庭氛围。

每天清晨起床时，准爸爸可以摸摸妻子的腹部，告诉胎儿："你早啊，宝宝！"下班回家时也可以说"爸爸回来了"，当胎儿在妻子腹内活动剧烈，妻子受不了时，可以告诉胎儿："宝宝，这样会让妈妈难受的。"

晚上，躺在妻子身边，可以和胎宝宝谈谈今天发生的趣事。只要准爸爸有耐心，和胎宝宝的谈话内容是相当丰富的，胎宝宝也乐于和准爸爸分享快乐的事。

宝宝真漂亮

↑准爸爸要和胎宝宝多沟通

第36周

综述 ▶

第36周的胎宝宝已经长得与初生的婴儿相差不多了，这一周孕妈妈除了继续保养好身体，继续实施胎教以外，还应该放松一下紧张心情，多看看关于分娩的知识，便不会心怀恐惧了，因为不了解才导致惧怕。只要把准备工作做好，以一种恬淡的心情等待宝宝降临的那一刻，应该是很顺利的事。

这一周，如果孕妈妈出现先兆子痫，准爸爸要想办法迅速急救，并应安排妻子住院治疗。休息的环境要安静，避免噪声，可以安心休养。

母体状况

第36周的时候，孕妈妈的腹部高度隆起，宫底从胸下2横指处，上升到心窝下面一点，宫底高度为29.8～34.5厘米，挤压肠胃现象加重，且使膈肌上移，心脏向左上方移位。心脏和双肺受到挤压，加之血容量增加到最高峰，故心脏负荷加大，心跳呼吸增快，气喘胃胀、食欲不振、便秘。此时胎头开始逐渐下降入盆腔，挤压膀胱，引起尿频，孕妈妈会感到下腹部坠胀，甚至会时时有宝宝要出来的感觉。

胎儿发育

第36周的胎儿大约已有2800克重，身长约为46～50厘米。这周胎儿的指甲又长长了，可能会超过指尖。两个肾脏已发育完全，他的肝脏也已能够处理一些代谢废物。这时每当胎儿在母亲腹中活动时，他的手肘、小脚丫和头部可能会清楚地在妈妈的腹部凸显出来，这是因为此时的子宫壁和腹壁已变得很薄了，而且因此会有更多的光亮透射进子宫，这会使胎儿逐步建立起自己每日的活动周期。现在子宫内的羊水比例减少，胎儿所占的体积增加，现在的胎儿已是当初胎芽体积的1000倍。而母体体重的增长也已达到最高峰，已增重11～13公斤。

胎教要点

古人说，妊娠第10个月，孕妈妈应"饮醴食甘，缓带自时而待之，是谓养毛发，多才力"，"无处湿冷，毋着炙衣"。这时的胎儿在母亲体内增长力气和重量，活动愈来愈频繁，力气越来越大，但他也有安静的时候。孕妈妈要注意让胎儿休息，在他安静的时候不要过多地刺激他，而是给他听些轻柔流畅的音乐。

同时孕妈妈要减轻紧张情绪，孕妈妈的紧张，恐惧心理对胎儿是一种不良的刺激。要寄希望于未来，把美好的理想寄托于胎儿，把所见所想之美景都凝思于胎儿，以期内感外应、心旷神怡。

专家提示

辅助训练是为使分娩尽可能顺利而进行的动作，可以减轻分娩时引起的肌肉发酸和疼痛，而且能使全身松弛，防止白白地消耗热量，同时也包含了练习分娩时用力动作的方法。练习辅助动作，应从怀孕第36周开始，而在此前做的话，有时会导致早产。特别是用力的动作，其危险性更大。因此，要掌握好要领。

此外，在饮食习惯上，孕妈妈还是要坚持少吃多餐的原则。如果你现在吃得过多，你的胎宝宝可能会变得比较胖。即使是正常体重，胎宝宝现在在子宫里也仅仅只能从一侧转到另一侧。所以要一日多餐，一餐少食。

小贴士 TIPS　破水了，是否应该立即去医院？

很多女性在整个怀孕期间都在考虑，当分娩前，羊水大量流失该怎么办。其实，破水的时候，羊水急泻是非常罕见的，因此不必对此过分担心。另外，还可以让你安心的是，妇产科大夫会在预产期前为你检查胎儿的头是否已经进入骨盆中了。当宝宝的小脑袋已经向下进入产道，羊膜囊破了，羊水流入产道，这个时候就应该去医院了。

如果破水来得太早，比预产期提前很多天，胎儿还没有进入准备降生的位置，就比较危险了。因为这个时候脐带会先于宝宝滑向阴道，在后面的胎儿的脑袋压迫着脐带，阻碍了血液的流动。因此，这个时候产妇应该平躺着被送往医院，以保证不压迫脐带，使得胎儿的供给得以继续。

第 246 天胎教方案

欣赏名曲《小夜曲》

这是首典型的器乐小夜曲，是海顿所作《F大调第十七弦乐四重奏》的第2乐章"如歌的行板"，作于1771年。海顿在一生中共写有80余首弦乐四重奏，大多是欢乐、热情的抒发。这首小夜曲色彩明朗，节奏轻快，旋律娓娓动听，具有一种典雅质朴的情调，表现了无忧无虑的意境。

乐曲开始时，先由第一小提琴带上弱音器奏出柔美、亲切的第1主题，充满欢快的情绪。其他3个声部由第二小提琴、中提琴、大提琴用拨弦模仿吉他的音响为之伴奏。这一主题略加装饰反复了一次。在短小的连接部之后，出现一个由装饰音和附点音符构成的第2主题，它在调性、音区、旋律等方面与第1主题形成对比。展开部只有8小节，它的旋律进行时出现大跳音程，显得活泼而富于生气。在再现部中，第1主题出现后立即进入连接部，它由第1主题结尾的音调加以变奏、演进而成，继而完整再现了第2主题。最后，乐曲在欢快的气氛中结束。

这首乐曲极富有抒情性，能使孕妈妈镇静、舒心，听后能怡情养性。

第 247 天胎教方案

开始定时进行光照胎教

光照胎教是指孕期第36周开始，当胎儿觉醒时，孕妈妈用手电筒的微光，一闪一灭地照射孕妈妈腹部，以训练胎宝宝昼夜节律，即夜间睡眠，白天觉醒，从而促进胎儿视觉功能的健康发育。实验证明，光照胎教不仅可以促进胎儿对光线的灵敏反应及视觉功能的健康发育，还有益于孩子出生后动作行为的发育成长。你可定时于每日用手电筒的微光一闪一灭地照射孕妈妈腹部3次，同时告诉胎宝宝，现在是早晨或中午为你数胎动时间，特别应该注意的是，光照胎教切忌用强光照射，且时间不宜过长。也可以在晒太阳的

↑孕妈妈要定时进行光照训练

时候，摸着自己的腹部，告诉胎儿，现在是什么时间，阳光有多温暖，外面的世界有多美丽。

第**248**天胎教方案
做深呼吸操

第36周，胎宝宝离出生的日子不远了，因此，孕妈妈要选择合适的运动方式，以利于分娩。深呼吸操就是一种对分娩很有帮助的运动。方法如下：

↑腹式呼吸

■仰卧腹式深呼吸

孕妈妈躺在床上，膝盖稍微弯曲，两脚轻松分开，两手轻松放在下腹部两侧，两拇指位于脐正下方，小指位于耻骨联合上3～4指远，围成三角形。深呼气，用鼻深深地吸一口气，吸气时使下腹部隆起，当不能再吸气时，慢慢地用嘴呼出气体，呼气的同时使下腹部凹陷恢复原状。

■侧卧腹式深呼吸

孕妈妈侧卧在床上，两膝轻松自然弯曲，身体下方的手向上弯曲，手掌放在脸旁，上方的手轻轻放在下腹部，然后如腹式呼吸法，用鼻子深吸一大口气，使下腹部鼓起，不能再吸气时再慢慢用嘴呼气，使下腹部恢复原状。

当然，由于已经到了临近分娩的孕晚期，运动也要适量，不能过度，以免出危险。如果把握不好，可以向医生请教。运动时稍微感觉不适就要停下来，要知道自己的身体已经处于"关键时期"了。

第**249**天胎教方案
做足部操

孕妈妈在孕晚期，因为行动不便，在进行运动胎教时更应该小心谨慎。从今天起，可以做做关于足部的护理操，在增加身体的灵敏度的同时，也为产后恢复打下良好基础。

■用足缘行走。

↑足部运动

■用足趾行走。

■足趾捡物。

■手扶椅背，双足并拢，提足跟外旋。

在孕晚期，有些孕妈妈怀孕后脚痛还有一种原因是平足。平时无症状，但孕期的生理变化往往使平足加重。人体的足弓由横弓和纵弓组成。横弓在足底的前部，内侧纵弓较多，外侧纵弓较少。足弓正常时，站立和行走主要由第1、第5跖骨头和跟骨负重，孕妈妈常因为体重增加，使维持足弓的肌肉和韧带疲劳，不能维持正常足弓。

做足操有助于预防，而矫形平足鞋垫是根据个人足形，由变压泡沫做成鞋垫来矫治平足，其材质近似人体结缔组织，帮助足弓均匀分散和承担体重。另外，每日温热水足浴，还能让生完小宝宝的新妈妈迅速恢复步态。

小贴士 TIPS　为小宝贝准备哺喂所需物品

以下这些给小宝宝喂食的物品你都准备齐了吗？

●大奶瓶4～6只，小宝贝喝奶时用。小奶瓶2只，其中一只喂糖水，另一只喂果汁。奶嘴2～4个，选择时注意大小适中。

●奶瓶消毒锅／器1个。想节约时间的妈妈可选蒸气式的铝质锅，在消毒时不要加热过头。奶瓶夹1个，奶瓶消毒后用奶瓶夹会卫生又安全。

●奶瓶奶嘴刷1个。保温奶瓶1个，便于夜间或外出时使用。温奶器1个，选择免水式并能自动调温37℃的为宜。外出奶粉携带盒1个，选有四层结构的较合适。

●吸奶器或吸喂乳两用瓶1个，以备喂母奶时用。

●果汁压榨器1个。食物研磨器1个。

●母乳冷冻机1～2个，适合喂母乳的上班族妈妈用。

●食物箱1个，放置所有的哺喂用品，不仅卫生且使用时方便易找。

第 **250** 天胎教方案

听名曲《G大调小步舞曲》

在众多的小步舞曲中，贝多芬的这首《G大调小步舞曲》是最通俗、最流行的一首。作于1795年，为其钢琴曲集《小步舞曲六首》中的第2首。后被改编为小提琴曲、大提琴曲和管弦乐曲等。

这首《G大调小步舞曲》虽然是按传统曲式结构写成的，但是与其他一些小步舞曲不大相同：它的两端部分优美典雅，中间部的旋律流动性强，轻快活泼，呈典型的方整性结构。此曲第1部分是以三拍子为特征的小步舞曲主题，曲趣高雅，表情丰富，其主要音调突出了附点节奏，从容简朴，典雅庄重。第3乐句奏出形成波浪式的旋律，与前后乐句形成对比，具有较强的动力，推动了音乐的进行，直到第4乐句结束于主音，回到主调上结束。中间部轻盈而活泼，与第1部分的温雅色彩形成鲜明对比。后半段的乐曲充满欢乐情趣。最后，以第1部分的再现结束全曲。

这是一首欢快典雅的舞曲，它适合孕妈妈在妊娠晚期听，胎儿也可以听。它能使孕妈妈消除疲乏，放松临产前的紧张心情。胎儿听也可以促使其从频繁的胎动中安静下来，有利于身心的发育和性格的培养。

第**251**天胎教方案
欣赏名曲《梦幻曲》

受孕晚期，孕妈妈很快就要分娩了，心理上难免有些紧张。况且这时候的胎儿发育趋于成熟，体重已达3000～4000克，会让妈妈感到笨重。这时就应该选择既柔和又充满希望的乐曲来实施音乐胎教。今天推荐的是舒曼的《梦幻曲》。《梦幻曲》是舒曼的钢琴套曲"童年情景"共13首曲子当中脍炙人口的一支曲子。

这首曲子有着柔美如歌的旋律，各声部完美的交融以及充满表现力的和声语言，刻画了一个童年的梦幻世界，表现了儿童天真、纯洁的幻想。孕妈妈随着柔美平缓的主旋律，进入了沉思的梦境，在梦幻中出现美丽的世界，在那梦幻中升腾；仿佛看见了一个圣洁的小天使，那期盼了好久的可爱的小宝宝正朝你走来。在曲调渐渐安静下来的时候，腹内的胎儿也在这无限深情和充满诗意的曲子中安然酣睡了。看，音乐胎教就是这样简单易行，而且还十分有效。

第 **252** 天胎教方案

营养胎教

这一周，孕妈妈的心情会处于极度紧张的状态。这时，不妨试一试银耳羹。银耳羹有养阴润肺，益气生津的功效，适用于肺阴虚咳嗽、咯血，阴虚型高血压、失眠等症状。银耳5克，鸡蛋1个，冰糖60克，猪油适量。将银耳用温水发透，放沙锅内炖烂。将冰糖放入另一锅中，加水，上火溶化，把鸡蛋取蛋清对入清水少许，搅匀后倒入糖水中，烧开后，打去浮沫，倒入沙锅内，起锅时加入少许香油即可。

孕晚期是胎儿生长最快的阶段。这时，除满足胎儿生长发育所需要的营养素外，孕妈妈和胎儿的体内还需要储存一些营养素，因此对营养素的需求量增加，为了保证胎儿生长发育的需要，要增加每日进餐的次数和进食量，以使膳食中各种营养素和能量能满足孕妈妈和胎儿的营养需要；膳食组成应多样化，食物感官性状良好，色、香、味俱全，食品的选择应根据孕妈妈营养需要并照顾饮食习惯，应易于消化吸收；要养成合理的膳食习惯。

小贴士 TIPS　孕晚期每天吃几个鸡蛋为宜

孕妈妈在妊娠晚期每天吃2个鸡蛋足够，若同一天吃了豆制品或吃了鱼虾，那么就要减少鸡蛋的摄入量。每天摄入的总蛋白量是一定的，吃别的多时，吃鸡蛋就应少点。

鸡蛋最好是煮熟吃，煮熟的鸡蛋比油煎少损失蛋白质，煮开锅后再煮5分钟即可，这时的鸡蛋较嫩。也可做荷包蛋，这两种做法都易消化吸收。

第十章

等待 "瓜熟蒂落" 的 第10个月

孕妈妈度过200多个日日夜夜，越是临近那激动人心的时刻，精神反而越紧张不安起来。可能对分娩感到惶恐，感到不知所措，因而开始失眠，其实这是很常见的。因此，保持一颗平常的心去面对分娩，此时母亲的承受能力、坚强的品格，也会传递给胎儿，这就是婴儿性格形成的最早期的教育。

怀孕期间孕妈妈的身心健康状况很大程度上取决于准爸爸的力量。比如准爸爸抚摸孕妈妈的腹部，对情绪不稳定的孕妈妈来说，是一件令人感到舒畅的事情，妻子可以体会到这是丈夫对自己的爱、对孩子的爱。这种良好情绪的信息还会进一步传递给腹中的胎宝宝，让胎儿分享准爸爸的爱。

第37周

综述 ▶

此时的胎儿手脚肌肉发达，运动活泼，并有强烈的吸吮反射，头盖骨变硬，头发也已经长得浓密了。这时候的胎儿已经是一个可以在母体存活的小人儿了。

这周的胎儿在母腹中的位置在不断下降，导致母亲下腹坠胀，不规则宫缩频率增加。因此孕妈妈会不断地想上厕所，便次增加，阴道分泌物也更多了，要注意保持身体清洁。现在最重要的是要充分休息，迎接随时可能来临的分娩。

母体状况

随着预产期的临近，孕妈妈时常感到腹部收缩疼痛，有时，甚至会认为阵痛已经开始，如果是不规则的阵痛，那么，这时的阵痛并不是阵痛，而是身体准备适应生产时的阵痛而出现的正常现象。

另外，子宫逐渐变得潮湿柔软，且富有弹性，这是在为胎儿出生做准备。这时，子宫分泌物增多，有的孕妈妈还会出现宫口提前张开的现象，这时，应该保持心神稳定，注意观察身体变化。

胎儿发育

现在胎儿重量大约为 3000 克，身长为 51 厘米左右。这时胎儿的内脏系统、心、肝、肺、胃、双肾的循环的系统已经建立。其体温要比母亲的体温高。胎儿体重之间的差别还是比较大的，有的胖一些，有的瘦一些，但一般只要胎儿体重超过 2500 克就算正常。

通常从 B 超推算出来的胎儿体重，比仅从母腹大小判断出来的胎儿体重要准确一些，有时医生的判断与最终胎儿的实际体重相差较多，只要胎儿发育正常，不必太在意他的体重。胎儿的头现在已经完全入骨盆，如果此时胎位不正常的话，那么，胎儿自行转动胎位的机会就已经很小了。如果医生发现此类情况，通常会建议采取剖腹产。

胎教要点

胎儿与母亲的感情有着紧密的联系，母亲出现惊恐的刺激，胎儿也会出现受惊的反应，而母亲心情愉快，胎儿则表现出安定。胎儿的内耳在妊娠中期已完全发育，对各种声音都有反应。胎儿在宫内能感到子宫动脉有节奏的流血声，孕母肠管的蠕动声。

给宫内的胎儿听母亲委婉的音调，如唱歌声、说话声，也可放录音、唱片，让胎儿倾听柔和乐曲。这一周的胎教应该以营养和情绪调适为主，一切都要以符合即将分娩的现实状况为准，做好等待宝宝降临的心理准备。

专家提示

现在你已进入怀孕的最后阶段，胎儿正以每天 20～30 克的速度继续增长体重。到这周末你的胎儿就可以称为足月儿了（38 周到 40 周的新生儿都称为足月儿），这意味着，你的宝宝随时可能降临人间，你们母子很快就要见面了！

这时每周一次的体检，医生会检查胎儿是否已经入盆，估计何时入盆，胎位是否正常且是否已经固定等。如果此时胎位尚不正常，那么胎儿自动转为头位的机会就很少了，如果医生也无法纠正，那么很可能会建议你采取剖腹产，以保证你和宝宝的安全。

小贴士 TIPS　分娩需要多长时间

统计数据表明女性在分娩第一胎的时候平均需要大约12个小时，第二胎平均需要8.5个小时。但是这并不意味着女性在这10多个小时里要一直忍受没有间断的疼痛。每个人的情况也不尽相同。在熟悉的环境中、在信赖的人的陪伴下分娩会更快一些。

有些孕妈妈阵痛的时间比较短，但是疼痛的强度高，而另外一些孕妈妈痛感柔和一些，却需要更多时间完成这个阵痛期。因此，孕妈妈应该顺其自然，千万不要有压力。

分娩究竟需要多长时间因人而异，而且是可以遗传的。因此，孕妈妈不妨询问自己的母亲，看看她的分娩经历如何，这多少对自己会有所帮助。要知道对阵痛的敏感程度与分娩持续的时间关联不大，临近分娩的孕妈妈可以坚信，一切忍受到宝宝第一声啼哭的时候就结束了。

第 **253** 天胎教方案
听民歌《茉莉花》

我最喜欢轻松柔和的音乐

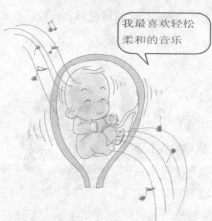

↑胎宝宝爱听轻柔的音乐

播放优雅、动听、抒情的音乐，同时孕妈妈本人应用心领略音乐的语言，有意识地产生联想。联想大自然充满生机的美，联想美好的明天，联想一切美好的事物。如：一曲优美的"摇篮曲"，仿佛摇篮轻摆，充满你对孩子未来的热诚、亲切的祝福！孕妈妈还通过唱歌、朗诵，使胎儿接受人类语言声波的信息。既可训练胎儿，向空白大脑上增加"音符"，又陶冶了孕妈妈的自身情趣，调节情绪进入一个安静的精神状态，又作用于胎儿。

比如，给宝宝听着这首悠扬的民歌《茉莉花》时，可以听着音响播放，也可以自己哼唱着"好一朵茉莉花，满园花草香也香不过它……"感受民歌的纯朴和动人的意境。当然，如果孕妈妈是流行歌曲的爱好者，也可以听或唱一些轻柔的流行歌曲。总之，从胎儿阶段起就应该有意识地培养孩子的节奏感、音乐感。

第 **254** 天胎教方案

情绪胎教

对于分娩，不少女性感到恐惧，犹如大难临头，烦躁不安、呻吟、甚至惊慌、无所适从，但这种情绪既容易消耗分娩体力，造成宫缩无力，产程延长，也对胎儿的情绪带来了较大的刺激。

其实，生育过程几乎是每位女性的本能，是一种十分正常的自然生理过程，是每位母亲终身难忘的幸福时刻。产妇此时心中应尽量做到心理放松，全身就会放松，同时配合医生的指导，为孩子的顺利出生创造条件。

睡前最好不要和丈夫深入讨论问题或争论问题，以免引起情绪的大的波动。白天遇到烦心或者不顺心的事，到了晚上入睡前也不能总在脑子里盘算和回想，要想得开，做到心境安宁和豁达。睡前用温水泡一下脚，也有助于身心的放松。完成胎教后，上床安心的睡觉，让每一天都在心平气和中安然度过，以平和的心态去等待生产的那一刻。

↑ 孕妈妈在放松

小贴士 TIPS　孕妈妈不宜提早入院

毫无疑问，临产时身在医院，是最保险的办法。可是，提早入院等待也不一定就好。首先，医疗设置的配备是有限的，如果每个孕妈妈都提前入院，医院不可能像家中那样舒适、安静和方便；其次，孕妈妈入院后较长时间不临产，会有一种紧迫感，尤其看到后入院的孕妈妈已经分娩，对她也是一种刺激。另外，产科病房内的每一件事都可能影响住院者的情绪，这种影响有时候并不十分有利。

所以，孕妈妈应稳定情绪，保持心绪的平和，安心等待分娩时刻的到来。如果医生没有建议提前住院，孕妈妈最好不要提前入院等待。

第255天胎教方案
读诗集《飞鸟集》

我们不能忽视文学语言在胎教中所起的作用。文学和音乐一样，容易对人的情绪产生影响，将优雅的文学作品以柔和的语言传达给胎儿，是培养孩子的想象力、独创性以及进取精神的好教材。文学是一种充满感性色彩的艺术，孕妈妈读了能激发爱子之情，也能提高自己的修养，体会到优美的意境和宁静的情韵。这也会改善孕晚期孕妈妈紧绷着的神经，促进身心平衡，优化胎内环境，让胎儿出生后性格良好，情绪稳定。

↑孕妈妈在朗读《飞鸟集》

比如，读泰戈尔《飞鸟集》里的诗句："您的阳光对着我的心头的冬天微笑，从来不怀疑它的春天的花朵。"或者："鸟儿愿为一朵云，云儿愿为一只鸟。"或者："在黄昏中，这花成熟为一颗记忆的金果。"……诸如此类的诗句，美妙而动人，不妨深情地朗诵给胎宝宝听，让他也接受到思想者所表达出来的美的熏陶，将富有感情的声调传递给宝宝，把你对文学作品的感悟和想象也传递给宝宝，从而促使胎儿心灵的健康发展，达到怡情养性的养胎目的。

第256天胎教方案
告诫自己"要加油"

许多临床观察指出，胎儿是具有敏锐的感受力和学习力的，不仅外界的人、事、物可能在胎儿脑中留下潜在印象，母亲的行为与心理对胎儿更有深远的影响，尤其是在出生前，这些影响更为明显。孕妈妈懂得了这个道理，就要在坚定分娩的决心的同时，给自己和胎儿"打气"，要经常告诫自己和腹中的胎宝宝："我们已经完全准备好了，要加油！"经过这种暗示与鼓励，胎宝宝肯定会与孕妈妈一起渡过分娩这道难关的。

第257天胎教方案
"顺便"告诉胎宝宝更多的事

胎宝宝在母亲肚子里，便开始记忆母亲，甚至是父亲的声音，也因此而有舒适和安定的感觉。准父母如果能时常以温柔的声音和腹中胎儿说话，可以让胎儿有被爱的感觉。

与胎宝宝谈话的内容很丰富，最简单的方法就是与胎宝宝无话不谈。孕妈妈可以告诉胎儿一天的生活。从早晨醒来到晚上睡觉，你和准爸爸做了些什么，想什么，有什么感想，都可以与腹中的宝宝交谈，如为何洗脸、刷牙，肥皂为什么起泡泡；今天妈妈要穿什么样的衣服，哪件漂亮，让宝宝参谋一下等等。

孕妈妈有意识地把生活中遇到的事或自己正做的事"顺便"讲给胎儿听，通过与胎宝宝一起感受一天的生活，培养胎宝宝对母亲的信赖感及对外界的感受力。

↑孕妈妈挑衣服时也和宝宝说话

第258天胎教方案
练习减轻生产痛苦的辅助动作

这种辅助生产动作，孕妈妈可以从妊娠第34周开始练习，每天练习1～2次，一边想象着婴儿娩出时的感觉，一边练习。具体做法如下：

■仰卧，屈膝，双腿充分张开，脚后跟尽量靠近臀部。

■抬起双腿，双手抱住大腿，膝盖以下放松，自然下垂。

■大口吸气将胸部充满，然后轻轻地呼出气，像解大便时那样慢慢地向肛门运气，用力。这时下腭要抵在胸口上，后背紧紧地贴在床上，用力时不能漏气。不能弓起后背，充分用力后再慢慢地呼气。从吸气→用力→呼气→吸气→结束，需要15秒钟以上。

注意要做这项运动时，力度一定要轻，在尝试去做的同时，要充分注意自己的身体感受，因为，一旦动作不当会引起早产。

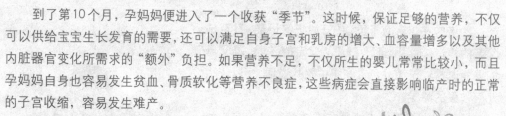

第259天胎教方案

营养胎教

到了第10个月，孕妈妈便进入了一个收获"季节"。这时候，保证足够的营养，不仅可以供给宝宝生长发育的需要，还可以满足自身子宫和乳房的增大、血容量增多以及其他内脏器官变化所需求的"额外"负担。如果营养不足，不仅所生的婴儿常常比较小，而且孕妈妈自身也容易发生贫血、骨质软化等营养不良症，这些病症会直接影响临产时的正常的子宫收缩，容易发生难产。

孕妈妈应坚持这样的饮食原则：少吃多餐。越是临产，就愈应多吃些含铁的蔬菜（如菠菜、紫菜、芹菜、海带、黑木耳等）和新鲜水果。这样便可以补充各种丰富的微量元素和对身体十分有益的物质。因为此阶段孕妈妈胃肠受到压迫，可能会有便秘或腹泻。所以，一定要增加进餐的次数，每次少吃一些，而且应吃一些容易消化的食物。

第38周

综述 ▶

这个时期的胎儿很安静，很少剧烈活动。85%的胎儿在预产期两周内或早或晚出生。现在孕妈妈和宝宝已经进入了这个关键的时间段。

这段时间里，孕妈妈会感到疲惫不堪，而且随时有生产的可能。因此，孕妈妈应该待在家中静候生产的时刻，这样才能保证安全，得到良好的休息。这一周，准父母都要积极做好产前准备，多了解一点分娩的知识，以防突发事件来临而不知所措。

 # 母体状况

在表示分娩的真正子宫收缩之前，孕妈妈会经历假阵痛收缩。假阵痛收缩不同于子宫收缩，是近似于阵痛的强烈收缩，而且是没有规律的出现，只要稍加运动，阵痛就会消失。孕妈妈会感觉心情烦躁焦急，这是正常现象。同时，孕妈妈会感到身体越来越沉重。

因此，要注意小心活动，避免长期站立，洗澡的时候避免滑倒等。总之，好好休息，密切注意自己身体的变化，随时做好临产准备。

胎儿发育

现在你的胎儿可能已经有3200克重了，身长也有52厘米左右了。胎儿的头在你的骨盆腔内摇摆，周围有骨盆的骨架保护，很安全。这样也腾出了更多的地方长他的小胳膊、小腿、小屁股。很多胎儿这时头发已长得较长较多，大约有1～3厘米长，如果父母中某一方头发是自来卷的话，你的胎儿也很可能是个小卷毛头。有的胎儿头发又黑又多，有的胎儿头发就有些发黄，除了营养因素外，遗传也是重要原因之一。当然也有些胎儿一点头发都没长。现在胎儿身上原来覆盖着的一层细细的绒毛和大部分白色的胎脂逐渐脱落、消失，皮肤变得光滑。这些物质及其他分泌物也被胎儿随着羊水一起吞进肚子里，贮存在他的肠道中，变成黑色的胎便，在他出生后的1～2天内排出体外。

胎教要点

妈妈现在可能会既紧张又焦急，既盼望宝宝早日降生，又对分娩的痛苦有些恐惧。现在应该适当活动，充分休息，密切关注自己身体的变化，即临产征兆的出现，随时做好入院准备。这一周虽说随时都有分娩的可能，但是胎教仍是要坚持进行的，孕妈妈要把自己勇敢的心理还有坚持不懈的耐心，融化在各种胎教方式里，让宝宝更能接受到妈妈性格和教育的影响。

专家提示

处于这个关键阶段的孕妈妈有许多需要注意的事项：首先，不可一个人出远门，因为随时可能分娩。就算得出门，也最好让丈夫或者家人陪同。其次，在孕期第36周后严禁性生活，这期间易发生早产或子宫感染。第三，每周去做一次产前检查，一定要坚持接受复查。第四，因为随时可能分娩，需将家事安排妥当。第五，不要因为胃口好转就酣吃酣睡，这样会对分娩很不利。第六，保证足够的睡眠和休息，为分娩贮存体力和精力。

小贴士 TIPS　　宝宝不愉快时也会踢母亲的腹部

胎儿不高兴时也会"乱发脾气"，这很有趣。有不少母亲纳闷，"腹中的胎儿也会有喜悦、不安之感吗？"胎儿虽然尚未有像出生之后那样丰富的喜怒哀乐的感觉性，但是，仍具有快感和不快感。

有时胎儿猛踢母亲的腹部，使母亲感到吃惊。胎儿之所以剧烈活动，是因为某种原因使其感到不安或不快，想把这一情况告诉母亲。例如，母亲在某个时候只要稍微仰卧一下，胎儿就会使劲地踢母亲的腹部。因为母亲仰卧时，在母亲腰部一带流动的动脉被压在子宫下，母亲的血液难以流向胎儿。也就是说，胎儿之所以踢母亲的腹部，是因为血液送不到，引起缺氧的痛苦，是告诉母亲"我有生命危险"、"我不高兴"。

当胎儿因不愉快而猛踢母亲的腹部时，要查找原因并及时排除。同时，要与宝宝愉快时的踢法相区别，宝宝愉快时的踢肚是温和且有节奏的，这个信号与感到不快时的信号有所不同。

第**260**天胎教方案
增进反射能力

孕妈妈在做增进反射能力的训练时，首先要准备围棋棋盘与棋子。先设定一个时间，例如20秒，从预备起的信号开始，在20秒内，看可以把多少颗棋子一列一列整齐地排成一行！然后试着以1、3、5……或2、4、6……，间隔的方式摆入棋子。

如果觉得这样训练有些简单，还可以事先在纸上设计要放入棋子的位置，然后看看需要花多少时间，才能依照原来的设计图完成。反复地练习，可以增进孕妈妈和胎宝宝的反射能力。

第**261**天胎教方案
注意少吃盐

妊娠后期，有些孕妈妈会出现妊娠高血压综合征，表现为高血压、水肿、蛋白尿等，这些情况的发生主要是因体内水钠潴留，因此要合理地减少盐的摄入。怎样做到减少食盐，又不影响孕妈妈胃口，从而保证胎儿的营养供应呢？有些专家的建议可供参考：

■如果有两种以上菜肴，只在一种中撒盐。

■炒菜时不要先放盐，菜将熟时将盐直接撒在菜上。

■利用酸味刺激食欲，如用醋凉拌菜，多吃山楂、橘子、西红柿等蔬果。

■做鱼、肉类食品要注意色、香、味俱佳，也能增进食欲。

■肉汤中含丰富的氨基酸，可以诱发强烈的食欲。

■巧妙制作甜食和肉冻，花样翻新，也可使人胃口大开。

↑孕妈妈要少吃盐

第262天胎教方案
讲童话故事《小蝌蚪找妈妈》

妈妈在孕期生活中应避免讲脏话和吵架，更应增加语言、文学的修养，以优美的语言充实、丰富、美化自己的孕期生活。在子宫对话中，应充分体现关心和爱抚。

今天孕妈妈可以讲一个童话故事——《小蝌蚪找妈妈》。愉快优美的童话故事，可以让胎宝宝静静地聆听，感到安全、舒适，同时也使胎儿感受母亲的浓浓爱意："暖和的春天来了，池塘里的冰融化了，青蛙妈妈睡了一个冬天，也醒来了。她从泥洞里爬出来，扑通一声跳进池塘里，在水草上生下了很多黑黑的圆圆的卵。春风轻轻地吹过，阳光照着大地。池塘里的水越来越暖和了。青蛙妈妈生的卵慢慢地都活动起来，变成一群大脑袋长尾巴的蝌蚪，他们在水里游来游去，非常快乐。有一天，鸭妈妈带着她的孩子到池塘中来游水。小蝌蚪看见小鸭子跟着妈妈在水里划来划去，就想起自己的妈妈来了。小蝌蚪你问我，我问你，可是谁也不知道。"我们的妈妈在哪里呢？"故事在这里到达了高潮，然后，孕妈妈可以发挥自己的语言技巧，再加上童话书中的情节，绘声绘色地给胎宝宝讲小蝌蚪经过怎样的努力，最后终于找到妈妈的美好结局。孕妈妈在最后还可以对胎宝宝说："宝宝不用到处去找妈妈，我就是你的妈妈，在等着宝宝的到来呢！"

第 **263** 天胎教方案
护理好自己

　　这段时间是怀孕的最后时期，孕妈妈在行为上，千万要小心谨慎，对自己做好孕期的最后护理。怀孕的女性在精神和心理上都比较敏感，对压力的承受力也会降低，常常会忧郁或者失眠。这是由体内激素水平的改变而引起的。因此，适度的压力调适以及家人的体贴和关怀，对稳定孕妈妈的心情十分重要。每天晚上应该10点就要就寝，睡足8～9个小时为好。

　　饮食习惯的改变也会影响孕期质量的好坏，均衡的饮食是一种健康的饮食习惯。必须尽量避免食用影响情绪的食物，如咖啡、茶、油炸食物等。尤其是在这段临产的阶段更要注意。

　　到了孕后期，许多孕妈妈常常会发生抽筋，这也影响到睡眠的质量。如果经常在睡眠中抽筋，就必须调整睡姿，尽可能左侧卧位入睡，并且注意下肢的保暖。也可以让家人帮忙热敷和按摩，以缓解抽筋的痛苦。

第 **264** 天胎教方案
教胎宝宝认识颜色

　　孕妈妈经过前一段时间的胎教，已经教给胎宝宝不少知识了，今天，可以教胎宝宝认识颜色，相信会对胎宝宝的知觉能力、思维能力有所帮助。孕妈妈可以拿起一个颜色鲜艳的物体或卡片，如红色球，不断地对着胎宝宝说："这是红色球。"然后再拿出另一个红色物体，如一块红色积木玩具，告诉他："这也是红色的"，然后把上次拿的小红球和红积木放在一起，告诉宝宝："这些都是红色的。"在教的过程中，应尽量使用红色这个词，而避免提到其他颜色。其他颜色的学习可以留在以后慢慢来认识。学习时间最好固定，要在胎宝宝醒着的时候进行才好。

第 **265** 天胎教方案
听《春节序曲》

　　《春节序曲》是首管弦乐曲，是李焕之所作《春节组曲》中的第1乐章，因这一乐章最受欢迎，所以常单独演奏。乐曲以我国民间的秧歌音调、节奏及陕北民歌为素材，通过对热烈欢快的大秧歌舞的概括描写，生动地体现了我国人民在传统节日——春节时的热烈欢腾、同歌共舞的情绪。

开始为前奏。在热烈欢快的管弦齐鸣及锣鼓乐声的伴和下，把人们带入春节的喜庆气氛之中。第1部分以2首陕北民间唢呐旋律作为素材，生动而形象地表现了人们在欢度新春佳节时欢欣、喜悦的心情和高歌欢舞的热闹场面。第1主题：节奏鲜明、粗犷有力，绘声绘色地表现了秧歌群舞的生动画面。第2主题：旋律优美，由长笛和单簧管主奏，双簧管奏复调，弦乐用拨弦奏着舞蹈性的节奏，非常引人入胜，与前奏有鲜明的对比。第3部分是第1部分的缩减再现，先变化再现第2主题，随后第1主题才以极强的力度、更快的速度由乐队全奏再现。最后再次强调奏出引子的后半部分，乐曲在欢乐沸腾的情绪中结束。

这首乐曲适合孕妈妈在疲劳和不愉快时听，孕妈妈在欣赏这首乐曲时，要想象喜庆的画面和喜悦的气氛，通过乐曲渲染的舒畅情绪，达到舒心的目的。

第266天胎教方案
听《D大调第三管弦乐组曲》

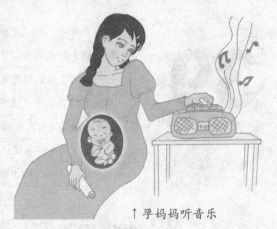

↑孕妈妈听音乐

在巴赫所写的4首管弦乐组曲中，《D大调第三管弦乐组曲》最有名，德国大诗人歌德在听了门德尔松用钢琴为他弹奏这首组曲后说："乐曲的开头部分实在太壮丽，就好像一大群富丽堂皇的人们正沿着宽阔的台阶庄严地迈步而下。"这是对作品最好的评价。

这首组曲由5个乐章组成。第1乐章序曲，气势庄严、雄壮，歌德所说的"乐曲的开头部分"，指的就是这一乐章。第2乐章咏叹调，旋律质朴，富于歌唱性，带有巴洛克后期的夜曲风格。第3乐章加沃特舞曲和第4乐章布列舞曲都表现出一种活泼愉快的情绪。第5乐章吉格舞曲，是一首以双簧管和小提琴为主演奏的华丽舞曲。

这首组曲是由2支双簧管演奏，其中第2乐章咏叹调只由弦乐队演奏。后来这个咏叹调被人改编成多种乐器的独奏曲，其中德国小提琴家威廉密1871年改编的小提琴曲最为著名。由于他将原曲的D大调改为C大调，使乐曲的主旋律能够完全在小提琴的G弦上演奏，因此被称作《G弦上的咏叹调》。

《G弦上的咏叹调》全曲分2个部分，第1部分是6小节的乐段，这段曲调质朴而深情，音乐从极弱而慢慢渐强的长音开始，抒发着深思的心绪，而伴奏声部弦乐器的拨奏，更衬托出这种情感。第2部分共12小节，情绪起伏较前一部分显著，在哀怨缠绵的情调中流露出激情。这也是一首典型的巴洛克后期的音乐作品，它非常有抒情性，旋律优美，富于浓郁的感情。孕妈妈在听这首乐曲时，主要以感受抒情性为主。

小贴士 TIPS 　母亲的信息传递

一些科学家认为，孕妈妈在妊娠过程中能把她的所想、所闻、所梦见的一些事情，变成思维信息，通过一定的途径不知不觉地传给胎儿，对胎儿进行影响和教育。日本爱育医院的名誉院长内藤寿七郎先生一直认为，你抱起刚出生的婴儿，凝视他的眼睛，婴儿也会看着你，双方的眼睛可以进行"对话"，从中可以了解婴儿的状态。婴儿可以分辨母亲的声音。医生对刚出生的婴儿说话，婴儿似乎很不感兴趣，把头转向一边。母亲说话时，其反应显然与别人说话不同。可见母亲在孕期给胎儿传递的信息对胎儿的影响，让胎儿一出生就自然地依恋着母亲。

综述

从这周开始，胎儿皮肤的颜色开始从红色或粉红色变成白色或蓝红色，胎儿肤色的改变是由于皮下脂肪层厚度的增加。

这一周的宝宝已经发育很成熟了，即使现在出生，也很容易成活。在这一周诞生的宝宝还是很多的，因为在预产期出生的宝宝实际上并不是很多，总是要相隔1周左右的时间。这段时间是怀孕的最后时期，孕妈妈在行为上，千万要小心谨慎，对自己做好孕期的最后护理。充分休息、适度的压力调适以及家人的体贴与关怀，对于稳定心情十分重要。

 母体状况

由于胎儿的下降，孕妈妈腹部的隆起也靠下了。下降的子宫压迫膀胱，会越来越出现尿频，而且阴道分泌物也增多了起来。但上腹憋闷的症状显著缓解，胃部的压迫减轻，饭量有所增加。此时，子宫出现收缩现象。当子宫收缩时，把手放在肚子上，会感到肚子发硬。随着分娩临近，孕妈妈羊膜囊可能会破裂。羊水一般是细细流出而不是大量涌出。

胎儿发育

第 39 周的胎儿身长 51 厘米左右，体重应该已有 3200～3400 克。现在体重在 3500 克以上的新生儿也很常见，甚至 4000 克以上的高体重新生儿和巨大儿也增多了，这跟人们营养状况的改善有很大关系。一般情况下男孩比女孩的平均体重略重一些。胎儿现在还在继续长肉，这些脂肪储备将会有助于宝宝出生后的体温调节。

胎儿最后的皮脂开始消退。胎儿颅骨间的骨缝也叫做囟门，通过触摸颅囟能够轻易地感觉到胎儿的血管。如果胎儿的头在分娩过程中变形或被拉长，不要担心。出生后没几天就会恢复正常的圆形。总之，这个小家伙的身体各部分器官已发育完成，其中肺部是最后一个成熟的器官，在宝宝出生后几个小时内他才能建立起正常的呼吸模式。

胎教要点

十月怀胎，一朝分娩。分娩是早一天晚一天的事，孩子到时候自会降临，所以，孕妈妈不要为最后的几天而着急，要安心的度过最后的几天孕期生涯。在孕期的最后一段日子里，教一教胎儿出生后该做的事，给胎儿讲一讲他所能看到的这个大千世界。然后告诉胎儿，父母很爱他，在呵护他，会给他以安全和保障，父母在殷切地等待他的安全降临。

↑以积极的心态等待孩子的出世

给胎儿以信心，教胎儿愉快地降生，这同时也在增强孕妈妈自身的分娩信心，增强分娩的愉快心理。总之，在即将面临分娩的时刻，不要紧张，不要恐慌，照常做好胎教内容，静候那一刻的来临。

专家提示

如果宝宝在这一周没有降临的话，孕妈妈还要继续做好产前体检，继续做好准备入院分娩的准备工作。注意身体卫生，淋浴和擦洗都可以，要特别注意外阴的清洁。头发也要时常整理好，保持清洁。由于行动不便，走路要十分小心，避免对母体不利的动作，避免向外伸手和压迫腹部的姿势。保证充足的营养和睡眠，以积蓄体力。

小贴士 TIPS   苹果对孕妈妈有益

苹果不仅营养丰富，而且酸甜可口，脆嫩多汁，口味清香。现代医学研究认为孕妈妈适当食用苹果，有利于母胎保健，促进顺产，有助于优生优育。

苹果富含锌，汁中的含锌量超过牡蛎。美国医学专家研究发现，如果产妇在妊娠期间体内锌元素充足，分娩时快，而且顺利，痛苦较少或无痛苦。孕妈妈补锌不仅利于分娩，而且有助于胎儿健康发育。据测定，熟苹果所含的碘是香蕉的8倍，是橘子的13倍。因此，孕妈妈吃苹果，可补充锌和碘，有利于胎儿智力发育。

有些孕妈妈到了妊娠中、后期，会出现妊娠高血压综合征。而苹果含有较多的钾，钾可以促进体内钠盐的排出，对水肿、高血压患者有较好的疗效。据日本研究，每天吃3个苹果的人，血压维持比较正常。

第**267**天胎教方案
教胎宝宝折纸

折纸可以培养儿童的创造力和对事物的模仿能力，更能训练手的感觉和动作的准确性，培养儿童的注意力，同时也是培养亲子关系很好的工具。在这里，我们选择折纸作为我们胎教内容的一课，同样可以锻炼胎宝宝的大脑。

孕妈妈可以先准备一些教导折纸的图书，一边看书，一边学习折纸，同时还可以对胎宝宝讲述书中的内容。可以先折一些最简单的，并反复折叠。在折纸过程中，千万不要焦急烦躁，而是要带着童趣去折，快乐地去折，这样才能感染你腹中的胎宝宝。

第**268**天胎教方案
调节害怕分娩情绪

随着分娩日期日益临近，孕妈妈的心理负担会越来越重，害怕分娩时太疼；担心不能顺利生出小宝贝或做剖腹产；担心生出不正常的小宝贝；忧虑生了小宝贝后身材会变得很难看。因此，每天精神紧张，出现失眠。

在分娩前保持良好心理状态十分重要，它关系到分娩时能否顺利，所以一定要去除这些心理紧张和恐惧情绪。不要把分娩当作一件严重的事情来考虑。人的恐惧大多是缺乏科学知识胡思乱想而造成的。

　　建议孕妈妈看一些关于分娩的书，了解了整个分娩过程后，就会以科学的头脑去取代恐惧的心理。从而调整好自己的情绪，不要让紧张的情绪影响到胎儿的正常活动。

　　要学会将注意力和情绪转移到其他方面，而不是专注于分娩这一个话题上。照样轻轻松松地过好孕期的最后几天，轻松上阵，相信分娩的时刻一定没有所想的那么难熬。

　　要知道，分娩不仅是妊娠的生理终结，而且是一个新生事件——伴随着不安的期待的体验。人的一生中几乎没有其他的事件能像分娩一样带有那么多秘密和各种各样的意义。带着一种去体验的全新的感受，自然就对这件事有个放松的情绪了。

↑胎宝宝受孕妈妈的情绪影响

第**269**天胎教方案
最新胎教工具

　　现今，胎教越来越受到人们的关注。国外发明出一种叫"BabyPlus"的胎教工具，经过18年的科学研究证明，这一工具确实有效。

　　"BabyPlus"由16种经科学设计的不同节奏的声音组成，这些音节模仿孕妇的心跳声并随着孕期的增加，节拍逐渐加快，胎儿可非常清晰地听到这些有节奏感的声音，同时，将听到的来自"BabyPlus"的声音与来自妈妈的声音加以区别。由"BabyPlus"发出的声音尽管对成年人来说是单调乏味的。但它随着孕期的不同而微妙变化的节拍，却对胎儿的大脑发育非常有利。

　　最初"BabyPlus"的搏动频率为每秒1次（1赫兹），这与孕妈妈的心跳频率和新生儿的脑波频率（1～2赫兹）非常接近。这种搏动的声音传递到胎儿耳中，会使胎儿听到与妈妈体内动脉血液流经子宫的声音非常相似的声音。随着模拟声音节拍速度的加快（每周进行一次频率调整），胎儿会将这种声音与他所听到的周围背景"噪音"进行对比，比如：妈妈的呼吸心跳、胎盘血流、静脉血流声等，从而辨认出节拍的变化。模拟音节拍的加速，能促使胎儿不得不提高大脑抓取和处理这些声音信号的速度。以便将其与其他背景"噪音"进行比较。这就自然激励了胎儿脑神经网络和大脑记忆库的发育。

使用这种工具进行胎教的益处还有如下表现形式。

■新生儿出生后眼睛和手都是张开的，精神放松，很少哭泣。

■新生儿的睡眠好。

■辨别出父母的声音的时间比其他宝宝早。

■注意力集中时间也较其他宝宝长。

第**270**天胎教方案

准爸爸妈妈给胎宝宝唱歌

近来许多专家都观察到夫妻唱歌的特殊效果。母亲唱歌时声带的振动会直接经体腔传给胎儿，母亲在讲话时胎动会增加，母亲唱歌胎儿的应答更加明显。

而夫妻同唱有两个好处，一来二人合唱会使夫妻双方都快乐，增进感情。快乐的情绪能刺激脑啡肽的产生，增大神经体液效应。再者二人合唱的声音无论音频和音量(除非加以扩大)都不会超越胎儿的适应范围，是最符合天然而又无害的胎教。

爸爸妈妈应该每天按时演唱一首歌让胎儿听一听，出生后他会唱的第一首歌便是爸爸妈妈在孕期经常唱的这首歌。

↑爸爸妈妈的歌像春风

小贴士 TIPS　准爸爸在妻子临产前要做什么

妻子着急分娩，丈夫又何曾不想早日见到自己的结晶。但丈夫还是要藏起自己的急迫心情，要做好妻子的工作，陪妻子愉快地度过分娩的时光。分娩前，妻子行动不便，对妻子要多方面照料，体贴入微。每日与妻子共同完成胎教的内容，这已到了胎教的最后一课，也是很重要的一课，夫妻一定把胎教坚持到底。此外，丈夫还需要每日陪妻子活动、散步，这有利于宫缩，但不可让妻子太疲劳了。

第 *271* 天胎教方案

胎宝宝的性格培养

胎儿是一个活泼敏感的小生命，他的发育与母亲紧密相关，受母亲情绪影响更为明显。因此，孕妈妈若疼爱"腹中人"，就要为宝宝创设良好的宫内环境和精神世界，母亲豁达乐观的情绪有助于小生命的健康发育，也有助于出生后活泼开朗性格的形成。孕妈妈应该有意识培养胎儿的性格，这对未来宝宝健康快乐的成长是有益的。

父母乐观的性格会影响胎儿性格形成的趋向。如果是性格比较内敛和消极的父母，在胎儿阶段就更要注意，试着把自己的情绪调整到最佳状态，多想想开心和幸福的事，多看到世间美好的一面，把真善美的一面讲述给宝宝听，一方面可以培养宝宝的性格取向，另一方面也会无形中对自己性格中消极的一面进行洗礼和转变。

宝宝大自然多美啊

↑多和宝宝讲美的事物

第 *272* 天胎教方案

讲神话故事《女娲补天》

在这一周，说不定哪一天，宝宝就会在父母为他朗读着优美的散文或者故事时，突然要降临人间。所以，父母要以轻松的心情静静地等待着宝宝的到来。这时，胎教也进行到了最后阶段，除了每天必做的一些胎教外，今天，孕妈妈可以利用画册给宝宝讲"女娲补天"的故事，将自己的想象力传递给胎宝宝。

这是中国神话史上最为著名的一则神话，流传极广，几乎家喻户晓。它浪漫美丽，构思奇特。女娲的聪明勇敢和善良，孕妈妈一定要通过语气与意念传达出来，那样，才能与胎宝宝达成最好的沟通，从而刺激胎宝宝的思维能力。

第273天胎教方案

坚持给胎儿补脑

胎儿大脑发达必须具备三个条件：大脑细胞数目要多；大脑细胞体积要大；大脑细胞间相互连通要多。这三点缺一不可，根据人类大脑发育的特点，脑细胞分裂活跃又分为三个时限阶段：妊娠早期、妊娠中晚期的衔接时期及出生后的3个月内。

人的大脑主要由脂类、蛋白类、糖类、B族维生素、维生素C、维生素E和钙这7种营养成分构成。其中脂质是胎儿大脑构成中非常重要的成分。胎脑的发育需要60%脂质。脂质包括脂肪酸和类脂质，而类脂质主要为卵磷脂。充足的卵磷脂是宝宝大脑发育的关键。胎儿大脑的发育需要35%的蛋白质，能维持和发展大脑功能，增强大脑的分析理解及思维能力。糖是大脑唯一可以利用的能源。维生素及矿物质能增强脑细胞的功能。所以，在妊娠的晚期和出生后的3个月中，仍要注意给胎儿补脑。

综述

大多数的胎宝宝都将在这一周诞生，但真正能准确地在预产期出生的小宝宝只有5%，提前两周或推迟2周都是正常的。但如果推迟2周后还没有临产的迹象，那就需要采取催产等措施，以使孕妈妈尽快生下胎儿，否则胎儿就会有危险。分娩前期，孕妈妈不可多思多虑，还没有发生的事，想它又有什么意义呢？准妈妈尤其不要听别人说分娩如何可怕，孕妈妈应该做的倒是临产前吃好、睡好、养足精神。同时孕妈妈要保持坦然的心理，平稳的情绪，冷静的头脑，以必胜的信心迎接生产的来临。

母体状况

妊娠第40周左右，孕妈妈会出现下腹部轻微胀痛，这种现象常在夜间出现，清晨消失，或上腹部较前舒适，但又发生尿频，或阴道分泌物中有少量血液（见红），都预示着孕妈妈不久将要临产。特别是见红，多发生在分娩前24~28小时内，是分娩即将开始的比较可靠的征象。

有规律且逐渐增强的腹部阵痛、持续30秒或以上、间歇5~6分钟是临产的标志，与你日夜相伴的小宝宝马上就要离开生活了10个月的温暖子宫，独立面对一个崭新的世界了。如果发现上述症状，要立即平躺，防止脐带垂落，然后去医院就诊。

胎儿发育

第40周时，胎儿内脏和神经系统功能已经健全，手脚肌肉发达，富有活力，脑细胞的发育基本定型。胎儿的感觉器官和神经系统可对母体内外的各种刺激做出反应，能敏锐地感知母亲的思考，并感知母亲的心情、情绪以及对自己的态度。40周的胎儿称为足月胎儿或成熟儿，胎儿已发育成熟，能够很好地脱离母体独立生活。

这时胎儿，除肩部有的尚有胎毛外，其余的胎毛已全部脱落。其所处的羊水环境也有所变化，原来的羊水是清澈透明的，现在由于胎儿身体表面绒毛和胎脂的脱落，及其他分泌物的产生，羊水变得有些浑浊，呈乳白色。胎盘的功能也从此逐渐退化，直到胎儿娩出即完成使命。

胎教要点

古人说：妊娠十月，"关节、人种皆备，俟时而生。"面临分娩，孕妈妈要心情乐观，充满希望，要积极准备孩子的降生，不要消极等待。新生儿离开母体独立生活，胎教时期已完成。经过胎儿期各种人为干预刺激训练，使新生儿具有良好的感觉器官功能和反应能力，为早期教育打下了基础，如果出生后就停止了训练，胎教的效果就会逐渐地消退乃至消失，因此要重视将胎教和早期教育衔接起来。

专家提示

怀孕40周时，胎儿就要准备出世了。胎儿一天内至少活动10次，如果你感觉不到的话，就要请产科医生检查一下胎儿的心率。就要分娩了，孕妈妈的内心更多的是不安和担忧。其实这些忧虑真的不必要。你或许会表现得比自己想象的勇敢、镇定。

无论如何，任何表现都是自然的。要记住，你将要做的事情是在帮助你的宝宝顺利、安全地降生，你的宝宝此刻正期待着你的勇敢和镇定，期待着你的帮助和爱护。多朝这方面想，你就会将注意力从分娩的自我感觉上转移到此刻最需要你的宝宝身上，而所有的疼痛都变成是可以承受的了。

第274天胎教方案
向胎宝宝介绍家庭成员

宝宝就要出生了，提前和推后的时间如果不是很长，都属于正常范围，所以，孕妈妈要抓紧时间来为宝宝介绍家庭成员，让宝宝感受一下大家庭的温暖。

孕妈妈可以一边轻轻抚摸肚子里的宝宝，一边对他说："我可爱的宝宝！妈妈给你介绍一下我们这个和睦幸福的大家庭成员：慈祥的爷爷、奶奶——他们是爸爸的爸爸与妈妈。和蔼的姥姥、姥爷——他们是妈妈的爸爸妈妈，还有最热切盼望你到来的爸爸和我。总之，我们大家都在等待宝宝你的到来，你很幸福，有这么多人爱着你，关心着你，希望你健康快乐地来到我们中间！"孕妈妈还可以根据不同情况，把每个人介绍得再具体些，可以包括职业、性格、外貌等。

宝宝，这是爷爷……

↑准爸爸妈妈要向宝宝介绍家庭成员

小贴士 TIPS　有利于分娩的营养饮食

这个时候，保证足够的营养，不仅可以供给宝宝生长发育的需要，也有利于孕妈妈顺利的分娩。如果营养不足，不仅对婴儿的成长不利，而且孕妈妈自身也容易发生贫血、骨质软化等营养不良症，这些病症会直接影响临产时的正常的子宫收缩，容易发生难产。孕妈妈应多吃些富含铁的蔬菜，如菠菜、紫菜、芹菜、海带、黑木耳等。

在这段关键的时间内，建议孕妈妈每天早餐吃一碗清汤的牛肉，这可能是帮助宝宝摄取营养的较快选择。当然，可以换着口味吃一点其他清淡的食物。到了孕后期，宝宝吃得多，妈妈也就容易饿，所以时常备一些点心很重要。譬如，做一碗红豆莲子汤，放一点点糖。莲子也是很好的安胎食品。而中医认为："将产时，宜食白粥，勿令饥渴，以乏气力。"就是说，一碗白粥也是比较适宜于这个时期的孕妈妈的饮食选择。

第**275**天胎教方案
胎教可防止分娩时出现麻烦

　　一个曾为几万个婴儿接过生的资深产科医生说，"婴儿有自杀的迹象"。不可思议的是，在胎内死亡的婴儿中，有的把脐带一圈一圈地缠到自己脚上拉紧，或是缠到自己脖子上。看到婴儿以这种姿态死亡的情景，这位医生的意思是，这只能认为是按自己意志而为之。也许有人对此持反对意见，认为"不，分娩时刻到来时，是母亲身体结构起作用。"其实，关于人体分娩的机制，不可思议的东西还很多。

　　但可以说，阵痛的根源是子宫收缩。如同挤软管的一端把其中的东西挤出来一样，子宫收缩是把婴儿推到产道，这时产道缓缓充分扩张，婴儿顺利出生，这称为"平安分娩"。反之，产道不充分扩张，子宫收缩想把婴儿挤出来，这是"难产"。即，婴儿有出生的意志、子宫收缩、产道扩张这三个条件适时地出现时，婴儿便不受苦平安出世。所以，现在医学界有这样一种推断：如果胎教实施得正确，胎儿是快乐的，就会有出生的欲望，就会使母亲的生产过程痛苦相应减小，相反，生产过程就会漫长痛苦。

第**276**天胎教方案
行为与胎教

　　我国古代认为，胎儿在母体内接受母亲言行的感化，因此要求妇女在妊娠时就应该静心养性、守礼仪、循规蹈矩、品行端正，给胎儿以良好的影响。前文所说，周文王的母亲在妊娠时由于她做到了目不视恶色、耳不听淫声、口不出乱言，甚至坐立端正，以身教胎，因此周文王生而贤明，深得人心。

　　宝宝马上就要出生了，孕妈妈要特别留心自己的行为习惯。比如说，要避免看刺激性的影片，以免使胎儿感到紧张而受惊。这是因为母亲瞬间的受惊，脑部所制造的"促肾上腺素"就会经由胎盘传达给胎儿脑部，从而影响胎儿。为了避免胎儿受伤害，母亲尽量在这段时间养成良好的行为习惯，多培养一些有益身心的适当的休闲活动，如散步、听旋律优美的轻音乐等，这些也是每天都应该实施并坚持下来的胎教形式。

第**277**天胎教方案
分娩前要坚持胎教

到了妊娠后期，孕妇开始盼望孩子早日降生。越往后孕妇的这种心理越是强烈，临到预产期，有的孕妇会变得急不可待了。是的，熬过了漫长的孕期，关键看看孩子是什么样的，这种心理可以理解，但不可取。十月怀胎，一朝分娩。那也就是早一天晚一天的事，孩子到时候自会降临，所以，根本不必为最后的几天着急。10个月都熬过来了，不差这几天。孕妇要安心度过最后几日。要知道，孕期马上就要终止，孕妇所能享受的孕育生涯也只有几日，要好好珍惜才对。

在孕期的最后一段日子里，教一教胎儿出生后该做的事，给胎儿讲一讲他所能看到的这个大千世界。然后告诉胎儿，父母会爱他，保护他，会给他以安全和保障，父母在热切地等待他的安全降生。给胎儿以信心，教胎儿愉快地降生，这同时也在增强孕妇自身的分娩信心，增加分娩的愉快心理。

第**278**天胎教方案
勇敢乐观去面对分娩

母亲的情感，如怜爱胎儿以及恐惧、不安等信息也将通过有关途径传递给胎儿，进而对胎儿发生潜移默化的影响。当母亲散步时，心情愉快舒畅时，胎儿会体察到母亲恬静的心情，随之安静下来。而母亲盛怒时，胎儿会变得躁动不安。在十月怀胎的最后一周里，分娩即将来临。有道是"生产痛是人间至痛"，每位女性对分娩都有一定程度上的恐惧心理，这是十分正常的。但是千万不要将这种负面情绪持续下去，要学会调节自己情绪，准爸爸也要照顾到妻子的情绪，时常宽慰妻子临产的紧张心情。一起创造和谐的胎教氛围，让宝宝安然无忧地降临这个世界。

分娩的过程尽管相对于孩子的一生来说是极为短暂的，但这一过程将影响一个人未来的性格、脾气和气质。母亲分娩的过程中，子宫是一阵阵收缩，产道才能一点点地被攻开，孩子才能由此生下来。在这一过程中，母体产道产生的阻力和子宫收缩帮助胎儿前进的动力相互作用，给产妇带来不适，这是十分自然的现象，不用紧张和害怕。母亲这时的承受能力、勇敢的心理以及积极乐观的态度也会传递给胎儿，是胎儿性格形成的早期教育。

第 **279** 天胎教方案

胎教是新生儿教育的前驱

电视节目中介绍过日本和美国婴儿出生时的情况。出生后，婴儿立即睁开眼睛看周围，一旦同母亲的视线碰在一起，婴儿就会目不转睛地注视着母亲。不一会儿，他就会找到母亲的乳房，并开始吃奶。出生还没有几分钟，母亲和婴儿的视线就交织在一起，看到婴儿的这种反应，连协助拍摄电视节目的医生都为之吃惊。

由此可见，从生命孕育开始，胎儿就在感受着母亲的内外环境的"教化"。所以说，新生儿教育的前驱就是胎儿教育，而新生儿教育则是胎教的延续和胎教成果的展现，每一天，都不要忽视对宝宝的优质教育。

第 **280** 天胎教方案

产前保证充足的睡眠

宝宝的出生可能就在这几天。完全正常分娩需要多方面的因素，其中也包括产妇的体力，所以孕妈妈在产前抓住机会能睡便睡，以保存体力。许多孕妈妈在临产前就坐卧不宁、吃喝不下，其实是没必要的。实际上，初产妇的分娩过程大多要在12小时以上，这个过程需要消耗大量的体力。如果没有充足的睡眠作为保障，就会大大影响正常分娩。因此，临产时产妇不要急躁不安，要好好休息，保证产前的充足睡眠，顺其自然，以一颗平常心去迎接分娩。

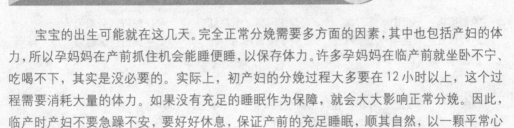

小贴士 TIPS　重视胎儿期与零岁期

许多母亲认为胎儿期、零岁期的孩子什么也不懂，根本不想与孩子进行心灵的沟通。虽然有点麻烦，但是一定要重视这个时期，多拨点时间给孩子，则接下来的育儿工作会变得非常轻松。

如果孕妈妈每天与胎儿心意互通，对胎儿说话以传送情爱，孩子出生后母亲也经常凝视婴儿对他说话，就能提高孩子的智商。孩子之所以不灵活，无法与朋友玩，就是因为母亲在这个时期忽略孩子造成的。因为忽略必要的时期，孩子才会出现这种情况。父母一定要好好称赞零岁期的婴儿，并多鼓励、陪伴孩子游戏。如果只对孩子进行喂奶或换尿布等照顾，则孩子天生的优点就会消失。

图书在版编目(CIP)数据

280天同步胎教专家方案/王琪编著. —北京：中国轻工
业出版社，2009.1

ISBN 978-7-5019-5869-6

Ⅰ.2… Ⅱ.王… Ⅲ.① R715.3 ② TS976.31 Ⅳ.R715.3
TS976.31

中国版本图书馆 CIP 数据核字 (2007) 第 020835 号

策划编辑：王恒中　　　　　责任编辑：王晓晨　　　　责任终审：劳国强
封面设计：刘金华　旭　晖　　美术编辑：冯　静　　　　文字编辑：郝晓颖　薛　婷

出版发行：中国轻工业出版社（北京东长安街6号，邮编：100740）
印　　刷：北京市雅彩印刷有限责任公司
经　　销：各地新华书店
版　　次：2009年1月第1版第6次印刷
开　　本：787×1092　1/16　印张：16
字　　数：200千字
书　　号：ISBN 978-7-5019-5869-6/TS·3417　　定价：26.80元
读者服务部邮购热线电话：010-65241695　010-85111729　传真：010-85111730
发行电话：010-85119845　010-65128898　传真：010-85113293
网　　址：http://www.chlip.com.cn
Email：club@chlip.com.cn
如发现图书残缺请直接与我社读者服务部联系调换
81021S0C106ZBF